システム制御工学シリーズ 21

システム制御のための最適化理論

工学博士 延山 英沢
博士(工学) 瀬部 昇 共著

コロナ社

システム制御工学シリーズ編集委員会

編集委員長 池田　雅夫（大阪大学・工学博士）
編 集 委 員 足立　修一（慶應義塾大学・工学博士）
（五十音順）　梶原　宏之（九州大学・工学博士）
　　　　　　　杉江　俊治（京都大学・工学博士）
　　　　　　　藤田　政之（東京工業大学・工学博士）

（2007年1月現在）

刊行のことば

わが国において，制御工学が学問として形を現してから，50年近くが経過した。その間，産業界でその有用性が証明されるとともに，学界においてはつねに新たな理論の開発がなされてきた。その意味で，すでに成熟期に入っているとともに，まだ発展期でもある。

これまで，制御工学は，すべての製造業において，製品の精度の改善や高性能化，製造プロセスにおける生産性の向上などのために大きな貢献をしてきた。また，航空機，自動車，列車，船舶などの高速化と安全性の向上および省エネルギーのためにも不可欠であった。最近は，高層ビルや巨大橋梁(きょうりょう)の建設にも大きな役割を果たしている。将来は，地球温暖化の防止や有害物質の排出規制などの環境問題の解決にも，制御工学はなくてはならないものになるであろう。今後，制御工学は工学のより多くの分野に，いっそう浸透していくと予想される。

このような時代背景から，制御工学はその専門の技術者だけでなく，専門を問わず多くの技術者が習得すべき学問・技術へと広がりつつある。制御工学，特にその中心をなすシステム制御理論は難解であるという声をよく耳にするが，制御工学が広まるためには，非専門のひとにとっても理解しやすく書かれた教科書が必要である。この考えに基づき企画されたのが，本「システム制御工学シリーズ」である。

本シリーズは，レベル0（第1巻），レベル1（第2～7巻），レベル2（第8巻以降）の三つのレベルで構成されている。読者対象としては，大学の場合，レベル0は1，2年生程度，レベル1は2，3年生程度，レベル2は制御工学を専門の一つとする学科では3年生から大学院生，制御工学を主要な専門としない学科では4年生から大学院生を想定している。レベル0は，特別な予備知識なしに，制御工学とはなにかが理解できることを意図している。レベル1は，少

し数学的予備知識を必要とし，システム制御理論の基礎の習熟を意図している。レベル2は少し高度な制御理論や各種の制御対象に応じた制御法を述べるもので，専門書的色彩も含んでいるが，平易な説明に努めている。

　1990年代におけるコンピュータ環境の大きな変化，すなわちハードウェアの高速化とソフトウェアの使いやすさは，制御工学の世界にも大きな影響を与えた。だれもが容易に高度な理論を実際に用いることができるようになった。そして，数学の解析的な側面が強かったシステム制御理論が，最近は数値計算を強く意識するようになり，性格を変えつつある。本シリーズは，そのような傾向も反映するように，現在，第一線で活躍されており，今後も発展が期待される方々に執筆を依頼した。その方々の新しい感性で書かれた教科書が制御工学へのニーズに応え，制御工学のよりいっそうの社会的貢献に寄与できれば，幸いである。

1998年12月

編集委員長　池　田　雅　夫

まえがき

　本書は，システム制御を学ぶ人のための最適化理論の入門書である。最適化はシステム制御の研究における根幹をなしており，システム制御を学ぶ者にとって最適化の基礎を学ぶことは必要不可欠といえる。特に，システム制御における最適化では，1980年代後半に線形行列不等式（linear matrix inequality; LMI）が登場したことと，その最適化問題を数値的に解くソフトウェアであるソルバーが普及したことは，大きな出来事であった。それ以来，システム制御の研究は，制御系設計問題を最適化問題に帰着させてソルバーで数値的に解く方法が主流になっており，最適化問題に帰着させるための数学的技法も数多く提案されている。その意味で，そのような数学的技法を習得することは重要であるが，問題の本質に迫るためには，表面的に技法を駆使してソルバーを適用するのではなく，ソルバーを使う前に，問題をさまざまな角度から眺めて理論的に考察する必要がある。そのためには，最適化の基礎理論を身につけておくことが不可欠であり，本書はそのような観点で，最適化の基礎理論から，システム制御の最適化に関連した最近の話題までを，公式集的な技法の羅列ではなく，本質的な意味も含めて理解できるように解説することを目的として書いたものである。

　本書は，対象として学部高学年から大学院の学生を想定した入門書である。ただし，システム制御の研究者にも役立つ本となることも意識して執筆した。本書の1～3章では，最適性条件，凸関数，線形計画法など，初めて最適化理論を学ぶ学生のために，最適化の基礎理論を解説している。その中で，ラグランジュ双対，準凸関数，線形計画法の双対定理や感度分析など，システム制御の研究に重要な部分をていねいに記述した。そして，本書の4章以降では，システム制御の研究に直接的に関係する，線形行列不等式，平方和最適化，確率的手法などについて記述している。このような内容を確率的手法までを含めてま

とめたものは，ほかには見当たらない．このことから，本書がシステム制御を学ぶ学生だけでなく研究者にも興味の持てる内容になったとすれば，うれしい限りである．

　本書の執筆は，1章，2章，5章と付録の一部を延山が担当し，3章，4章，6章と付録のほとんどを瀬部が担当した．最後に，本書の執筆を勧めていただいた編集委員の皆様，校正を手伝っていただいた研究室の学生諸君，そして何年にもわたって遅筆の筆者らを叱咤し，最後まで励ましていただいたコロナ社に，心より感謝いたします．

2015年4月

延山英沢
瀬部　昇

本書で用いる記号

j	虚数単位を表すことがある
$\mathrm{Re}(z)$	複素数 z の実部
$\mathbf{R}$	実数全体の集合
$\mathbf{R}^{m \times n}$	$m \times n$ の実数行列の集合
$\mathbf{C}$	複素数全体の集合
$\mathbf{C}^{m \times n}$	$m \times n$ の複素行列の集合
$\mathbf{R}[x]$	x の実係数多項式の集合
$\mathbf{R}[x]^{m \times n}$	x の実係数多項式を要素とする $m \times n$ の行列
$\mathbf{R}_+[x]$	x の非負多項式の集合（**定義 5.1**）
$\Sigma[x]$	x の平方和多項式の集合（**定義 5.1**）
$\Sigma_N[x]$	x の N 次以下の平方和多項式の集合（**定義 5.1**）
$\Sigma_N[x]^{r \times r}$	x の $r \times r$ の平方和多項式行列の集合（**定義 5.2**）
$\deg(f(x))$	多項式，または多項式行列 $f(x)$ の次数
$\emptyset$	空集合
$\max S$	集合 S の最大値（式 (1.3) のように関数 $f(x)$ の最大化の意味でも使う）
0	スカラーの零，あるいは零ベクトル
O	零行列（特に $m \times n$ の零行列は $O_{m \times n}$ と表す）
I	単位行列（特に $n \times n$ の単位行列は I_n と表す）
M^T	行列 M の転置行列
M^*	行列 M の共役転置行列
M^{-1}	行列 M の逆行列
$M^{-\mathrm{T}}$	行列 M の転置行列 M^T の逆行列 $(M^\mathrm{T})^{-1}$
M^+	行列 M の擬似逆行列（**定義 A.2**）
$M^\perp$	行列 M に対して $M^* M^\perp = O$ を満たす行列（厳密な定義は**定義 A.3**を参照のこと）
$\mathrm{diag}\{D_1, \cdots, D_n\}$	行列 $D_1, \cdots, D_n$ をブロック対角に並べた行列

本書で用いる記号

$\det M$	正方行列 M の行列式
$\mathrm{rank}\, M$	行列 M のランク
$\mathrm{tr}(M)$	行列 M のトレース
$\mathrm{He}(M)$	$\mathrm{He}(M)=M+M^*$ ($M\in\mathbf{R}^{n\times n}$ なら $\mathrm{He}(M)=M+M^\mathrm{T}$)
$A\otimes B$	行列 A, B のクロネッカー積（**定義 A.6**）
$A\bullet B$	$A\bullet B=\mathrm{tr}(A^\mathrm{T}B)$（**定義 A.7**）
$M\succ O$	行列 M が正定値行列であることを示す（**定義 A.4**）
$M\succeq O$	行列 M が半正定値行列であることを示す（**定義 A.4**）
$A\succ B$	行列 $A-B$ が正定値行列であることを示す
$A\succeq B$	行列 $A-B$ が半正定値行列であることを示す
♦	対称行列の対称部分を省略して表記する
	例：$\begin{bmatrix} M_{11} & M_{21}^\mathrm{T} \\ M_{21} & M_{22} \end{bmatrix} = \begin{bmatrix} M_{11} & \blacklozenge \\ M_{21} & M_{22} \end{bmatrix}$
$x\leqq y$	ベクトル x と y の要素ごとの大小関係を表す不等式
	($x<y,\ x\geqq y,\ x>y$ も同様に用いる)
$\|x\|$	ベクトル x のユークリッドノルム ($=\sqrt{x^\mathrm{T}x}$)
$\|G(s)\|_2$	伝達関数行列の H_2 ノルム
$\|G(s)\|_\infty$	伝達関数行列の H_∞ ノルム
$a:=b$	a を b と定義する
s.t.~	"subject to ~"（~の条件のもとで）を表す

目　次

1.　最適化の基礎

- 1.1　最適化問題と最適性条件 …… 1
  - 1.1.1　最適化問題 …… 1
  - 1.1.2　大域的最小解と局所的最小解 …… 4
- 1.2　最適性条件 …… 5
  - 1.2.1　勾配, ヘッセ行列の定義 …… 6
  - 1.2.2　制約なし最適化問題の最適性条件 …… 7
  - 1.2.3　等式制約付き最適化問題の最適性条件 …… 12
  - 1.2.4　不等式制約付き最小化問題 …… 17
- 1.3　ラグランジュ双対 …… 25
  - 1.3.1　弱双対定理とラグランジュ緩和 …… 25
  - 1.3.2　双対定理 …… 28
- 1.4　最適制御への応用例 …… 33
- 演習問題 …… 36

2.　凸関数と凸計画問題

- 2.1　凸関数と準凸関数の定義と性質 …… 38
  - 2.1.1　定義と基本的な性質 …… 38
  - 2.1.2　凸関数の勾配と劣勾配 …… 44
  - 2.1.3　性質 (a)〜(o) の証明 …… 50
- 2.2　凸計画問題 …… 55
- 2.3　楕円体法 …… 59
  - 2.3.1　制約なし凸計画問題に対する楕円体法 …… 59

- 2.3.2 制約付き凸計画問題に対する楕円体法 ……………………… 62
- 2.4 切除平面法 …………………………………………………………… 65
- 演習問題 ………………………………………………………………… 68

3. 線形計画問題と2次計画問題

- 3.1 線形計画問題 ………………………………………………………… 69
  - 3.1.1 線形計画問題とは ………………………………………… 69
  - 3.1.2 標準形と双対問題 ………………………………………… 71
  - 3.1.3 弱双対定理と双対定理 …………………………………… 74
  - 3.1.4 相補性条件 ………………………………………………… 78
  - 3.1.5 潜在価格と感度分析 ……………………………………… 79
- 3.2 2次計画問題 ………………………………………………………… 81
  - 3.2.1 2次計画問題とは ………………………………………… 81
  - 3.2.2 弱双対定理と双対定理 …………………………………… 84
  - 3.2.3 2次計画問題の最適性条件 ……………………………… 84
  - 3.2.4 制約なし2次計画問題 …………………………………… 87
- 3.3 モデル予測制御 ……………………………………………………… 87
- 演習問題 ………………………………………………………………… 90

4. 半正定値計画問題と線形行列不等式

- 4.1 半正定値計画問題 …………………………………………………… 91
- 4.2 線形行列不等式 ……………………………………………………… 96
- 4.3 制御性能解析と行列不等式 ………………………………………… 99
  - 4.3.1 極の存在領域 ……………………………………………… 99
  - 4.3.2 H_2 ノルム ……………………………………………… 104
  - 4.3.3 H_∞ ノルム ………………………………………… 112
  - 4.3.4 双対システムと制御性能解析 …………………………… 120
  - 4.3.5 数値計算上の注意 ………………………………………… 121

4.4	制御系設計と線形行列不等式 ··· *123*
4.4.1	設計問題の定式化 ··· *124*
4.4.2	変数消去法 ··· *127*
4.4.3	変数変換法 ··· *132*
4.4.4	数値計算上の注意 ··· *136*
4.5	双線形行列不等式とその近似解法 ··· *136*
4.5.1	座標降下法 ··· *137*
4.5.2	ディスクリプタシステムと逐次 LMI 化法 ······················· *138*
4.5.3	逐次 LMI 化法による性能改善 ······································· *141*
4.6	制御系設計の例 ··· *144*
演習問題	··· *149*

5. 平方和最適化

5.1	平方和多項式と平方和行列 ··· *151*
5.1.1	平方和多項式とは ··· *151*
5.1.2	平方和多項式性の半正定値計画問題への変換 ···················· *158*
5.1.3	平方和行列 ··· *162*
5.1.4	決定変数を含む場合 ··· *164*
5.2	多項式計画問題に対する SOS 緩和と SDP 緩和 ···················· *166*
5.2.1	制約なし多項式計画問題に対する SOS 緩和と SDP 緩和 ······ *166*
5.2.2	制約あり多項式計画問題に対する SOS 緩和と SDP 緩和 ······ *170*
5.2.3	一般化ラグランジュ関数を用いた緩和 ···························· *174*
5.3	平方和最適化 ··· *176*
5.3.1	平方和最適化問題とは ··· *176*
5.3.2	平方和可解問題 ··· *178*
5.3.3	平方和最適化問題 ··· *181*
5.3.4	平方和行列最適化問題 ··· *184*
5.3.5	制御問題への適用例 ··· *187*
演習問題	··· *191*

6. 確率的手法を用いた最適化

6.1 モンテカルロ法 …………………………………………… *192*
6.2 パーティクルフィルタ ……………………………………… *195*
   6.2.1 問題設定 …………………………………………… *195*
   6.2.2 カルマンフィルタ …………………………………… *196*
   6.2.3 パーティクルフィルタ ……………………………… *198*
6.3 制御系設計のための確率的手法 …………………………… *203*
   6.3.1 ロバスト性能検証問題 ……………………………… *204*
   6.3.2 ロバスト性能解析問題 ……………………………… *206*
   6.3.3 ロバスト性能設計問題 ……………………………… *207*
   6.3.4 凸性による効率化 …………………………………… *210*
6.4 制御系設計の例 ……………………………………………… *213*
演 習 問 題 ……………………………………………………… *214*

付　　　録 ……………………………………………………… *215*

A.1 行列の基礎 …………………………………………………… *215*
   A.1.1 特異値分解,擬似逆行列,直交補空間の基底からなる行列 ……… *215*
   A.1.2 行列の正定値性 ……………………………………… *217*
   A.1.3 行列方程式 …………………………………………… *225*
   A.1.4 行列のトレースに関する性質 ……………………… *227*
A.2 ファルカスの補題 …………………………………………… *229*
A.3 ディスクリプタシステムとその制御性能解析 …………… *231*
   A.3.1 ディスクリプタシステム …………………………… *231*
   A.3.2 ディスクリプタシステムの制御性能解析 ………… *232*

引用・参考文献 ………………………………………………… *234*
演習問題の解答 ………………………………………………… *239*
索　　　引 ……………………………………………………… *258*

1 最適化の基礎

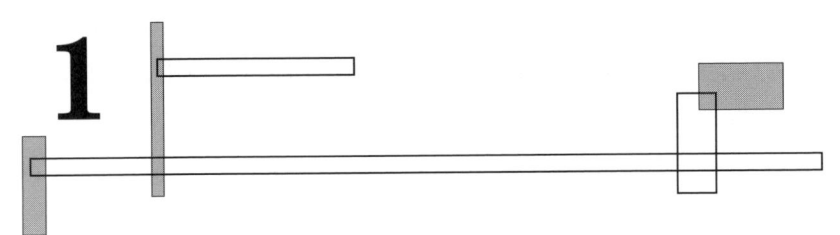

本章では,最適化の基礎として,種々の定義を行った後,最適点が満たすべき条件である最適性条件について説明する。さらに,最適化においてさまざまな場面で重要な役割を果たすラグランジュ双対について説明する。最後に,制御への応用として,最適制御問題に対する最適ゲインを最適性条件の観点から導出できることを示す。

1.1 最適化問題と最適性条件

1.1.1 最適化問題

最適化問題(optimization problem)とは,与えられた制約のもとで,目的関数と呼ばれる関数を最小(あるいは最大)にする変数の値を求める問題である。このような問題は,**数理計画問題**(mathematical programming problem)とも呼ばれる。

ここで,関数 $f(x)$

$$f: \mathbf{R}^n \to \mathbf{R} \quad (x \in \mathbf{R}^n) \tag{1.1}$$

を**目的関数**(objective function)とする。このとき,その変数 x を**決定変数**(decision variable)と呼ぶ。決定変数 x に制約がない場合,つまり x の範囲が全空間 $x \in \mathbf{R}^n$ の場合の最適化問題を制約なし最適化問題と呼び,ある集合 $\mathcal{F} \subset \mathbf{R}^n$ により x の範囲が $x \in \mathcal{F}$ と制約されている場合の最適化問題を制約

付き最適化問題と呼ぶ．ここで，制約条件を満たす x の集合 $\mathcal{F}$ を**実行可能領域**（あるいは**実行可能集合**，**可能領域**，**許容領域**）（feasible region）と呼び，実行可能領域に含まれる点 x を**実行可能解**（feasible solution）と呼ぶ．それに対し，制約条件を満たさない x を**実行不能解**（あるいは**実行不可能解**）（infeasible solution）と呼ぶ．制約なし最適化問題の場合は全空間 $\mathbf{R}^n$ が実行可能領域であり，任意の点 $x \in \mathbf{R}^n$ が実行可能解となる．これらの定義より，最適化問題とは，実行可能解のうちで目的関数を最小あるいは最大にするものを求める問題であるといえる．しかし，制約付き最適化問題は必ずしも実行可能解が存在するとは限らない．そのように実行可能領域が空集合である場合，最適化問題は**実行不能**（あるいは**実行不可能**）（infeasible）であるという．それに対し，実行可能解が存在する場合，最適化問題は**実行可能**（feasible）であるという．

つぎに，記法について説明する．制約なし**最小化問題**は

$$\underset{x \in \mathbf{R}^n}{\text{minimize}} f(x) \quad \text{あるいは簡略化して} \quad \min_{x \in \mathbf{R}^n} f(x) \tag{1.2}$$

と表し，制約なし**最大化問題**は

$$\underset{x \in \mathbf{R}^n}{\text{maximize}} f(x) \quad \text{あるいは簡略化して} \quad \max_{x \in \mathbf{R}^n} f(x) \tag{1.3}$$

と表す．ただし，この最大化問題は，目的関数の符号を反転した最小化問題

$$\min_{x \in \mathbf{R}^n} -f(x) \tag{1.4}$$

と等しくなるので，一般に最適化問題を考える場合は，最小化問題と最大化問題のどちらかを考えれば十分である．以下では，最小化問題だけを考えることとし，簡略化した min を用いて表すこととする．

制約付き最小化問題は

$$\min_{x \in \mathcal{F}} f(x) \quad \text{あるいは} \quad \min f(x) \;\; \text{s.t.} \;\; x \in \mathcal{F} \tag{1.5}$$

と表す．この "s.t." は "subject to" の省略形である．特に，$\mathcal{F} = \mathbf{R}^n$ の場合は，制約なし最小化問題 (1.2) となる．

制約付き最適化問題において，実行可能領域 $\mathcal{F}$ を表す条件は数式で表すことが難しい場合も多いが，等式や不等式を用いて表すのが一般的である．具体的には，関数 $h_i(x)$ $(i = 1, \cdots, r)$ と $g_j(x)$ $(j = 1, \cdots, m)$ を用いて

等式制約： $\quad h_1(x) = 0, h_2(x) = 0, \cdots, h_r(x) = 0 \qquad (1.6)$

不等式制約： $g_1(x) \leqq 0, g_2(x) \leqq 0, \cdots, g_m(x) \leqq 0 \qquad (1.7)$

を考えると，実行可能領域は

$$\mathcal{F} = \{x \in \mathbf{R}^n \mid h_1(x) = 0, h_2(x) = 0, \cdots, h_r(x) = 0, \\ g_1(x) \leqq 0, g_2(x) \leqq 0, \cdots, g_m(x) \leqq 0\} \qquad (1.8)$$

と表せる．また，実行可能領域が式 (1.8) で与えられる制約付き最小化問題 (1.5) は，等式制約と不等式制約を直接用いて

$$\min_{x \in \mathbf{R}^n} \quad f(x) \qquad (1.9\text{a})$$

$$\text{s.t.} \quad h_1(x) = 0, h_2(x) = 0, \cdots, h_r(x) = 0 \qquad (1.9\text{b})$$

$$g_1(x) \leqq 0, g_2(x) \leqq 0, \cdots, g_m(x) \leqq 0 \qquad (1.9\text{c})$$

と表すことが多い．明らかな場合は，$x \in \mathbf{R}^n$ を省略することもある．ここで，記法を簡略化するために，ベクトル値関数

$$h : \mathbf{R}^n \to \mathbf{R}^r, \quad g : \mathbf{R}^n \to \mathbf{R}^m \qquad (1.10)$$

を次式で定義する．

$$h(x) := \begin{bmatrix} h_1(x) \\ \vdots \\ h_r(x) \end{bmatrix}, \quad g(x) := \begin{bmatrix} g_1(x) \\ \vdots \\ g_m(x) \end{bmatrix} \qquad (1.11)$$

この定義を用いて，制約付き最小化問題 (1.9) を

$$\min_{x \in \mathbf{R}^n} \quad f(x) \quad \text{s.t.} \quad h(x) = 0, \; g(x) \leqq 0 \qquad (1.12)$$

と表すことにする．ただし，不等号はベクトルの要素ごとの不等号とする．

1.1.2 大域的最小解と局所的最小解

最小化問題 (1.5) に対して求めたいものは，制約条件を満たす $x \in \mathcal{F}$ の中で目的関数を最小にするもの，すなわち

$$f(x^\star) \leqq f(x) \quad (\forall x \in \mathcal{F}) \tag{1.13}$$

を満たす $x^\star \in \mathbf{R}^n$ である。この $x^\star$ を問題 (1.5) に対する**大域的最小解**（あるいは**大域的最小点**）（global minimum solution; global minimizer; global minimum point）と呼び，その点での値 $f(x^\star)$ を**大域的最小値**（global minimum; global minimum value）と呼ぶ。特に，$x^\star$ 以外で等式が成立しない場合，すなわち

$$f(x^\star) < f(x) \quad (\forall x \in \mathcal{F},\ x \neq x^\star) \tag{1.14}$$

のとき，$x^\star$ を**狭義の大域的最小解**（strong（または strict）global minimum solution）などと呼ぶ。

しかし，大域的最小解を求めることは難しいことが多く，局所的に最小となる実行可能解，すなわち，ある $\varepsilon > 0$ に対する $x^\star$ の近傍 $B(x^\star, \varepsilon)$ に対して

$$f(x^\star) \leqq f(x) \quad (\forall x \in \mathcal{F} \cap B(x^\star, \varepsilon)) \tag{1.15}$$

を満たす $x^\star \in \mathbf{R}^n$ を求めるところまでで満足しなければならないことが多い。ただし，$B(x, \varepsilon) := \{x \mid x \in \mathbf{R}^n,\ \|x - x^\star\| < \varepsilon\}$ である。式 (1.15) を満たすような $\varepsilon > 0$ が存在するとき，$x^\star$ を問題 (1.5) に対する**局所的最小解**（あるいは**局所的最小点**）（local minimum solution; local minimizer; local minimum point）と呼び，その点での値 $f(x^\star)$ を**局所的最小値**（local minimum; local minimum value）と呼ぶ。特に，$x^\star$ 以外で等式が成立しない場合，すなわち

$$f(x^\star) < f(x) \quad (\forall x \in \mathcal{F} \cap B(x, \varepsilon),\ x \neq x^\star) \tag{1.16}$$

のとき，$x^\star$ を**狭義の局所的最小解**（strong（または strict）local minimum solution）などと呼ぶ。

変数がスカラー（$x \in \mathbf{R}$）で $f(x)$ が微分可能な場合，図 **1.1** (a) のように，制約なし最小化問題では，すべての局所的最小解 $x^\star$ は

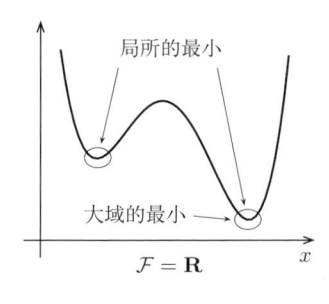

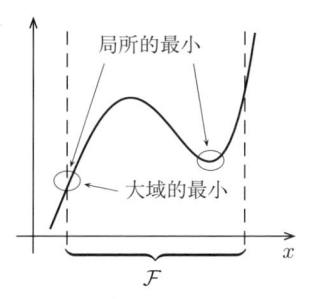

(a) 制約なし最小化問題 (b) 制約付き最小化問題

図 1.1 大域的最小と局所的最小

$$\frac{df(x^\star)}{dx} = 0 \tag{1.17}$$

を満たし，これらの局所的最小解のうちで最小のものが大域的最小解となることは明らかである．これに対し，**図 1.1** (b) のように，制約付き最小化問題では，局所的最小解が実行可能領域 $\mathcal{F}$ の境界上にある場合は，必ずしも式 (1.17) を満たさないことに注意が必要である．

なお，本書では，関数に微分を用いる場合，その関数は適当な階数で微分可能であるとする．

1.2 最適性条件

最適性条件とは，局所的最小解が満たす必要条件や十分条件のことをいう．特に，変数がスカラー ($x \in \mathbf{R}$) の場合の制約なし最小化問題では，$x = x^\star$ が局所的最小解であるための必要条件は式 (1.17) を満たすことであり，式 (1.17) かつ

$$\frac{d^2 f(x^\star)}{dx^2} > 0 \tag{1.18}$$

を満たすことが十分条件であることが知られている．条件 (1.18) は，$f(x)$ のグラフが $x = x^\star$ において（狭義に）凸†となっていることを表す条件である．

---

† 凸の定義は 2.1.1 項で行う．

では,変数が多次元($x \in \mathbf{R}^n$)になった場合や,制約付き最適化問題の場合,これらの最適性条件はどのように表されるであろうか。本節では,これについて説明する。

1.2.1 勾配,ヘッセ行列の定義

最適性条件を記述する前に,ここでいくつかの定義を行う。まず,n 次の変数 $x \in \mathbf{R}^n$ を

$$x := \begin{bmatrix} x_1 \\ \vdots \\ x_n \end{bmatrix} \tag{1.19}$$

とし,関数 $f(x)$ を各変数で偏微分したものを $\nabla_x f(x)$ と表す。すなわち

$$\nabla_x f(x) := \begin{bmatrix} \dfrac{\partial f(x)}{\partial x_1} \\ \vdots \\ \dfrac{\partial f(x)}{\partial x_n} \end{bmatrix} \tag{1.20}$$

であり,$\nabla_x f(x)$ を $f(x)$ の点 x における**勾配**(gradient)あるいは**勾配ベクトル**(gradient vector)と呼ぶ。勾配が零となる点,すなわち

$$\nabla_x f(x) = 0 \tag{1.21}$$

を満たす点を,$f(x)$ の**停留点**(stationary point)あるいは**臨界点**(critical point)と呼ぶ。さらに,$f(x)$ を x で 2 回偏微分したものを $\nabla_x^2 f(x)$ と表す。すなわち

$$\nabla_x^2 f(x) := \begin{bmatrix} \dfrac{\partial^2 f(x)}{\partial x_1^2} & \cdots & \dfrac{\partial^2 f(x)}{\partial x_1 \partial x_n} \\ \vdots & \ddots & \vdots \\ \dfrac{\partial^2 f(x)}{\partial x_n \partial x_1} & \cdots & \dfrac{\partial^2 f(x)}{\partial x_n^2} \end{bmatrix} \tag{1.22}$$

であり，$\nabla_x^2 f(x)$ を $f(x)$ の点 x における**ヘッセ行列**（Hessian matrix）と呼ぶ．

また，式 (1.11) のベクトル値関数 $h(x)$ を x で偏微分したものを $J_h(x)$ と表す．すなわち

$$J_h(x) := \begin{bmatrix} \dfrac{\partial h_1(x)}{\partial x_1} & \cdots & \dfrac{\partial h_1(x)}{\partial x_n} \\ \vdots & \ddots & \vdots \\ \dfrac{\partial h_r(x)}{\partial x_1} & \cdots & \dfrac{\partial h_r(x)}{\partial x_n} \end{bmatrix} = \begin{bmatrix} \nabla_x h_1(x)^{\mathrm{T}} \\ \vdots \\ \nabla_x h_r(x)^{\mathrm{T}} \end{bmatrix} \qquad (1.23)$$

であり，$J_h(x)$ を $h(x)$ の点 x における**ヤコビ行列**（Jacobian matrix）と呼ぶ．以下では，変数が明らかな場合，∇_x, ∇_x^2 などは単に ∇, ∇^2 などと表すことにする．

1.2.2　制約なし最適化問題の最適性条件

ここでは，制約なし最小化問題

$$\min_{x \in \mathbf{R}^n} f(x) \qquad (1.24)$$

の最適性条件を考える．

【定理 1.1】　つぎの (i), (ii) が成立する．

(i) 点 $x^\star$ を制約なし最小化問題 (1.24) の局所的最小解とする．このとき

$$\nabla f(x^\star) = 0 \qquad (1.25)$$

が成立する（**最適性の 1 次の必要条件**（first-order necessary condition for optimality））．また，$x^\star$ におけるヘッセ行列は半正定値行列となる．すなわち

$$t^{\mathrm{T}} \nabla^2 f(x^\star) t \geqq 0 \quad (\forall t \in \mathbf{R}^n) \qquad (1.26)$$

が成立する（**最適性の 2 次の必要条件** (second-order necessary condition for optimality))．

(ii) 点 $x^\star$ が $f(x)$ の停留点（$\nabla f(x^\star) = 0$）かつヘッセ行列が正定値行列であるとき，すなわち

$$t^\mathrm{T} \nabla^2 f(x^\star) t > 0 \quad (\forall t \in \mathbf{R}^n \text{かつ} t \neq 0) \tag{1.27}$$

が成立するとき（**最適性の 2 次の十分条件** (second-order sufficient condition for optimality))，点 $x^\star$ は制約なし問題に対する狭義の局所的最小点である．

証明 (i) 点 $x^\star$ を局所的最小解とし，$x^\star + \alpha t$ を考える．ただし，$t \in \mathbf{R}^n$ ($t \neq 0$) は任意のベクトルで，$\alpha \in \mathbf{R}$ ($\alpha > 0$) である．このとき，$|\alpha|$ が十分小さければ，$x^\star$ が局所的最小解であることから

$$f(x^\star + \alpha t) - f(x^\star) \geqq 0 \tag{1.28}$$

が成立する．両辺を α で割り，$\alpha \to 0$ の極限をとると

$$0 \leqq \lim_{\alpha \to 0} \frac{f(x^\star + \alpha t) - f(x^\star)}{\alpha} = \nabla f(x^\star)^\mathrm{T} t \tag{1.29}$$

が成立する．ただし，最後の等号には合成関数の微分の公式を用いた．この関係は $-t$ についても成立するので，$0 \leqq \nabla f(x^\star)^\mathrm{T}(-t)$ となり，$\nabla f(x^\star)^\mathrm{T} t = 0$ がいえる．さらに，n 個の独立な t を選ぶと，$\nabla f(x^\star) = 0$ であることがいえる．

つぎに，点 $x^\star$ のまわりでテイラー展開すると

$$f(x^\star + \alpha t) - f(x^\star) = \alpha \nabla f(x^\star)^\mathrm{T} t + \frac{\alpha^2}{2} t^\mathrm{T} \nabla^2 f(x^\star) t + o(\alpha^2) \tag{1.30}$$

となる†．点 $x^\star$ が局所的最小値であることと，$\nabla f(x^\star) = 0$ が成立することより

$$0 \leqq \frac{f(x^\star + \alpha t) - f(x^\star)}{\alpha^2} = \frac{1}{2} t^\mathrm{T} \nabla^2 f(x^\star) t + \frac{o(\alpha^2)}{\alpha^2} \tag{1.31}$$

となる．よって，$\lim_{\alpha \to 0} \frac{o(\alpha^2)}{\alpha^2} = 0$ より

$$0 \leqq t^\mathrm{T} \nabla^2 f(x^\star) t \tag{1.32}$$

---

† $o(x) : [0, \infty) \to \mathbf{R}$ は，$\lim_{x \to 0} \frac{o(x)}{x} = 0$ を満たす関数．

である．これが任意の t に対して成立するので，$\nabla^2 f(x^\star)$ は半正定値行列である．

(ii) $\nabla^2 f(x^\star)$ は正定値行列であるので，任意の $t \in \mathbf{R}^n$ に対して

$$t^\mathrm{T} \nabla^2 f(x^\star) t \geqq \sigma \|t\|^2 \tag{1.33}$$

が成立する．ただし $\sigma\,(>0)$ は $\nabla^2 f(x^\star)$ の最小固有値である．そして，$o(\cdot)$ の定義より，十分小さい $\varepsilon\,(>0)$ をとれば，$\|t\| \leqq \varepsilon$ を満たす任意の t に対して

$$\frac{\sigma}{2} \|t\|^2 + o(\|t\|^2) > 0 \quad (t \neq 0) \tag{1.34}$$

を満たすようにすることができる．この $\varepsilon > 0$ に対して，任意の $x \in B(x^\star, \varepsilon)$ を選び，$t = x - x^\star$ とする．このとき，$x = x^\star + t$ かつ $\|t\| \leqq \varepsilon$ であり，テイラー展開より

$$f(x) - f(x^\star) = \nabla f(x^\star)^\mathrm{T} t + \frac{1}{2} t^\mathrm{T} \nabla^2 f(x^\star) t + o(\|t\|^2) \tag{1.35}$$

を得る．よって，$\nabla f(x^\star) = 0$ であることを考慮し，式 (1.35) に式 (1.33) と式 (1.34) を適用すると

$$\begin{aligned} f(x) - f(x^\star) &= \frac{1}{2} t^\mathrm{T} \nabla^2 f(x^\star) t + o(\|t\|^2) \\ &\geqq \frac{\sigma}{2} \|t\|^2 + o(\|t\|^2) > 0 \quad (x \neq x^\star) \end{aligned} \tag{1.36}$$

を得る．これより $x^\star$ は狭義の局所的最小点であることがわかる． △

例 1.1 （制約なし最小化問題の最適性条件の例 1）

スカラー変数 ($x \in \mathbf{R}$) のつぎの目的関数を考える（図 **1.2**）．

$$f_1(x) = x, \ f_2(x) = x^2, \ f_3(x) = x^3, \ f_4(x) = x^4 \tag{1.37}$$

このとき，それぞれ

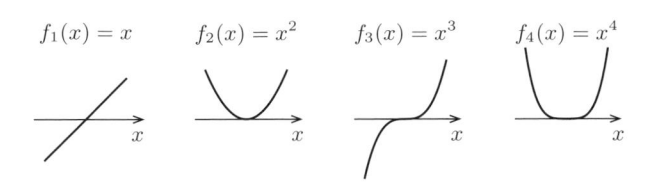

図 **1.2** 目的関数の例

$$\nabla f_1(x) = 1, \quad \nabla f_2(x) = 2x, \quad \nabla f_3(x) = 3x^2, \quad \nabla f_4(x) = 4x^3 \tag{1.38}$$

$$\nabla^2 f_1(x) = 0, \quad \nabla^2 f_2(x) = 2, \quad \nabla^2 f_3(x) = 6x, \quad \nabla^2 f_4(x) = 12x^2 \tag{1.39}$$

である。$f_1(x)$ には最適性の 1 次の必要条件を満たす点は存在せず,$f_2(x)$,$f_3(x)$,$f_4(x)$ については,$x = 0$ が最適性の 1 次の必要条件を満たす点である。そして

$$\nabla^2 f_2(0) = 2, \quad \nabla^2 f_3(0) = 0, \quad \nabla^2 f_4(0) = 0 \tag{1.40}$$

であるので,点 $x = 0$ において,$f_2(x)$ は 2 次の十分条件を満たす。しかし,$f_3(x)$ と $f_4(x)$ は,点 $x = 0$ において 2 次の必要条件は満たすが,2 次の十分条件は満たさない。この簡単な $f_4(x)$ の例からわかるように,明らかに局所的最小点である点(いまの場合 $x = 0$)が,2 次の十分条件を満たさないような場合が存在する。

例 1.2 (制約なし最小化問題の最適性条件の例 2)
つぎの制約なし最小化問題を考える。

$$\min_{x \in \mathbf{R}^2} f(x) := x_1^2 + x_1^2 x_2 + 2x_2^2 \tag{1.41}$$

このとき,最適性の 1 次の必要条件とヘッセ行列はそれぞれ

$$\nabla f(x) = \begin{bmatrix} 2x_1 + 2x_1 x_2 \\ x_1^2 + 4x_2 \end{bmatrix} = 0 \tag{1.42}$$

$$\nabla^2 f(x) = \begin{bmatrix} 2 + 2x_2 & 2x_1 \\ 2x_1 & 4 \end{bmatrix} \tag{1.43}$$

である。まず,停留点を求める。式 (1.42) の 1 行目の式より $x_1(1+x_2) = 0$ なので,$x_1 = 0$ または $x_2 = -1$ である。

(i) $x_1 = 0$ の場合，式 (1.42) の 2 行目の式より，$x_2 = 0$ である．よって，この場合の最適性の 1 次の必要条件を満たす点は $x^\star = [0\ 0]^\mathrm{T}$ である．この点におけるヘッセ行列は

$$\nabla^2 f(x^\star) = \begin{bmatrix} 2 & 0 \\ 0 & 4 \end{bmatrix} \tag{1.44}$$

であり，固有値は $2, 4$ とすべて正になるので，ヘッセ行列は正定値行列となる．よって，$x^\star = [0\ 0]^\mathrm{T}$ は最適性の 2 次の十分条件を満たし，この点は狭義の局所的最小点であることがわかる．

(ii) $x_2 = -1$ の場合，式 (1.42) の 2 行目の式より，$x_1^2 = 4$ であり，$x_1 = \pm 2$ となる．よって，この場合の最適性の 1 次の必要条件を満たす点は $x^\star = [-2\ -1]^\mathrm{T},\ [2\ -1]^\mathrm{T}$ の 2 点である．

(ii-1) $x^\star = [-2\ -1]^\mathrm{T}$ におけるヘッセ行列は

$$\nabla^2 f(x^\star) = \begin{bmatrix} 0 & -4 \\ -4 & 4 \end{bmatrix} \tag{1.45}$$

であり，固有値は $2 \pm 2\sqrt{5}$ となり，負の固有値があるので最適性の 2 次の必要条件を満たさない．よって，局所的最小点ではないことがわかる．

(ii-2) $x^\star = [2\ -1]^\mathrm{T}$ の場合も，(ii-1) と同様に局所的最小点にならないことがいえる．

まとめると，最適性の 1 次の必要条件を満たすのは

$$x^\star = \begin{bmatrix} 0 \\ 0 \end{bmatrix},\ \begin{bmatrix} -2 \\ -1 \end{bmatrix},\ \begin{bmatrix} 2 \\ -1 \end{bmatrix} \tag{1.46}$$

の 3 点であり，このうち最初の点だけ局所的最小点であり，その他の点は局所的最小点ではない．

1.2.3 等式制約付き最適化問題の最適性条件

つぎの等式制約付き最小化問題を考える。

$$\min_{x \in \mathbf{R}^n} f(x) \quad \text{s.t.} \quad h(x) = 0 \tag{1.47}$$

この問題に対して関数

$$L(x, \lambda) := f(x) + \sum_{i=1}^{r} \lambda_i h_i(x) = f(x) + \lambda^\mathrm{T} h(x) \tag{1.48}$$

を定義する。ただし，$\lambda_i \in \mathbf{R}$ $(i = 1, \cdots, r)$ であり

$$\lambda := \begin{bmatrix} \lambda_1 \\ \vdots \\ \lambda_r \end{bmatrix} \tag{1.49}$$

である。関数 $L(x, \lambda)$ は**ラグランジュ関数**（Lagrange function）と呼ばれ，λ は**ラグランジュ乗数**（Lagrange multiplier）と呼ばれる。

等式制約付き最適化問題 (1.47) についての最適性条件を述べるにあたり，つぎの制約想定を仮定する。

---

1 次独立制約想定（linear independence constraint qualification; LICQ）: 実行可能解 x において，$\nabla h_i(x)$ $(i = 1, \cdots, r)$ は 1 次独立である。すなわち，ヤコビ行列 $J_h(x)$ はフルランクである。

制約想定とは，制約付き最適化問題の最適性条件を記述するときに必要条件を保証するための条件であり，さまざまな制約想定が研究されている。1 次独立制約想定はそれらの一つであり，最もよく用いられるものである。

【**定理 1.2**】 つぎの (i), (ii) が成立する。
(i) 点 $x^\star$ を等式制約付き最適化問題 (1.47) の局所的最小点とする。この $x^\star$ において 1 次独立制約想定が成立しているとする。このとき

$$\nabla_x L(x^\star, \lambda^\star) = \nabla f(x^\star) + \sum_{i=1}^{r} \lambda_i^\star \nabla h_i(x^\star)$$

$$= \nabla f(x^\star) + J_h(x^\star)^{\mathrm{T}} \lambda^\star = 0 \qquad (1.50)$$

$$\nabla_\lambda L(x^\star, \lambda^\star) = h(x^\star) = 0 \qquad (1.51)$$

を満たすベクトル $\lambda^\star \in \mathbf{R}^n$ が存在する (**最適性の 1 次の必要条件**)。また，この $\lambda^\star$ に対して

$$t^{\mathrm{T}} \nabla_x^2 L(x^\star, \lambda^\star) t \geqq 0 \quad (\forall t \in M(x^\star)) \qquad (1.52)$$

が成立する (**最適性の 2 次の必要条件**)。ただし

$$M(x^\star) := \{t \in \mathbf{R}^n \mid \nabla h_i(x^\star)^{\mathrm{T}} t = 0,\ i = 1, \cdots, r\} \qquad (1.53)$$

である。

(ii) $(x^\star, \lambda^\star)$ が最適性の 1 次の必要条件を満たし，$x^\star$ において 1 次独立制約想定が成立しているとする。このとき

$$t^{\mathrm{T}} \nabla_x^2 L(x^\star, \lambda^\star) t > 0 \quad (\forall t \in M(x^\star)\ \text{かつ}\ t \neq 0) \qquad (1.54)$$

が成立すれば (**最適性の 2 次の十分条件**)，点 $x^\star$ は等式制約付き最小化問題 (1.47) に対する狭義の局所的最小点である。

元の最適化問題 (1.47) の変数が $x \in \mathbf{R}^n$ の n 個であったのに対し，ラグランジュ関数の変数は $x \in \mathbf{R}^n$ と $\lambda \in \mathbf{R}^r$ の $n+r$ 個になっている。最適性の 1 次の必要条件 (1.50), (1.51) は，これらの変数 x と λ に関する微分が 0 になることであり，制約なし最小化問題の拡張になっている。また，最適性の 2 次の条件で集合 $M(x^\star)$ 上だけを考えるのは，等式制約で制限される集合上で考えればよいからである。例えば，図 **1.3** (a) のような目的関数 $f(x)$ の場合，制約なし最小化問題 $\min f(x)$ であれば，点 $x^\star$ は局所的最小点でないことが

14   1. 最適化の基礎

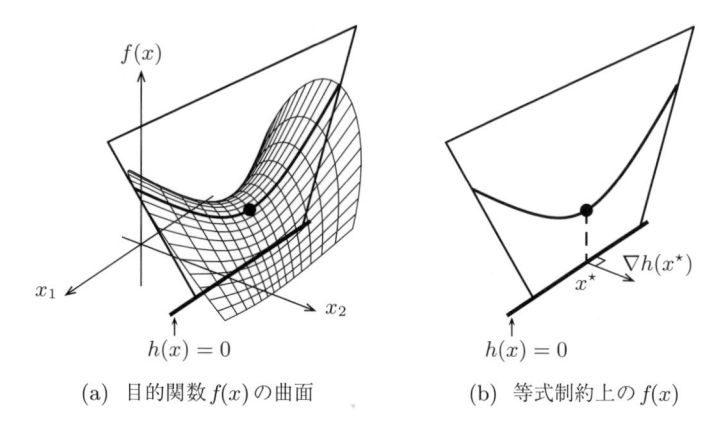

(a) 目的関数 $f(x)$ の曲面   (b) 等式制約上の $f(x)$

図 1.3 等式制約付き最小化問題の最適性条件

図から明らかであり，最適性の 2 次の必要条件も十分条件も成立しない．しかし，等式制約 $h(x) = 0$ がある最小化問題の場合では，図 **1.3** (b) のように等式制約上だけで考えることになるので，$x^\star$ は局所的最小点となる．

例 1.3　（等式制約付き最小化問題の例 1）

つぎの等式制約付き最小化問題を考える（図 **1.4**）．

$$\min_{x \in \mathbf{R}^2} f(x) := x_1 + 2x_2 \text{ s.t. } h(x) := x_1^2 + x_2^2 - 1 = 0 \quad (1.55)$$

ラグランジュ関数は

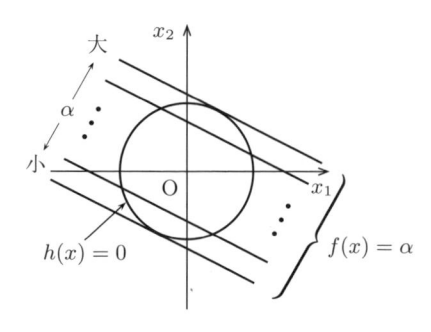

図 1.4　等式制約付き最小化問題の例 1

$$L(x, \lambda) = x_1 + 2x_2 + \lambda(x_1^2 + x_2^2 - 1) \quad (\lambda \in \mathbf{R}) \tag{1.56}$$

であり，最適性の 1 次の必要条件は

$$\nabla_x L(x, \lambda) = \begin{bmatrix} 1 + 2\lambda x_1 \\ 2 + 2\lambda x_2 \end{bmatrix} = 0 \tag{1.57}$$

$$\nabla_\lambda L(x, \lambda) = h(x) = x_1^2 + x_2^2 - 1 = 0 \tag{1.58}$$

となる．まず，式 (1.57) の 1 行目の式より，$\lambda = 0$ とすると矛盾が生じるので，$\lambda \neq 0$ である．このとき，式 (1.57) の 1 行目と 2 行目の式より，それぞれ

$$x_1 = -\frac{1}{2\lambda}, \quad x_2 = -\frac{1}{\lambda} \tag{1.59}$$

を得るので，これらを式 (1.58) に代入すると

$$\left(-\frac{1}{2\lambda}\right)^2 + \left(-\frac{1}{\lambda}\right)^2 - 1 = 0 \tag{1.60}$$

となる．これより

$$\frac{5}{4\lambda^2} = 1 \quad \Leftrightarrow \quad \lambda = \pm\frac{\sqrt{5}}{2} \tag{1.61}$$

を得る．これを式 (1.59) に代入すると，最適性の 1 次の必要条件を満たす点は

$$\begin{bmatrix} x_1^\star \\ x_2^\star \\ \lambda^\star \end{bmatrix} = \begin{bmatrix} \mp\dfrac{\sqrt{5}}{5} \\ \mp\dfrac{2\sqrt{5}}{5} \\ \pm\dfrac{\sqrt{5}}{2} \end{bmatrix} \tag{1.62}$$

と求まる．これらの点について，最適性の 2 次の条件を調べる．まず

$$\nabla_x^2 L(x, \lambda) = \begin{bmatrix} 2\lambda & 0 \\ 0 & 2\lambda \end{bmatrix}, \quad \nabla h(x) = \begin{bmatrix} 2x_1 \\ 2x_2 \end{bmatrix} \tag{1.63}$$

であるので，$t = [t_1 \; t_2]^{\mathrm{T}}$ とすると，$t \in M(x^\star)$ となるためには，条件 $\nabla h(x^\star)^{\mathrm{T}} t = 0$ より

$$\mp \frac{2\sqrt{5}}{5} t_1 \mp \frac{4\sqrt{5}}{5} t_2 = 0 \quad \Leftrightarrow \quad t_1 = -2t_2 \tag{1.64}$$

を得る．よって

$$M(x^\star) = \{\, t \mid t = [-2t_2 \; t_2]^{\mathrm{T}},\; t_2 \in \mathbf{R} \,\} \tag{1.65}$$

であるので

$$t^{\mathrm{T}} \nabla_x^2 L(x^\star, \lambda^\star) \, t = \begin{bmatrix} -2t_2 & t_2 \end{bmatrix} \begin{bmatrix} \pm\sqrt{5} & 0 \\ 0 & \pm\sqrt{5} \end{bmatrix} \begin{bmatrix} -2t_2 \\ t_2 \end{bmatrix}$$

$$= \pm 5\sqrt{5}\, t_2^2 \tag{1.66}$$

となる．したがって，$\lambda = \dfrac{\sqrt{5}}{2}$ に対応する点

$$\begin{bmatrix} x_1^\star \\ x_2^\star \\ \lambda^\star \end{bmatrix} = \begin{bmatrix} -\dfrac{\sqrt{5}}{5} \\ -\dfrac{2\sqrt{5}}{5} \\ \dfrac{\sqrt{5}}{2} \end{bmatrix} \tag{1.67}$$

は最適性の 2 次の十分条件を満たすことがいえ，狭義の局所的最小点であることがわかる．もう一方の点は 2 次の必要条件を満たさないので，局所的最小点でないことがいえる．

例 1.4 （超平面の原点からの距離）

n 次元空間における超平面

$$p^{\mathrm{T}} x = b \quad (p \in \mathbf{R}^n,\; b \in \mathbf{R}) \tag{1.68}$$

の原点からの距離を求める．ここで

$$p = \begin{bmatrix} p_1 \\ \vdots \\ p_n \end{bmatrix}, \quad x = \begin{bmatrix} x_1 \\ \vdots \\ x_n \end{bmatrix} \tag{1.69}$$

である．超平面上の点 x の原点からの距離は $\|x\| = \sqrt{x_1^2 + \cdots + x_n^2}$ であり，その最小値が，原点から超平面までの距離である．また，$\|x\|$ を最小にする点と $\|x\|^2$ を最小にする点は同じであるので，原点から超平面までの距離を求める問題は，つぎの等式制約付き最小化問題を解くことに帰着される．

$$\min f(x) := x_1^2 + \cdots + x_n^2 \quad \text{s.t.} \quad h(x) := p^\mathrm{T} x - b = 0 \tag{1.70}$$

この問題に対するラグランジュ関数は

$$L(x, \lambda) = x_1^2 + \cdots + x_n^2 + \lambda(p^\mathrm{T} x - b) \tag{1.71}$$

であり，最適性の 1 次の必要条件を満たす点として

$$\begin{bmatrix} x^\star \\ \lambda^\star \end{bmatrix} = \begin{bmatrix} \dfrac{bp}{\|p\|^2} \\ -\dfrac{2b}{\|p\|^2} \end{bmatrix} \tag{1.72}$$

が得られる．このとき，原点から超平面までの距離は $\sqrt{f(x^\star)}$ で与えられるので

$$\sqrt{f(x^\star)} = \frac{\sqrt{b^2 \|p\|^2}}{\|p\|^2} = \frac{|b|}{\|p\|} \tag{1.73}$$

となる．なお，この点が大域的最小解になることは，問題の性質から容易に理解できるが，実際に最適性の 2 次の十分条件を満たすことも，計算により確認することができる（**演習問題【1】**）．

1.2.4　不等式制約付き最小化問題

つぎの不等式制約付き最小化問題を考える．

$$\min_{x \in \mathbf{R}^n} f(x) \quad \text{s.t.} \quad g(x) \leqq 0 \tag{1.74}$$

この問題 (1.74) に対して，関数

$$L(x,\mu) := f(x) + \mu^{\mathrm{T}} g(x) \tag{1.75}$$

を定義する。ただし，$\mu_j (\geqq 0) \in \mathbf{R}$ $(j = 1, \cdots, m)$ であり

$$\mu := \begin{bmatrix} \mu_1 \\ \vdots \\ \mu_m \end{bmatrix} \tag{1.76}$$

である。関数 $L(x,\mu)$ を問題 (1.74) に対する**一般化ラグランジュ関数**（generalized Lagrange function）と呼び，μ を**一般化ラグランジュ乗数**（generalized Lagrange multiplier）と呼ぶ。なお，近年では「一般化」を付けず，それぞれラグランジュ関数，ラグランジュ乗数と呼ぶことも多いので，本書でもそう呼ぶことにする。

最適性条件について述べるために，まず，注目する点がどの制約条件の境界上に存在するかを表す添字集合 $A(x)$ を定義しておく。

$$A(x) := \{j \in \{1, \cdots, m\} \mid g_j(x) = 0\} \tag{1.77}$$

この集合 $A(x)$ を点 x における**有効集合**（active set）と呼ぶ（図 **1.5**）。そして，有効集合に対応する不等式制約 $g_j(x) \leqq 0$ $(j \in A(x))$ を，点 x における**有効制約**（active constraint）と呼ぶ。そして，等式制約付き最小化問題の場合

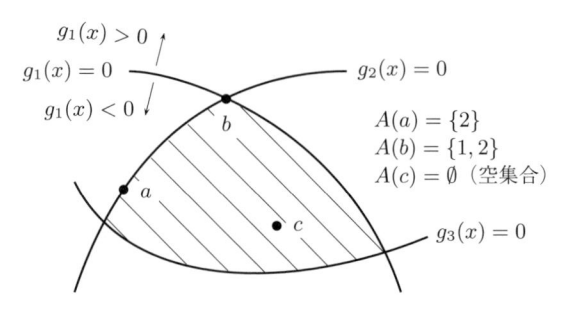

図 **1.5** 有 効 集 合

と同様に，つぎの制約想定を考える．

1次独立制約想定：実行可能解 x において，$\nabla g_j(x)\,(j \in A(x))$ は 1 次独立である．

以上の準備のもとで，不等式制約付き最小化問題 (1.74) に対する最適性条件について述べる．

【定理 1.3】 つぎの (i), (ii) が成立する．

(i) 点 $x^\star$ は最小化問題 (1.74) の局所的最小点であり，$x^\star$ において 1 次独立制約想定が成立しているとする．このとき

$$\nabla_x L(x^\star, \mu^\star) = \nabla f(x^\star) + \sum_{j=1}^{m} \mu_j^\star \nabla g_j(x^\star)$$

$$= \nabla f(x^\star) + J_g(x^\star)^{\mathrm{T}} \mu^\star = 0 \quad (1.78)$$

$$\mu_j^\star \, g_j(x^\star) = 0 \qquad (j = 1, \cdots, m) \quad (1.79)$$

$$\mu_j^\star \geqq 0, \ \ g_j(x^\star) \leqq 0 \quad (j = 1, \cdots, m) \quad (1.80)$$

を満たす $\mu^\star$ が存在する（**最適性の 1 次の必要条件**）．また

$$t^{\mathrm{T}} \nabla_x^2 L(x^\star, \mu^\star) t \geqq 0 \quad (\forall t \in M(x^\star)) \quad (1.81)$$

が成立する（**最適性の 2 次の必要条件**）．ただし

$$M(x^\star) := \{t \in \mathbf{R}^n \,|\, \nabla g_j(x^\star)^{\mathrm{T}} t = 0, \ j \in A(x^\star)\} \quad (1.82)$$

である．最適性の 1 次の必要条件 (1.78)〜(1.80) を **KKT 条件** (KKT condition; Karush-Kuhn-Tucker condition) と呼び，KKT 条件を満たす点 $(x^\star, \mu^\star)$ を **KKT 点** (KKT point) と呼ぶ．

(ii) 点 $(x^\star, \mu^\star)$ が KKT 点であり，$\mu_j^\star$ と $g_j(x^\star)\,(j = 1, \cdots, m)$ は同時には 0 にならないものとし，点 $x^\star$ で 1 次独立制約想定が成立しているとする．このとき

$$t^{\mathrm{T}} \nabla_x^2 L(x^\star, \mu^\star) t > 0 \quad (\forall t \in M(x^\star) \text{ かつ } t \neq 0) \quad (1.83)$$

が成立するならば（**最適性の 2 次の十分条件**），点 $x^\star$ は不等式制約付き最小化問題 (1.74) に対する狭義の局所的最小点である。

KKT 条件の中で，条件 (1.79) は**相補性条件**（complementarity condition）と呼ばれる。これは，$\mu_j^\star$ と $g_j(x^\star)$ の少なくともいずれかが 0 であることを示している。特に，両者が同時に 0 にならない場合，つまり，「$\mu_j^\star = 0$ ならば $g_j(x^\star) \neq 0$」または「$g_j(x^\star) = 0$ ならば $\mu_j^\star \neq 0$」が成立する場合は，**狭義の相補性条件**（あるいは**強相補性条件**）（strict（あるいは strong）complementarity condition）が成立するという。上記の定理の (ii) ではこの狭義の相補性条件を仮定していることになる。

KKT 条件の式 (1.78) は，つぎのように表すことができる。

$$-\nabla f(x^\star) = \sum_{j=1}^m \mu_j^\star \nabla g_j(x^\star) \quad (1.84)$$

この関係式は，勾配が関数の増加方向を表すことを考慮すると，左辺の f が減少する方向と右辺の g_j が増加する方向とがつり合っていると見ることができる。

これは**図 1.6** のような例を考えればわかりやすい。点 a では，$\mu_1 = 0$, $\mu_2 \neq 0$ であり，$-\nabla f(a)$ と $\nabla g_2(a)$ の方向がずれているので，条件 (1.78) は成立していない。$-\nabla f(a)^{\mathrm{T}} z > 0$ を満たす $z \in \mathbf{R}^n$ が $f(x)$ を減少させる方向であるので，点 a においてこの方向と実行可能領域 $\mathcal{F}$ の部分との重なりがあり，$f(x)$ の値を $f(a)$ よりも減少させつつ実行可能領域内に留まるような点があることが見てとれる。つまり，点 a は局所的最小点ではないことがわかる。それに対して，点 b では条件 (1.78) が成立している。この点では，$-\nabla f(b)^{\mathrm{T}} z > 0$ を満たす z の方向と $\mathcal{F}$ の部分との重なりがなく，$f(x)$ の値を $f(b)$ よりも下げる方向に移動しようとすると，実行可能領域から出てしまうことが見てとれる。

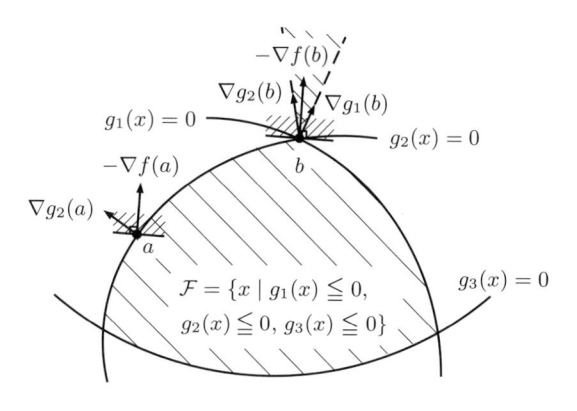

図 1.6 KKT 条件の概念

例 1.5 （不等式制約付き最小化問題の例 1）

つぎの不等式制約付き最小化問題を考える。

$$\min_{x \in \mathbf{R}^2} f(x) := x_1 + 2x_2 \quad \text{s.t.} \quad g(x) := x_1^2 + x_2^2 - 1 \leqq 0 \quad (1.85)$$

ラグランジュ関数は

$$L(x, \mu) = x_1 + 2x_2 + \mu(x_1^2 + x_2^2 - 1) \quad (\mu \geqq 0) \quad (1.86)$$

であり，KKT 条件は

$$\nabla_x L(x, \lambda) = \begin{bmatrix} 1 + 2\mu x_1 \\ 2 + 2\mu x_2 \end{bmatrix} = 0 \quad (1.87)$$

$$\mu g(x) = 0 \quad (1.88)$$

$$\mu \geqq 0 \quad (1.89)$$

$$g(x) = x_1^2 + x_2^2 - 1 \leqq 0 \quad (1.90)$$

である．相補性条件 (1.88) より，$\mu = 0$ または $g(x) = 0$ であるが，$\mu = 0$ とすると式 (1.87) は成立しないので，$\mu \neq 0$ であり，その結果 $g(x) = 0$ となる．等式条件の**例 1.3** と同様に，式 (1.87) と $g(x) = 0$ の条件から μ

を求めると $\mu^2 = \dfrac{5}{4}$ を得るが,条件 (1.89) より $\mu = \dfrac{\sqrt{5}}{2}$ である。これより,KKT 点は

$$x^\star = \begin{bmatrix} -\dfrac{\sqrt{5}}{5} \\ -\dfrac{2\sqrt{5}}{5} \\ \dfrac{\sqrt{5}}{2} \end{bmatrix} \tag{1.91}$$

であり,この KKT 点が最適性の 2 次の十分条件を満たすことは,等式条件の例 **1.3** の場合と同様に示すことができるので,この KKT 点は局所的最小点であることがわかる。

例 1.6 (不等式制約付き最小化問題の例 2)

つぎの不等式制約付き最小化問題を考える(**図 1.7**)。

$$\min_{x \in \mathbf{R}^2} \ f(x) := x_1 + 2x_2 \tag{1.92a}$$

$$\text{s.t.} \ \ g_1(x) := 4 - x_1^2 - x_2^2 \leqq 0 \tag{1.92b}$$

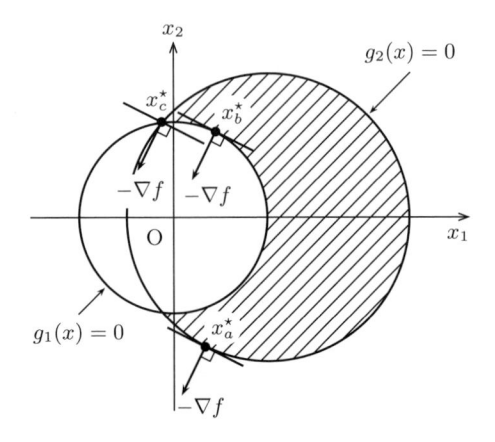

図 **1.7** 不等式制約付き最小化問題の例 2

$$g_2(x) := (x_1 - 2)^2 + x_2^2 - 9 \leqq 0 \tag{1.92c}$$

この問題に対するラグランジュ関数は

$$L(x, \mu) = x_1 + 2x_2 + \mu_1(4 - x_1^2 - x_2^2) + \mu_2\{(x_1 - 2)^2 + x_2^2 - 9\}$$

$$(\mu_1, \mu_2 \geqq 0) \tag{1.93}$$

であり，つぎの 3 点が KKT 点として得られる．

$$\begin{bmatrix} x^\star \\ \mu^\star \end{bmatrix} = \begin{bmatrix} \dfrac{10 - 3\sqrt{5}}{5} \\ -\dfrac{6\sqrt{5}}{5} \\ 0 \\ \dfrac{\sqrt{5}}{6} \end{bmatrix}, \begin{bmatrix} \dfrac{2\sqrt{5}}{5} \\ \dfrac{4\sqrt{5}}{5} \\ \dfrac{\sqrt{5}}{4} \\ 0 \end{bmatrix}, \begin{bmatrix} -\dfrac{1}{4} \\ \dfrac{\sqrt{63}}{4} \\ \dfrac{7 + 2\sqrt{63}}{28} \\ \dfrac{63 + 2\sqrt{63}}{252} \end{bmatrix} \tag{1.94}$$

これらの点を順に $x_a^\star, x_b^\star, x_c^\star$ とすると（**図 1.7**），点 $x_b^\star$ は最適性の 2 次の必要条件を満たさないが，点 $x_a^\star$ と $x_c^\star$ は最適性の 2 次の十分条件を満たすので，局所的最小解であることがいえる（**演習問題【2】**）．

本節の最後として，等式制約と不等式制約の両方がある最小化問題

$$\min_{x \in \mathbf{R}^n} f(x) \text{ s.t. } h(x) = 0, \ g(x) \leqq 0 \tag{1.95}$$

について考える．この問題に対して，つぎの 1 次独立制約想定を考える．

---

1 次独立制約想定：実行可能解 x において，$\nabla h_i(x)$ $(i = 1, \cdots, r)$ と $\nabla g_j(x)$ $(j \in A(x))$ は 1 次独立である．

この問題に対するラグランジュ関数は

$$L(x, \lambda, \mu) := f(x) + \lambda^\mathrm{T} h(x) + \mu^\mathrm{T} g(x) \tag{1.96}$$

で定義される．ただし，$\lambda \in \mathbf{R}^r, \mu \in \mathbf{R}^m$ $(\mu \geqq 0)$ である．

【定理 1.4】 つぎの (i), (ii) が成立する。

(i) 点 $x^\star$ は制約付き最小化問題 (1.95) の局所的最小点であり,$x^\star$ において 1 次独立制約想定が成立しているとする。このとき

$$\nabla_x L(x^\star, \lambda^\star, \mu^\star) = \nabla f(x^\star) + \sum_{i=1}^{r} \lambda_i^\star \nabla h_i(x^\star) + \sum_{j=1}^{m} \mu_j^\star \nabla g_j(x^\star)$$
$$= \nabla f(x^\star) + J_h(x^\star)^\mathrm{T} \lambda^\star + J_g(x^\star)^\mathrm{T} \mu^\star = 0 \tag{1.97}$$

$$\nabla_\lambda L(x^\star, \lambda^\star, \mu^\star) = h(x^\star) = 0 \tag{1.98}$$

$$\mu_j^\star g_j(x^\star) = 0 \qquad (j = 1, \cdots, m) \tag{1.99}$$

$$\mu_j^\star \geqq 0,\ g_j(x^\star) \leqq 0 \quad (j = 1, \cdots, m) \tag{1.100}$$

を満たす $\lambda^\star$ と $\mu^\star$ が存在する (**最適性の 1 次の必要条件**)。また

$$t^\mathrm{T} \nabla_x^2 L(x^\star, \lambda^\star, \mu^\star) t \geqq 0 \quad (\forall t \in M(x^\star)) \tag{1.101}$$

が成立する (**最適性の 2 次の必要条件**)。ただし

$$M(x^\star) := \{ t \in \mathbf{R}^n \mid \nabla h_i(x^\star)^\mathrm{T} t = 0,\ i = 1, \cdots, r,$$
$$\nabla g_j(x^\star)^\mathrm{T} t = 0,\ j \in A(x^\star) \} \tag{1.102}$$

である。

(ii) 点 $(x^\star, \lambda^\star, \mu^\star)$ が最適性の 1 次の必要条件を満たし,点 $x^\star$ で 1 次独立制約想定が成立しているとする。このとき

$$t^\mathrm{T} \nabla_x^2 L(x^\star, \lambda^\star, \mu^\star) t > 0 \quad (\forall t \in M(x^\star) \text{ かつ } t \neq 0) \tag{1.103}$$

が成立するならば (**最適性の 2 次の十分条件**),点 $x^\star$ は制約付き最小化問題 (1.95) に対する狭義の局所的最小点である。

不等式制約付き最小化問題の場合と同様に，最適性の 1 次の必要条件 (1.97)〜(1.100) を KKT 条件といい，KKT 条件を満たす点 $(x^\star, \lambda^\star, \mu^\star)$ を KKT 点という．さらに，近年では，等式制約のみがある最適化問題の場合も含めて，制約付き最適化問題の 1 次の最適性条件のことを KKT 条件，その KKT 条件を満たす点を KKT 点と呼ぶことがある．

1.3 ラグランジュ双対

1.3.1 弱双対定理とラグランジュ緩和

最適化問題

$$(\text{P}) \quad \min_{x \in X} f(x) \quad \text{s.t.} \quad h(x) = 0, \; g(x) \leqq 0 \tag{1.104}$$

を考え，その最適値を $\xi_\text{P}^\star$ とする．この問題に対するラグランジュ関数は

$$L(x, \lambda, \mu) := f(x) + \lambda^\text{T} h(x) + \mu^\text{T} g(x) \quad (\lambda \in \mathbf{R}^r, \, \mu \in \mathbf{R}^m, \, \mu \geqq 0) \tag{1.105}$$

であり，最適化問題

$$(\text{D}) \quad \max_{\mu \geqq 0, \lambda} \left\{ \min_{x \in X} L(x, \lambda, \mu) \right\} \tag{1.106}$$

を問題 (P) に対する**ラグランジュの双対問題**（Lagrange dual problem）あるいは**ラグランジュ双対**（Lagrange dual）と呼ぶ．簡単に**双対問題**と呼ぶこともある．また，双対問題に対比して，元の問題 (P) を**主問題**（primal problem）と呼ぶ．双対問題の最適値を $\xi_\text{D}^\star$ とすると，双対問題の最適値はつねに主問題の最適値の下界を与えるという，つぎの弱双対定理が成立する．

【定理 1.5】　（弱双対定理（weak duality theorem））主問題 (P) の最小値 $\xi_\text{P}^\star$ と双対問題 (D) の最大値 $\xi_\text{D}^\star$ に対して，つぎの式が成立する．

$$\xi_\text{D}^\star \leqq \xi_\text{P}^\star \tag{1.107}$$

証明 この弱双対定理を証明するために，つぎの二つの問題を考える．

(P1) $\quad \xi_{P1}^{\star}(x) := \max_{\mu \geqq 0, \lambda} L(x, \lambda, \mu)$ $\hspace{3cm}$ (1.108)

(D1) $\quad \xi_{D1}^{\star}(\lambda, \mu) := \min_{x \in X} L(x, \lambda, \mu)$ $\hspace{3cm}$ (1.109)

問題 (P1) は固定した x に対して $\lambda, \mu \,(\geqq 0)$ に関して最大化する問題であり，問題 (D1) は固定した $\lambda, \mu \,(\geqq 0)$ に対して x に関して最小化する問題である．このとき，双対問題の定義 (1.106) より，明らかに

$$\xi_{D}^{\star} = \max_{\mu \geqq 0, \lambda} \xi_{D1}^{\star}(\lambda, \mu) \hspace{3cm} (1.110)$$

が成立する．また

$$\xi_{P}^{\star} = \min_{x \in X} \xi_{P1}^{\star}(x) \hspace{3cm} (1.111)$$

であることがいえる．実際

$$\xi_{P1}^{\star}(x) = f(x) + \max_{\mu \geqq 0, \lambda} \left\{ \lambda^{T} h(x) + \mu^{T} g(x) \right\} \hspace{2cm} (1.112)$$

であり，問題 (P) の実行可能解 x_f $(h(x_f) = 0, g(x_f) \leqq 0)$ に対して

$$\xi_{P1}^{\star}(x_f) = f(x_f) + \max_{\mu \geqq 0, \lambda} \left\{ \mu^{T} g(x_f) \right\} = f(x_f) \hspace{2cm} (1.113)$$

となるので，すべての実行可能解に対する最小値をとることで，式 (1.111) が成立することがいえる．つぎに，式 (1.108), (1.109) より，すべての (x, λ, μ) $(\mu \geqq 0)$ に対して

$$\xi_{D1}^{\star}(\lambda, \mu) \leqq L(x, \lambda, \mu) \leqq \xi_{P1}^{\star}(x) \hspace{2cm} (1.114)$$

が成立するので，$\xi_{D1}^{\star}(\lambda, \mu) \leqq \xi_{P1}^{\star}(x)$ であり，式 (1.110), (1.111) を考慮すると式 (1.107) が成立することがわかり，弱双対定理が成立することがいえる． △

この弱双対定理を，緩和問題の観点からも見てみよう．緩和問題とは，元の問題の制約条件を緩めた問題のことをいい，制約条件を緩めることにより，実行可能領域が元の問題よりも広くなる．そのため，最小化問題の場合，緩和問題の最小値は元の問題の最小値の下界（最大化問題の場合は上界）を与えることになる．

まず，固定した $\lambda, \mu \, (\geqq 0)$ に対して，主問題 (P) の目的関数をラグランジュ関数に置き換えた問題

$$(\text{R1}) \quad \xi_{\text{R1}}^{\star}(\lambda, \mu) := \min_{x \in X} L(x, \lambda, \mu) \quad \text{s.t.} \ h(x) = 0, \ g(x) \leqq 0 \tag{1.115}$$

を考える．この実行可能解 x_f に対して，$h(x_\text{f}) = 0$, $g(x_\text{f}) \leqq 0$ が成立するので，$\mu \geqq 0$ より

$$\xi_{\text{R1}}^{\star}(\lambda, \mu) = \min_{x \in X} \left\{ f(x_\text{f}) + \mu^{\text{T}} g(x_\text{f}) \right\} \leqq \min_{x \in X} f(x_\text{f}) = \xi_{\text{P}}^{\star} \tag{1.116}$$

となり，任意の固定した $\lambda, \mu \, (\geqq 0)$ に対して，問題 (R1) の最適値 $\xi_{\text{R1}}^{\star}(\lambda, \mu)$ は主問題 (P) の最適値 $\xi_{\text{P}}^{\star}$ の下界を与える．そして，問題 (R1) の制約条件を外した問題が，上で定義した問題 (D1) である．つまり，問題 (D1) は問題 (R1) の緩和問題であり，主問題 (P) に対しても緩和問題となっている．この観点から，問題 (D1) を主問題 (P) に対する**ラグランジュ緩和問題**（Lagrange relaxation problem）と呼ぶ．

ところで，問題 (D1) は問題 (R1) の制約条件を外したものであるから，明らかに

$$\xi_{\text{D1}}^{\star}(\lambda, \mu) \leqq \xi_{\text{R1}}^{\star}(\lambda, \mu) \tag{1.117}$$

が成立し，任意の固定した $\lambda, \mu \, (\geqq 0)$ に対して

$$\xi_{\text{D1}}^{\star}(\lambda, \mu) \leqq \xi_{\text{R1}}^{\star}(\lambda, \mu) \leqq \xi_{\text{P}}^{\star} \tag{1.118}$$

が成立する．つまり，ラグランジュ緩和問題 (D1) の解は主問題の下界値を与えるものであり，$\lambda, \mu \, (\geqq 0)$ に関する最大値をとることにより

$$\xi_{\text{D}}^{\star} = \max_{\mu \geqq 0, \lambda} \xi_{\text{D1}}^{\star}(\lambda, \mu) \leqq \xi_{\text{P}}^{\star} \tag{1.119}$$

が導け，緩和問題の観点からも弱双対定理が成立することがわかる．

1.3.2 双対定理

主問題 (P) の最小値 $\xi_P^\star$ と双対問題 (D) の最大値 $\xi_D^\star$ の差 $\eta := \xi_P^\star - \xi_D^\star$ を，**双対ギャップ**（duality gap）という。この双対ギャップが 0 になるための必要十分条件は，つぎの定理で述べるように，ラグランジュ関数に鞍点が存在することであることが知られている。ここで，点 $(\bar{x}, \bar{\lambda}, \bar{\mu})$ が $L(x, \lambda, \mu)$ の**鞍点**（saddle point）であるとは，任意の $x \in X$, $\lambda \in \mathbf{R}^r$, $\mu \in \mathbf{R}^m$ に対して

$$L(\bar{x}, \lambda, \mu) \leqq L(\bar{x}, \bar{\lambda}, \bar{\mu}) \leqq L(x, \bar{\lambda}, \bar{\mu}) \tag{1.120}$$

が成立することである。この式は，$L(\bar{x}, \bar{\lambda}, \bar{\mu})$ が，固定した $\bar{x}$ に対しては変数 λ, μ に関して $L(\bar{x}, \lambda, \mu)$ の上界になっており，逆に，固定した $\bar{\lambda}, \bar{\mu}$ に対しては変数 x に関して $L(x, \bar{\lambda}, \bar{\mu})$ の下界になっていることを示している。

【定理 1.6】 双対ギャップが 0 になるための必要十分条件は，ラグランジュ関数に鞍点が存在することである。

証明 （十分性）点 $(\bar{x}, \bar{\lambda}, \bar{\mu})$ が鞍点であるとする。このとき，式 (1.120) より

$$L(\bar{x}, \bar{\lambda}, \bar{\mu}) = \max_{\mu \geqq 0, \lambda} L(\bar{x}, \lambda, \mu) = \xi_{P1}^\star(\bar{x}) \tag{1.121}$$

$$L(\bar{x}, \bar{\lambda}, \bar{\mu}) = \min_{x \in X} L(x, \bar{\lambda}, \bar{\mu}) = \xi_{D1}^\star(\bar{\lambda}, \bar{\mu}) \tag{1.122}$$

であるから，$\xi_{P1}^\star(\bar{x}) = \xi_{D1}^\star(\bar{\lambda}, \bar{\mu})$ となるので

$$\xi_P^\star = \min_{x \in X} \xi_{P1}^\star(x) \leqq \xi_{P1}^\star(\bar{x}) = \xi_{D1}^\star(\bar{\lambda}, \bar{\mu}) \leqq \max_{\mu \geqq 0, \lambda} \xi_{D1}^\star(\lambda, \mu) = \xi_D^\star \tag{1.123}$$

を得る。一方，弱双対定理より $\xi_D^\star \leqq \xi_P^\star$ なので，これらより $\xi_D^\star = \xi_P^\star$ を得る。これは双対ギャップが 0 であることを表す。

（必要性）主問題 (P) の最適解を $\bar{x}$, 双対問題 (D) の最適解を $(\bar{\lambda}, \bar{\mu})$ とする。このとき，双対ギャップが 0 であるとすると

$$\xi_P^\star = \xi_{P1}^\star(\bar{x}) = \max_{\mu \geqq 0, \lambda} L(\bar{x}, \lambda, \mu)$$

$$
\begin{align}
&= L(\bar{x}, \bar{\lambda}, \bar{\mu}) \\
&= \min_{x \in X} L(x, \bar{\lambda}, \bar{\mu}) = \xi_{\mathrm{D1}}^{\star}(\bar{\lambda}, \bar{\mu}) = \xi_{\mathrm{D}}^{\star} \tag{1.124}
\end{align}
$$

となる．これは，点 $(\bar{x}, \bar{\lambda}, \bar{\mu})$ が鞍点であることを表している． △

例 1.7 （双対ギャップが 0 にならない例）

二つの関数

$$f_1(x) = (x+1)^2 + 1, \quad f_2(x) = (x-1)^2 - 1 \tag{1.125}$$

を用いて目的関数 $f(x)$ を

$$f(x) = \min\{f_1(x), f_2(x)\} \tag{1.126}$$

とし，以下の最適化問題（主問題）を考える．

$$\min\ f(x) \quad \text{s.t.} \quad g(x) := x \leqq 0 \tag{1.127}$$

図 1.8 (a) より，$x = 0$ のとき，主問題の最小値 $\xi_{\mathrm{P}}^{\star} = 0$ が得られる．この問題に対するラグランジュ関数は，$\mu \geqq 0$ として，以下のように与えられる．

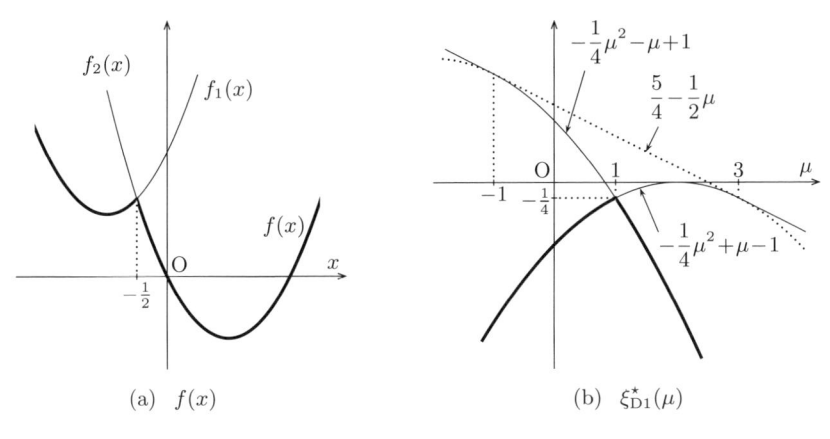

図 1.8 双対ギャップが 0 にならない例

$$L(x,\mu) = f(x) + \mu g(x) = \begin{cases} f_1(x) + \mu x & \left(x \leq -\dfrac{1}{2}\right) \\ f_2(x) + \mu x & \left(x \geq -\dfrac{1}{2}\right) \end{cases} \tag{1.128}$$

μ が定数だと考えて，x について最小化を行う．

(i) $x \leq -\dfrac{1}{2}$ の場合，ラグランジュ関数は以下のように変形できる．

$$f_1(x) + \mu x = \left(x + \dfrac{1}{2}\mu + 1\right)^2 - \dfrac{1}{4}\mu^2 - \mu + 1 \tag{1.129}$$

(i-1) $\mu \geq -1$ の場合は，$x = -\dfrac{1}{2}\mu - 1$ で最小値 $-\dfrac{1}{4}\mu^2 - \mu + 1$．

(i-2) $\mu \leq -1$ の場合は，$x = -\dfrac{1}{2}$ で最小値 $\dfrac{5}{4} - \dfrac{1}{2}\mu$．

(ii) $x \geq -\dfrac{1}{2}$ の場合，ラグランジュ関数は以下のように変形できる．

$$f_2(x) + \mu x = \left(x + \dfrac{1}{2}\mu - 1\right)^2 - \dfrac{1}{4}\mu^2 + \mu - 1 \tag{1.130}$$

(ii-1) $\mu \leq 3$ の場合は，$x = -\dfrac{1}{2}\mu + 1$ で最小値 $-\dfrac{1}{4}\mu^2 + \mu - 1$．

(ii-2) $\mu \geq 3$ の場合は，$x = -\dfrac{1}{2}$ で最小値 $\dfrac{5}{4} - \dfrac{1}{2}\mu$．

個々の μ に対して最小値を与える x を選ぶと考えると，図 **1.8** (b) より

$$\xi_{\text{D1}}^\star(\mu) := \min_x L(x,\mu) = \begin{cases} -\dfrac{1}{4}\mu^2 - \mu + 1 & (\mu \geq 1) \\ -\dfrac{1}{4}\mu^2 + \mu - 1 & (\mu \leq 1) \end{cases} \tag{1.131}$$

となる．双対問題は

$$\max_{\mu} \xi_{\text{D1}}^\star(\mu) \quad \text{s.t.} \quad \mu \geq 0 \tag{1.132}$$

であるので，$\mu = 1$ のとき最大値 $\xi_{\text{D}}^\star = -\dfrac{1}{4}$ を得る．明らかに $\xi_{\text{P}}^\star \neq \xi_{\text{D}}^\star$ であり，双対ギャップは 0 とはならない．

つぎに，式 (1.128) のラグランジュ関数に鞍点が存在するかどうかを確かめてみよう．まず，式 (1.120) の左側の不等号について考える．式 (1.128) より，任意の $\mu \geqq 0$ に対して $L(\bar{x}, \mu)$ に上界が存在するためには，$\bar{x} \leqq 0$ である必要があり，以下のいずれかが成立する．

(i) $\bar{x} < 0$ の場合

任意の $\bar{x}\ (<0)$ に対して，$L(\bar{x}, \mu)$ は $\mu = 0$ で最大値をとる．つまり，$L(\bar{x}, \mu) \leqq L(\bar{x}, 0)$ が成立する．しかし

$$L(\bar{x}, 0) \geqq 0 > -1 = L(1, 0) \tag{1.133}$$

となるので，$(\bar{x}, 0)$ は鞍点ではない．

(ii) $\bar{x} = 0$ の場合

$L(\bar{x}, \mu)$ は μ の値に依存しないので，任意の $\bar{\mu}$ に対して $L(0, \mu) = L(0, \bar{\mu}) = 0$ が成立する．しかし，任意の $\bar{\mu}$ に対して $L(x, \bar{\mu}) \leqq -\dfrac{1}{4}$ となる x が存在する（図 **1.8** (b)）．つまり，$(0, \bar{\mu})$ も鞍点とはならない．

以上より，この例ではラグランジュ関数の鞍点は存在しない．

双対ギャップが 0 になる場合，主問題の解を求める代わりに双対問題を解いても最適値が求められることになる．主問題を直接解くのが困難な場合でも，双対問題が比較的容易に解けることがあり，その場合は，双対ギャップが 0 であることが重要な意味を持つ．双対ギャップが 0 でない場合においても，双対問題の解は主問題の最適値の下界値を与えるので，その存在範囲を限定できるという意味で，やはり役立つことが多い．

ここで実際に問題になるのは，どのような場合にラグランジュ関数が鞍点を持つかである．これに対して，つぎの双対定理が知られている．

【定理 1.7】 （双対定理 (duality theorem)）目的関数 $f(x)$ および不等式制約の $g(x)$ は微分可能な凸関数†であり，等式制約の $h(x)$ は 1 次の関

---

† 凸関数などの定義は次章で行うので，この定理の証明は次章を読んでから見るとよい．

数であるとする.さらに,$X = \mathbf{R}^n$ とし,主問題 (P) の局所的最小解 $x^\star$ が存在するものとすると,$x^\star$ は主問題 (P) の大域的最小解となる.このとき,$x^\star$ で 1 次独立制約想定が成立するならば,双対問題 (D) に大域的最大解が存在し,双対ギャップは 0 となる.なお,この定理は,弱双対定理と対比させて**強双対定理**(strong duality theorem)と呼ばれることもある.

証明 まず,$f(x)$ と $g(x)$ が凸関数で,$h(x)$ が 1 次の関数であるので,定理 **2.3** より主問題 (P) は凸計画問題となり,局所的最小解 $x^\star$ は大域的最小解となる(定理 **2.2**).

そして,$x^\star$ において 1 次独立制約想定が成立するならば,ラグランジュ関数

$$L(x, \lambda, \mu) = f(x) + \sum_{i=1}^{r} \lambda_i h_i(x) + \sum_{j=1}^{m} \mu_j g_j(x) \tag{1.134}$$

に対して,つぎの KKT 条件を満たす $(\lambda^\star, \mu^\star)$ が存在する.

$$\nabla_x L(x^\star, \lambda^\star, \mu^\star) = \nabla f(x^\star) + \sum_{i=1}^{r} \lambda_i^\star \nabla h_i(x^\star) + \sum_{j=1}^{m} \mu_j^\star \nabla g_j(x^\star) = 0 \tag{1.135}$$

$$\nabla_\lambda L(x^\star, \lambda^\star, \mu^\star) = h(x^\star) = 0 \tag{1.136}$$

$$\mu_j^\star g_j(x^\star) = 0 \quad (j = 1, \cdots, m) \tag{1.137}$$

$$\mu_j^\star \geqq 0, \ g_j(x^\star) \leqq 0 \quad (j = 1, \cdots, m) \tag{1.138}$$

ところで,つぎの最大化問題と最小化問題は等価である.

$$\max_{\mu \geqq 0, \lambda} L(x^\star, \lambda, \mu) \quad \Leftrightarrow \quad \min_{\mu \geqq 0, \lambda} -L(x^\star, \lambda, \mu) \tag{1.139}$$

この実行可能解の集合が凸集合であり,かつ,$-L$ は (λ, μ) に関して 1 次関数であることより (λ, μ) に関して凸関数なので,固定した $x^\star$ に対して,この最小化問題 (1.139) は凸計画問題である.そして,最小化問題 (1.139) の KKT 条件は

$$h(x^\star) = 0, \ g(x^\star)^\mathrm{T} \mu = 0, \ g(x^\star) \leqq 0, \ \mu \geqq 0 \tag{1.140}$$

となり(演習問題 **【5】**),主問題 (P) の KKT 条件 (1.136)~(1.138) そのものとなる.つまり,主問題 (P) の KKT 点 $(x^\star, \lambda^\star, \mu^\star)$ は,最小化問題 (1.139) の

KKT 点にもなる．そして，最小化問題 (1.139) は凸計画問題であるので，この KKT 点は最小化問題 (1.139) の大域的最小解となり

$$L(x^\star, \lambda^\star, \mu^\star) = \min_{\mu \geqq 0, \lambda} -L(x^\star, \lambda, \mu) \tag{1.141}$$

が成立する．よって，式 (1.139) より

$$L(x^\star, \lambda, \mu) \leqq \max_{\mu \geqq 0, \lambda} L(x^\star, \lambda, \mu) = L(x^\star, \lambda^\star, \mu^\star) \tag{1.142}$$

が得られる．

つぎに，$f(x)$ と $g(x)$ が凸関数で，$h(x)$ が 1 次関数であることより，ラグランジュ関数 $L(x, \lambda, \mu)$ は x に関して凸関数であるので，$(\lambda^\star, \mu^\star)$ を固定すると

$$\min_x L(x, \lambda^\star, \mu^\star) \tag{1.143}$$

は変数 x に関する凸計画問題である．この問題の最適性の 1 次の必要条件は式 (1.135) そのものであり，問題が凸計画問題であることより，$x^\star$ は問題 (1.143) の大域的最小解となる．よって

$$L(x^\star, \lambda^\star, \mu^\star) = \min_x L(x, \lambda^\star, \mu^\star) \leqq L(x, \lambda^\star, \mu^\star) \tag{1.144}$$

が成立する．

以上，式 (1.142) と式 (1.144) により，$(x^\star, \lambda^\star, \mu^\star)$ はラグランジュ関数 L の鞍点となることがいえたので，**定理 1.6** より双対ギャップは 0 となる． △

1.4 最適制御への応用例

本節では，制御理論でよく知られた最適制御問題が，前節までの最適性条件を用いて解けることを示す．

制御対象

$$\frac{d}{dt}x(t) = Ax(t) + Bu(t) \tag{1.145}$$

に対して，評価関数を

$$J := \int_0^\infty \{x^\mathrm{T}(t) Q x(t) + u^\mathrm{T}(t) R u(t)\} dt \tag{1.146}$$

とし，状態フィードバック

$$u(t) = Kx(t) \tag{1.147}$$

を施した場合に，評価関数を最小とする状態フィードバックゲイン $K \in \mathbf{R}^{m \times n}$ を求めるという**最適制御問題**（optimal control problem）を考える．ただし，$x(t) \in \mathbf{R}^n$ は状態変数，$u(t) \in \mathbf{R}^m$ は制御入力であり，行列 $Q \in \mathbf{R}^{n \times n}$ と $R \in \mathbf{R}^{m \times m}$ は正定値行列（$Q \succ O,\ R \succ O$）とする．

状態フィードバックを施したときの閉ループ系は

$$\frac{d}{dt}x(t) = (A + BK)\,x(t) \tag{1.148}$$

となり，初期状態 $x(0)$ に対して

$$x(t) = e^{(A+BK)t}x(0) \quad (t \geqq 0) \tag{1.149}$$

と表せるので，評価関数は

$$\begin{aligned}J(K) &= \int_0^\infty x^{\mathrm{T}}(t)(Q + K^{\mathrm{T}}RK)x(t)\,dt \\ &= \int_0^\infty x^{\mathrm{T}}(0)(e^{(A+BK)t})^{\mathrm{T}}(Q + K^{\mathrm{T}}RK)\,e^{(A+BK)t}x(0)\,dt\end{aligned} \tag{1.150}$$

と表せる．

定理 A.9 において $F = A + BK$, $\Gamma = Q + K^{\mathrm{T}}RK$ とおくと

$$J(K) = x^{\mathrm{T}}(0)P\,x(0) \tag{1.151}$$

となる．ただし，P は

$$(A + BK)^{\mathrm{T}}P + P(A + BK) + Q + K^{\mathrm{T}}RK = O \tag{1.152}$$

を満たす．よって，元の評価関数 (1.150) を最小化する問題は，つぎの等式制約付き最小化問題として表せる．

$$\min_{K,P} \ x^{\mathrm{T}}(0)Px(0) \tag{1.153a}$$

$$\text{s.t.} \ (A+BK)^{\mathrm{T}}P + P(A+BK) + Q + K^{\mathrm{T}}RK = O \tag{1.153b}$$

この問題に対するラグランジュ関数を

$$\begin{aligned}L(K,P,\Lambda) :=& x^{\mathrm{T}}(0)Px(0) + \mathrm{tr}(\Lambda\{(A+BK)^{\mathrm{T}}P + P(A+BK) \\ & + Q + K^{\mathrm{T}}RK\})\end{aligned} \tag{1.154}$$

とし (ただし $\Lambda \in \mathbf{R}^{n\times n}$), 変数 K と P で偏微分して O とすると

$$\begin{aligned}\frac{\partial}{\partial K}L(K,P,\Lambda) &= B^{\mathrm{T}}P\Lambda + B^{\mathrm{T}}P\Lambda + RK\Lambda + RK\Lambda \\ &= 2(B^{\mathrm{T}}P + RK)\Lambda = O\end{aligned} \tag{1.155}$$

$$\frac{\partial}{\partial P}L(K,P,\Lambda) = x(0)x^{\mathrm{T}}(0) + (A+BK)\Lambda + \Lambda(A+BK)^{\mathrm{T}} = O \tag{1.156}$$

を得る。これらと元の等式制約 (1.153b) が, 最適性の 1 次の必要条件である。ここで

$$B^{\mathrm{T}}P + RK = O \tag{1.157}$$

を満たす K と P が存在したとすると, これらは式 (1.155) を満たし

$$K = -R^{-1}B^{\mathrm{T}}P \tag{1.158}$$

を得る。これを条件 (1.153b) に代入すると

$$(A - BR^{-1}B^{\mathrm{T}}P)^{\mathrm{T}}P + P(A - BR^{-1}B^{\mathrm{T}}P) \\ + Q + PBR^{-1}RR^{-1}B^{\mathrm{T}}P = O \tag{1.159}$$

となり, これを整理すると

$$A^{\mathrm{T}}P + PA + Q - PBR^{-1}B^{\mathrm{T}}P = O \tag{1.160}$$

というリッカチ方程式（Riccati equation）を得る。以上より，まず P をリッカチ方程式 (1.160) から求め，それを式 (1.158) に代入して K を求め，最後に式 (1.156) から Λ を求めれば，最適性の 1 次の必要条件を満たす P, K, Λ を求めることができる。したがって，リッカチ方程式を満たす P を用いた入力

$$u(t) = -R^{-1}B^{\mathrm{T}}Px(t) \tag{1.161}$$

が，最適性の 1 次の必要条件を満たす状態フィードバックである。以上のように，最適性条件の応用として，最適制御の制御側を導くことができる。なお，この状態フィードバックが実際に問題 (1.153) の大域的最適解になっていることを示すことができるが，ここでは省略する。

********** 演 習 問 題 **********

【1】 例 1.4 において，最適性の 1 次の必要条件を満たす点として式 (1.72) が得られることを確かめよ。また，その点が最適性の 2 次の十分条件を満たすことを示せ。

【2】 例 1.6 において，最適性の 1 次の必要条件を満たす点として，式 (1.94) が得られることを確かめよ。また，それぞれの点が最適性の 2 次の必要条件，十分条件を満たすかどうかを確かめよ。

【3】 目的関数 $f(x)$ を

$$f(x) = \begin{cases} (x+1)^2 + 1 & \left(x \leqq -\dfrac{3}{2}\right) \\ -x - \dfrac{1}{4} & \left(-\dfrac{3}{2} \leqq x \leqq \dfrac{1}{2}\right) \\ (x-1)^2 - 1 & \left(\dfrac{1}{2} \leqq x\right) \end{cases} \tag{1.162}$$

で定義し，最適化問題 $\min_{x \leqq 0} f(x)$ を考える。この最適化問題に対して

$$\xi_{\mathrm{D1}}^{\star}(\mu) := \min_{x} L(x, \mu) = \min_{x}\{f(x) + \mu x\} \tag{1.163}$$

を求め，双対問題 $\max_{\mu \geqq 0} \xi_{\mathrm{D1}}^{\star}(\mu)$ を求めよ。

【4】 目的関数 $\xi(\mu)$ を

$$\xi(\mu) = \begin{cases} -\dfrac{1}{4}\mu^2 - \mu + 1 & (\mu \geqq 1) \\ -\dfrac{1}{4}\mu^2 + \mu - 1 & (\mu \leqq 1) \end{cases} \tag{1.164}$$

で定義する。最適化問題 $\max\limits_{\mu \geqq 0} \xi(\mu)$ の双対問題を求め，その最適解を求めよ。

【5】 最小化問題 (1.139) の KKT 条件は式 (1.140) で与えられることを示せ。

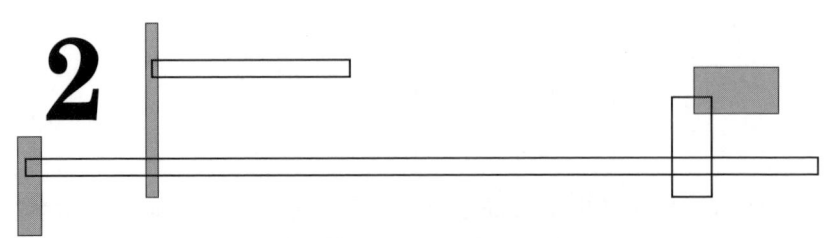

2 凸関数と凸計画問題

　凸関数は，最適化においてたいへん良い性質を持っている．例えば，目的関数や制約条件を表す関数が一般の非線形関数である場合，大域的最小点を求めることは困難であるが，それらが凸関数の場合は数値的に求めることができる．また，非線形関数を凸関数で近似して近似解を求めるなど，応用範囲も広い．これらのことから，関数の凸性に関する性質を知っておくことは，たいへん重要である．そこで，本章では，凸関数に関する基本的な性質を説明し，凸計画問題を定式化した後，凸計画問題を解くための代表的な最適化法である楕円体法と切除平面法を紹介する．その中で，凸関数と同様に最適化で有用となる準凸関数の定義と性質を説明し，関数が微分不可能な場合にも定義できる劣勾配や準勾配も紹介する．

2.1 凸関数と準凸関数の定義と性質

2.1.1 定義と基本的な性質

まず，凸集合と凸関数についての定義を行う．

【定義 2.1】 集合 $S \subseteq \mathbf{R}^n$ が**凸集合**（convex set）であるとは，任意の $x, y \in S$ に対して

$$\alpha x + (1-\alpha)y \in S \quad (\forall \alpha \in [0,1]) \tag{2.1}$$

が成立することである．これは，S 内の任意の異なる 2 点 x, y を選んだとき，それらを結ぶ線分全体がやはり S に含まれることを表している（図 **2.1**）．

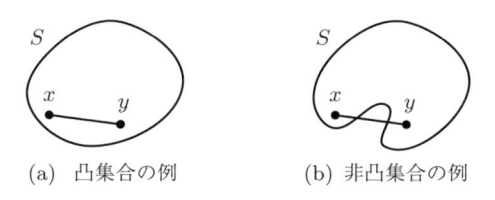

(a) 凸集合の例　　(b) 非凸集合の例

図 **2.1**　凸集合と非凸集合

また，関数 f が凸集合 $C \subseteq \mathbf{R}^n$ 上で**凸関数**（convex function）であるとは，任意の $x, y \in C$ に対して

$$f(\alpha x + (1-\alpha)y) \leqq \alpha f(x) + (1-\alpha)f(y) \quad (\forall \alpha \in [0,1]) \quad (2.2)$$

が成立することである（図 **2.2**）．さらに，関数 f が凸集合 $C \subseteq \mathbf{R}^n$ 上で**狭義の**（あるいは**厳密な**）**凸関数**（strictly convex function）であるとは，$x \neq y$ である任意の $x, y \in C$ に対して

$$f(\alpha x + (1-\alpha)y) < \alpha f(x) + (1-\alpha)f(y) \quad (\forall \alpha \in (0,1)) \quad (2.3)$$

が成立することである（狭義の凸関数は明らかに凸関数であるが，必ずしもその逆は成立しない）．

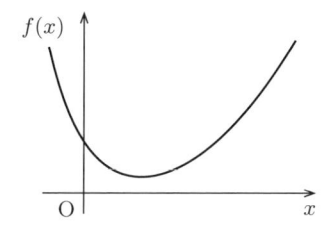

図 **2.2**　凸関数の例

凸関数に対する最適化を考える上で，つぎのレベル集合は重要な役割を果たす．レベル集合自体は，凸とは限らない一般の関数に対する定義である．

【定義 2.2】 C 上の関数 f に対して $C_\gamma := \{x \in C \mid f(x) \leqq \gamma, \gamma \in \mathbf{R}\}$ を**レベル集合**（sub-level set）という．

凸関数の最適化において最も重要なことは，一般の関数の最適化の場合には大域的最適解を求めることが難しいのに対して，凸関数の最適化の場合はそれが可能となることである．その最適解を求める手法において，後に述べる楕円体法のように，関数の凸性を直接利用せずにレベル集合の凸性を利用するものがある．つまり，関数が凸でない場合においても，レベル集合が凸であれば大域的最適解を求めることができることになる．では，レベル集合が凸になるような関数は，どのように与えられるのだろうか．それがつぎに定義する準凸関数である（後述の**性質 2.2** (f)）．

【定義 2.3】 関数 f が凸集合 C 上で**準凸関数**（quasi-convex function）であるとは，任意の x, y に対して

$$f(\alpha x + (1-\alpha)y) \leqq \max\{f(x), f(y)\} \quad (\forall \alpha \in [0,1]) \qquad (2.4)$$

が成立することである．さらに，関数 f が凸集合 C 上で**狭義の**（あるいは**厳密な**）**準凸関数**（strictly quasi-convex function）であるとは，$f(x) \neq f(y)$ である任意の x, y に対して

$$f(\alpha x + (1-\alpha)y) < \max\{f(x), f(y)\} \quad (\forall \alpha \in (0,1)) \qquad (2.5)$$

が成立することである（図 **2.3**）．また，関数 f が凸集合 C 上で**強い準凸関数**（strongly quasi-convex function）であるとは，$x \neq y$ である任意の x, y に対して式 (2.5) が成立することである（狭義の準凸関数は明らかに準凸関数であり，強い準凸関数は狭義の準凸関数である）．

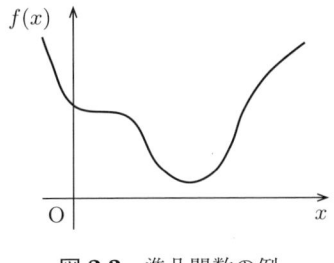

図 **2.3** 準凸関数の例

例えば，2 変数の準凸関数を考えると，長方形などのようにレベル集合の境界に直線部分がある場合，狭義の準凸関数となる可能性はあるが，強い準凸関数とはならない．

以下では，特に必要がなければ，「凸集合 C 上」を省略し，単に f は凸関数，f は準凸関数などと表す．この場合，必要に応じて，関数 f をある凸集合上で考えてもよいし，$\mathbf{R}^n$ 全体で考えてよい．

まず，凸集合，凸関数，準凸関数に関して基本的な性質をまとめる．

性質 2.1 凸集合，凸関数，準凸関数に関して，つぎの (a)〜(c) が成立する．

(a) S, T が凸集合であるとき，それらの積集合 $S \cap T$ は凸集合である（和集合 $S \cup T$ は，特別な場合を除いて一般的には凸集合とはならない）．さらに，一般的には，S_i $(i = 1, \cdots, r)$ が凸集合であるとき，それらの積集合

$$S_1 \cap S_2 \cap \cdots \cap S_r \tag{2.6}$$

は凸集合である．

(b) f_i $(i = 1, \cdots, r)$ が凸関数であるとき，任意の非負定数 β_i $(i = 1, \cdots, r)$ に対してそれらの重み付きの和をとった関数（重み付き和関数）

$$f(x) := \sum_{i=1}^{r} \beta_i f_i(x) \tag{2.7}$$

は凸関数である（図 **2.4** (a)）（f_i が準凸関数であっても，上式で定義される関数 $f(x)$ は準凸関数になるとは限らない）．

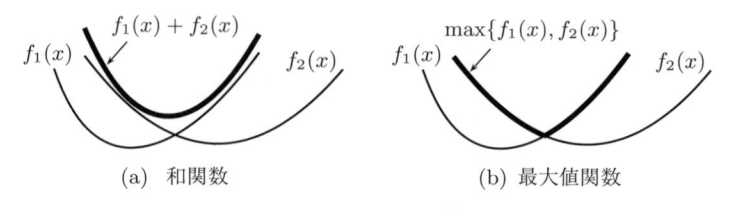

図 **2.4** 和関数と最大値関数

(c) $f_i\ (i=1,\cdots,r)$ が凸関数であるとき，各点 x で最大値をとる最大値関数

$$f(x):=\max\{f_1(x),\cdots,f_r(x)\} \tag{2.8}$$

は凸関数である（図 **2.4** (b)）。また，$f_i\ (i=1,\cdots,r)$ が準凸関数であるとき，上式で定義される最大値関数 $f(x)$ は準凸関数である。

性質 (a) は，S と T がそれぞれある制約条件を満たす集合を表すとすると，元の集合が凸集合であれば，同時に両方の制約を満たす集合も凸集合となることを示す。性質 (b), (c) における関数 (2.7), (2.8) は，複数の目的関数 $f_i(x)$ $(i=1,\cdots,r)$ が与えられたとき，それらの重み付き和関数を一つの目的関数 $f(x)$ として用いる場合などに用いられる。その場合，元となる目的関数 $f_i(x)$ の凸性は，式 (2.7), (2.8) の両方の場合に引き継がれ，準凸性は式 (2.8) の場合に引き継がれる。

つぎに，凸関数，準凸関数とレベル集合との関係についてまとめる。

性質 2.2 つぎの (d)～(g) が成立する。

(d) 凸関数 f は準凸関数である。狭義の凸関数は強い準凸関数である。どちらも，逆は必ずしも成立しない。

(e) 関数 f が凸関数ならば，任意の $\gamma\in\mathbf{R}$ に対してそのレベル集合 C_γ は凸集合となる。逆は必ずしも成立しない。

(f) 関数 f が準凸関数であるための必要十分条件は，すべての $\gamma\in\mathbf{R}$ に対して，そのレベル集合 C_γ が凸集合となることである。

(g) f が凸関数または準凸関数であるとき，そのレベル集合はつぎの性質を

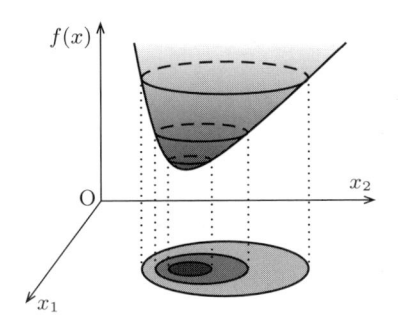

図 2.5 レベル集合

持つ（図 **2.5**）．

$$\gamma_1 \leqq \gamma_2 \quad \Rightarrow \quad C_{\gamma_1} \subseteq C_{\gamma_2} \tag{2.9}$$

性質 (f) により，目的関数が準凸関数の場合にも，楕円体法のようにレベル集合の凸性を利用した最適化手法を適用することができる．性質 (g) は，凸関数や準凸関数におけるレベル集合の単調性を表しており，凸最適化法を考える上で重要である．

凸関数の別の特徴付けとして，凸関数のエピグラフが凸集合となることが知られている．具体的には，$C \subset \mathbf{R}^n$ 上の関数 $f(x)$ の**エピグラフ**（epigraph）とは，$\mathbf{R}^{n+1}$ の部分集合

$$G_f := \{(x, y) \mid y \geqq f(x),\ x \in C\} \tag{2.10}$$

のことであり（図 **2.6**），C が凸集合の場合，$f(x)$ が凸関数であるための必要

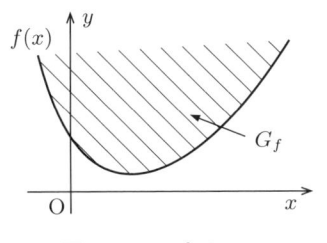

図 2.6 エピグラフ

十分条件はそのエピグラフが凸集合となることである，ということが知られている（証明は省略）．

この項の最後として，凸集合の重要な性質である分離定理を記述しておく（証明は省略）．

【定理 2.1】 （分離定理 (separation theorem)）つぎの (i), (ii) が成立する．

(i) 閉凸集合 $C \subset \mathbf{R}^n$ と任意の点 $a \notin C$ に対して

$$p^\mathrm{T} a < p^\mathrm{T} x \quad (\forall x \in C) \tag{2.11}$$

を満たす $p \in \mathbf{R}^n$ $(p \neq 0)$ が存在する（図 **2.7** (a)）．

(ii) $C \cap D = \emptyset$ である二つの凸集合 C, D に対して

$$p^\mathrm{T} y < p^\mathrm{T} x \quad (\forall x \in C, \forall y \in D) \tag{2.12}$$

を満たす $p \in \mathbf{R}^n$ $(p \neq 0)$ が存在する（図 **2.7** (b)）．

(a) 点と凸集合の分離   (b) 二つの凸集合の分離

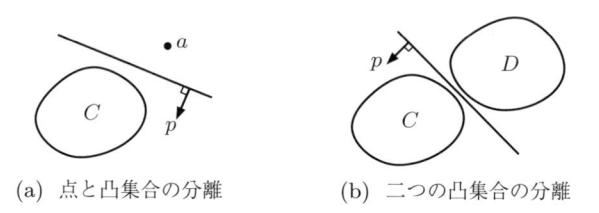

図 **2.7** 分離定理の概念

この定理の (i) は点 a と凸集合 C を分離する超平面 $p^\mathrm{T} x = b$ (b はある定数) が存在することを示し，(ii) は凸集合 C と D を分離する超平面が存在することを示している．

2.1.2 凸関数の勾配と劣勾配

まず，関数 f が微分可能な場合を考える．この場合，その勾配 $\nabla f(x)$ を定義することができる．このとき，点 a における関数 $f(x)$ の接平面は

$$y = f(a) + \nabla f(a)^\mathrm{T}(x-a) \tag{2.13}$$

で与えられる．また，定義域空間で考えた場合，勾配 $\nabla f(a)$ はレベル集合 $C_{f(a)}$ の境界上の点 a における法線方向を表しており

$$\nabla f(a)^\mathrm{T}(x-a) = 0 \tag{2.14}$$

はレベル集合 $C_{f(a)}$ の点 a での接平面を表している．関数 f が凸関数や準凸関数である場合，これらの接平面に関連して，つぎの性質がある．

性質 2.3 つぎの (h)〜(k) が成立する．

(h) 微分可能な関数 f が C 上で凸関数であるための必要十分条件は，任意の $a, x \in C$ に対して

$$f(x) \geqq f(a) + \nabla f(a)^\mathrm{T}(x-a) \tag{2.15}$$

が成立することである．さらに，f が C 上で狭義の凸関数であるための必要十分条件は，任意の $a, x \in C$（ただし $x \neq a$）に対して

$$f(x) > f(a) + \nabla f(a)^\mathrm{T}(x-a) \tag{2.16}$$

が成立することである．

(i) 微分可能な関数 f が C 上で準凸関数であるための必要十分条件は，任意の $a, x \in C$ に対して

$$f(x) \leqq f(a) \quad \Rightarrow \quad \nabla f(a)^\mathrm{T}(x-a) \leqq 0 \tag{2.17}$$

が成立することである．

(j) 微分可能な関数 f が C 上で任意の $a, x \in C$ に対して

$$\nabla f(a)^\mathrm{T}(x-a) \geqq 0 \quad \Rightarrow \quad f(x) \geqq f(a) \tag{2.18}$$

が成立するとき，関数 f は C 上で**擬凸関数**（pseudo-convex function）であるという．凸関数は擬凸関数であるが，その逆は必ずしも成立しない．さらに，擬凸関数は準凸関数であるが，その逆は必ずしも成立しない．

(k) 2 階連続的微分可能な関数 f が C 上で凸関数であるための必要十分条件は，任意の $x \in C$ において，ヘッセ行列 $\nabla^2 f(x)$ が半正定値行列 ($\nabla^2 f(x) \succeq O$) であることである．さらに，任意の $x \in C$ において $\nabla^2 f(x)$ が正定値行列 ($\nabla^2 f(x) \succ O$) ならば，f は狭義の凸関数である（その逆は必ずしも成立しない．すなわち，f が狭義の凸関数でも，そのヘッセ行列が任意の x において正定値行列になるとは限らない）．

性質 (h) の式 (2.15) は，凸関数 $f(x)$ は任意の点 a における接平面 $f(x) = f(a) + \nabla f(a)^{\mathrm{T}}(x-a)$ の上側にあることを示している．性質 (i) は，$f(x) \leqq f(a)$ を満たす点 x に対するレベル集合 $C_{f(x)}$ が，点 a における接平面に対して勾配 $\nabla f(a)$ と逆の方向の半空間内にあることを示している．性質 (j) の式 (2.18) は，$\nabla f(a) \neq 0$ の場合において式 (2.17) を言い換えたものであり，点 a における接平面に対して勾配 $\nabla f(a)$ と同じ方向にある半空間内の点 x は，すべて $f(x) \geqq f(a)$ となることを示している．なお，準凸関数では最小点以外でもその勾配が 0 になる点 ($\nabla f(a) = 0$) が存在するが，そのような点を除けば式 (2.18) の性質が成立する．式 (2.18) において $\nabla f(a) = 0$ とすると，任意の x に対して矢印左側の条件は成立するので，右側の条件も任意の x に対して成立し，$f(x) \geqq f(a)$ である．つまり，擬凸関数では，停留点が存在すればその点は大域的最小解であることを意味する．性質 (j) の例として，例えば，$x + x^3$ は擬凸であるが凸ではない．また，x^3 は準凸であるが擬凸ではない．実際，$\nabla f(0) = 0$ なので，$a = 0$ に対して式 (2.17) は成立するが，式 (2.18) は成立しない．性質 (k) は，f が 2 回連続的微分可能な場合，ヘッセ行列を計算することにより，その凸性を調べることができることを示している．

つぎに，関数 $f(x)$ が微分不可能である場合について考える．例えば，性質 (c) において，すべての凸関数 f_i ($i = 1, \cdots, r$) が微分可能な場合でも，最大値関数は一般には微分可能とはならない．具体的には

$$f(x) := \max\{x^2, x+2\} \quad (x \in \mathbf{R}) \tag{2.19}$$

という簡単な例でも，点 $x = -2, 1$ で微分不可能となる．また，絶対値関数も

微分不可能であり，区分的に 1 次の凸関数もその切り替わりの点では微分不可能になるなど，最適化を考える上では，微分不可能な関数が多く現れる．

微分不可能な凸関数 $f(x)$ に関する最適化法を考える場合，微分可能な場合の勾配の概念を拡張した劣微分の概念が重要であり，ここではそれについて説明する．劣微分は，勾配の特徴付けである性質 (h) を拡張する形で定義される．

【定義 2.4】 関数 $f(x)$ は凸集合 C 上の凸関数であるとする．このとき，点 a において，任意の $x \in C$ に対して

$$f(x) \geqq f(a) + p^{\mathrm{T}}(x - a) \tag{2.20}$$

を満たすようなベクトル $p \in \mathbf{R}^n$ を，点 a における**劣勾配**（subgradient）と呼ぶ．さらに，すべての劣勾配の集合，すなわち

$$\partial f(a) := \{p \in \mathbf{R}^n \mid f(x) \geqq f(a) + p^{\mathrm{T}}(x - a), \forall x \in C\} \tag{2.21}$$

を，点 a における**劣微分**（subdifferential）と呼ぶ．

凸関数 $f(x)$ が点 a で微分可能である場合，勾配 $\nabla f(a)$ が唯一の劣勾配であり，一方，点 a で微分不可能である場合，劣勾配は一般に複数存在する．例えば，**図 2.8** (a) の $f(x)$ は点 a で微分可能であり，点 a での勾配を定義することができ，この勾配は唯一の劣勾配でもある．それに対して，図 (b) におけ

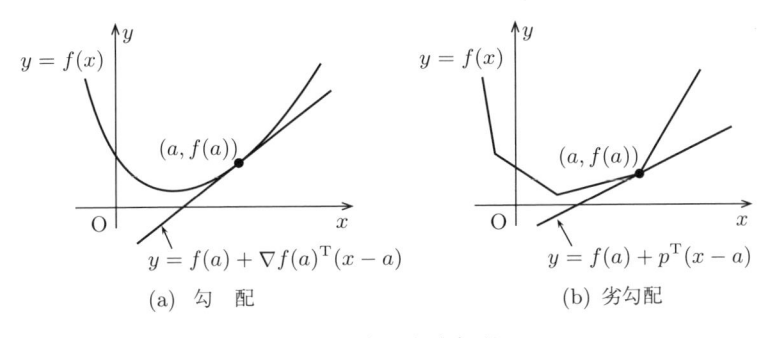

(a) 勾配

(b) 劣勾配

図 **2.8** 勾配と劣勾配

る $f(x)$ は点 a では微分不可能であり，点 a での勾配を定義することはできないが，劣勾配を定義することができる。

さらに，関数 f が擬凸関数や準凸関数である場合において，f が微分可能でない場合も扱える性質 (j) を拡張した準勾配†が，つぎのように定義される。

【定義 2.5】 関数 $f(x)$ は凸集合 C 上の準凸関数であるとする。このとき，点 a において，任意の $x \in C$ に対して

$$p^{\mathrm{T}}(x-a) \geqq 0 \quad \Rightarrow \quad f(x) \geqq f(a) \tag{2.22}$$

を満たすようなベクトル $p \in \mathbf{R}^n$ を，点 a における**準勾配** (quasi-gradient) と呼ぶ。

準凸関数 $f(x)$ が点 a で微分可能で，$\nabla f(a) \neq 0$ あれば，$\nabla f(a)$ は準勾配である。また，関数 $f(x)$ が凸関数であれば，劣勾配は準勾配となる。例えば，図 **2.9** (a) は点 a で微分可能な $f(x)$ のレベル集合を表しており，点 a での勾配を定義することができる。それに対して，図 (b) は点 a で微分不可能な $f(x)$ のレベル集合を表しており，勾配は定義できないが，準勾配を定義できている。

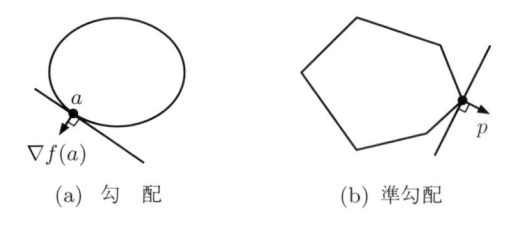

(a) 勾　配 　　　(b) 準勾配

図 **2.9**　勾配と準勾配

つぎに，劣勾配と準勾配についての性質をまとめる。

性質 2.4　つぎの (l)〜(o) が成立する。

(l)　凸関数 $f(x)$ が点 a で微分可能であれば，勾配 $\nabla f(a)$ が唯一の劣勾配

---

† 本書では，quasi-convex を準凸と呼ぶのに対応して，quasi-gradient を準勾配と呼ぶこととする。

となる。すなわち，$\partial f(a) = \{\nabla f(a)\}$ である。

(m) 凸関数 $f_i(x)$ $(i = 1, \cdots, r)$ に対して，関数 $f(x) := \sum_{i=1}^{r} f_i(x)$ を定義する。このとき，$p := p_1 + \cdots + p_r$ （ただし，$p_i \in \partial f_i(a)$）は，点 a での $f(x)$ の劣勾配となる。すなわち，$p \in \partial f(a)$ である。

(n) 凸関数 $f_i(x)$ $(i = 1, \cdots, r)$ に対して，関数 $f(x) := \max_{1 \leq i \leq r} \{f_i(x)\}$ を定義する。点 a において，$f(a) = f_i(a)$ であれば，点 a での $f_i(x)$ の劣勾配は点 a での $f(x)$ の劣勾配となる。すなわち，$\partial f_i(a) \subset \partial f(a)$ である。

(o) 準凸関数 $f_i(x)$ $(i = 1, \cdots, r)$ に対して，関数 $f(x) := \max_{1 \leq i \leq r} \{f_i(x)\}$ を定義する。点 a において，$f(a) = f_i(a)$ であれば，点 a での $f_i(x)$ の準勾配は点 a での $f(x)$ の準勾配となる。

本項の最後として，勾配，劣勾配，準勾配についてまとめる。

- $f(x)$ が点 $x = a$ で微分可能な場合
    - f が凸関数の場合，次式が成立する。
    $$f(x) \geq f(a) + \nabla f(a)^{\mathrm{T}}(x - a)$$
    - f が準凸関数の場合，次式が成立する。
    $$f(x) \leq f(a) \;\Rightarrow\; \nabla f(a)^{\mathrm{T}}(x - a) \leq 0$$
    - f が擬凸関数，または f が準凸関数かつ $\nabla f(a) \neq 0$ の場合，次式が成立する。
    $$\nabla f(a)^{\mathrm{T}}(x - a) \geq 0 \;\Rightarrow\; f(x) \geq f(a)$$
- $f(x)$ が点 $x = a$ で微分不可能な場合
    - f が凸関数の場合，劣勾配 $p \in \mathbf{R}^n$ は次式を満たす。
    $$f(x) \geq f(a) + p^{\mathrm{T}}(x - a)$$
    - f が準凸関数の場合，準勾配 $p \in \mathbf{R}^n$ は次式を満たす。
    $$p^{\mathrm{T}}(x - a) \geq 0 \;\Rightarrow\; f(x) \geq f(a)$$

2.1.3 性質 (a)〜(o) の証明

本項では，本節で示した (a)〜(j) について証明する．(k)〜(o) は定義より容易に証明できるので，ここでは証明を省略する（**演習問題【2】**）．

(a) S, T は凸集合であるので，任意の $x, y \in S \cap T$ に対して

$$\alpha x + (1-\alpha)y \in S, \quad \alpha x + (1-\alpha)y \in T \quad (\forall \alpha \in [0,1]) \tag{2.23}$$

が成立する．よって

$$\alpha x + (1-\alpha)y \in S \cap T \quad (\forall \alpha \in [0,1]) \tag{2.24}$$

であり，これは $S \cap T$ が凸集合であることを示す．

(b) f_i が凸関数であるので，任意の $x, y \in \mathbf{R}^n$ に対して

$$f_i(\alpha x + (1-\alpha)y) \leqq \alpha f_i(x) + (1-\alpha) f_i(y) \quad (\forall \alpha \in [0,1]) \tag{2.25}$$

が成立する．この両辺に β_i を乗じ，$i = 1, \cdots, r$ について和をとると，$\beta_i > 0$ より

$$\sum_{i=1}^{r} \beta_i f_i(\alpha x + (1-\alpha)y) \leqq \alpha \sum_{i=1}^{r} \beta_i f_i(x) + (1-\alpha) \sum_{i=1}^{r} \beta_i f_i(y)$$
$$(\forall \alpha \in [0,1]) \tag{2.26}$$

が成立する．これは $\sum_{i=1}^{r} \beta_i f_i(x)$ が凸関数であることを示す．

(c) 定義より，与えられた任意の $x, y \in \mathbf{R}^n$ と $\alpha \in [0,1]$ に対して

$$f(\alpha x + (1-\alpha)y) = f_I(\alpha x + (1-\alpha)y) \tag{2.27}$$

となる $1 \leqq I \leqq r$ が存在する．ここで，f_I が凸関数であることと $f(x)$ の定義より，任意の x に対して $f_i(x) \leqq f(x)$ $(i = 1, \cdots, r)$ となる．このことより

2.1 凸関数と準凸関数の定義と性質

$$f(\alpha x + (1-\alpha)y) = f_I(\alpha x + (1-\alpha)y)$$
$$\leqq \alpha f_I(x) + (1-\alpha)f_I(y) \leqq \alpha f(x) + (1-\alpha)f(y) \quad (2.28)$$

が成立する．これは $f(x)$ が凸関数であることを示す．また，f_i が準凸関数であるときも，同様に示すことができる．

(d) f を凸関数とする．このとき $f(x), f(y) \leqq \max\{f(x), f(y)\}$ なので，任意の $x, y \in \mathbf{R}^n$ に対して

$$f(\alpha x + (1-\alpha)y) \leqq \alpha f(x) + (1-\alpha)f(y)$$
$$\leqq \alpha \max\{f(x), f(y)\} + (1-\alpha)\max\{f(x), f(y)\}$$
$$= \max\{f(x), f(y)\} \quad (\forall \alpha \in [0,1]) \qquad (2.29)$$

が成立する．これは，$f(x)$ が準凸関数であることを示す（狭義の凸の場合は，不等号 $\leqq$ を $<$ に変えれば，同様に示せる）．

(e) f が凸関数であるとき，任意の $x, y \in C_\gamma$ に対して

$$f(\alpha x + (1-\alpha)y) \leqq \alpha f(x) + (1-\alpha)f(y)$$
$$\leqq \alpha\gamma + (1-\alpha)\gamma = \gamma \quad (\forall \alpha \in [0,1])$$
$$(2.30)$$

が成立する．これは

$$\alpha x + (1-\alpha)y \in C_\gamma \quad (\forall \alpha \in [0,1]) \qquad (2.31)$$

であることを示し，C_γ が凸集合であることを表す．

(f) （必要性）f が準凸関数であるとき，任意の $x, y \in C_\gamma$ に対して

$$f(\alpha x + (1-\alpha)y) \leqq \max\{f(x), f(y)\} \leqq \gamma \quad (\forall \alpha \in [0,1])$$
$$(2.32)$$

が成立する．これは，C_γ が凸集合であることを表す．

（十分性）任意の $\gamma \in \mathbf{R}$ に対してレベル集合 C_γ が凸集合であるにもかかわらず，f は準凸関数でなかったと仮定すると

$$f(\alpha x + (1-\alpha)y) > \max\{f(x), f(y)\} \tag{2.33}$$

を満たす $x, y \in C_\gamma$ と $\alpha \in [0,1]$ が存在する。ここで

$$\gamma' := \max\{f(x), f(y)\} \tag{2.34}$$

とすると，$\gamma' \geqq f(x), f(y)$ なので $x, y \in C_{\gamma'}$ であり，仮定より $C_{\gamma'}$ も凸集合である。しかし，上式より

$$f(\alpha x + (1-\alpha)y) > \max\{f(x), f(y)\} = \gamma' \tag{2.35}$$

となるので，$\alpha x + (1-\alpha)y \notin C_{\gamma'}$ である。これは $C_{\gamma'}$ が凸集合であることに矛盾する。よって，f は準凸関数である。

(g) レベル集合の定義より明らかである。

(h) （必要性）f を凸関数とすると，任意の $a, x \in \mathbf{R}^n$ に対して

$$f(\alpha x + (1-\alpha)a) \leqq \alpha f(x) + (1-\alpha)f(a) \quad (\forall \alpha \in [0,1]) \tag{2.36}$$

が成立する。これより

$$\frac{f(a + \alpha(x-a)) - f(a)}{\alpha} \leqq f(x) - f(a) \tag{2.37}$$

となる。ここで $g(\alpha) := a + \alpha(x-a)$ とし，式 (2.37) の両辺を $\alpha \to 0$ とすると，左辺は

$$\lim_{\alpha \to 0} \frac{f(a + \alpha(x-a)) - f(a)}{\alpha} = \lim_{\alpha \to 0} \frac{f(g(\alpha)) - f(g(0))}{\alpha}$$
$$= \nabla_\alpha g(0)^{\mathrm{T}} \nabla f(g(0)) = (x-a)^{\mathrm{T}} \nabla f(a) \tag{2.38}$$

となるので

$$(x-a)^{\mathrm{T}} \nabla f(a) \leqq f(x) - f(a) \tag{2.39}$$

を得る。よって，式 (2.15) が成立することがいえる。

（十分性）任意の $\bar{x}, \bar{y} \in \mathbf{R}^n$ と $\alpha \in [0,1]$ に対して

$$x = \bar{x}, \ a = \alpha\bar{x} + (1-\alpha)\bar{y} \tag{2.40}$$

$$x = \bar{y}, \ a = \alpha\bar{x} + (1-\alpha)\bar{y} \tag{2.41}$$

として，それぞれを式 (2.15) に代入すると

$$f(\bar{x}) - f(\alpha\bar{x} + (1-\alpha)\bar{y})$$
$$\geqq \nabla f(\alpha\bar{x} + (1-\alpha)\bar{y})^{\mathrm{T}}((1-\alpha)\bar{x} - (1-\alpha)\bar{y}) \tag{2.42}$$

$$f(\bar{y}) - f(\alpha\bar{x} + (1-\alpha)\bar{y})$$
$$\geqq \nabla f(\alpha\bar{x} + (1-\alpha)\bar{y})^{\mathrm{T}}(-\alpha\bar{x} + \alpha\bar{y}) \tag{2.43}$$

の二つの不等式を得る．ここで，この最初の式に α を乗じ，下の式に $(1-\alpha)$ を乗じて両者を辺々足し合わせると，右辺は 0 となるので

$$\alpha f(\bar{x}) + (1-\alpha)f(\bar{y}) - f(\alpha\bar{x} + (1-\alpha)\bar{y}) \geqq 0 \tag{2.44}$$

となる．これが任意の $\bar{x}, \bar{y} \in \mathbf{R}^n$ と $\alpha \in [0,1]$ に対して成立するので，$f(x)$ は凸関数であることがいえる（f が狭義の凸関数である場合も，同様に示すことができる）．

(i) （必要性）f を準凸関数とすると，性質 (f) より，任意の a に対してレベル集合 $C_{f(a)}$ は凸集合である．ここで，$\nabla f(a) = 0$ の場合は式 (2.17) が明らかに成立するので，$\nabla f(a) \neq 0$ とする．このとき，$\nabla f(a)^{\mathrm{T}}(x-a) = 0$ は凸集合 $C_{f(a)}$ の点 a での接平面を表しており，凸集合の性質より，その内点は接平面で区切られた半空間に含まれるので

$$C_{f(a)} \subset \{x \in C \mid \nabla f(a)^{\mathrm{T}}(x-a) \leqq 0\} \tag{2.45}$$

であることがいえる．つまり，式 (2.17) が成立する．

（十分性）式 (2.17) が成立するにもかかわらず f は準凸関数でないとする．この場合，性質 (f) より，レベル集合 $C_{f(a)}$ が凸集合とはならな

い点 a が存在する．さらに，レベル集合 $C_{f(a)}$ は凸集合ではないので，$C_{f(a)}$ とその点での接平面が交差するような $C_{f(a)}$ の境界上の点 a' が存在する．この場合

$$C_{f(a')} \cap \{x \in C \mid \nabla f(a')^{\mathrm{T}}(x - a') > 0\} \neq \emptyset \tag{2.46}$$

であり，式 (2.17) が成立しないこととなり，最初の仮定と矛盾する．よって，f は準凸関数である．

(j) f は凸関数であるとすると，式 (2.15) が成立するので，式 (2.18) が成立することがいえる．よって，f は擬凸関数である．

つぎに，f が擬凸関数であるならば準凸関数であることを，背理法で証明する．f は擬凸関数であるが準凸関数ではないと仮定し，ある $x, y \in C$ と $\alpha \in (0, 1)$ が存在して

$$f(a) > \max\{f(x), f(y)\}, \quad a = \alpha x + (1 - \alpha)y \tag{2.47}$$

を満たすとする．式 (2.18) の対偶から，$f(x) < f(a)$ より

$$\nabla f(a)^{\mathrm{T}}(x - a) < 0 \tag{2.48}$$

が成立する．一方，式 (2.47) の a の定義より

$$y - a = -\frac{\alpha}{1 - \alpha}(x - a) \tag{2.49}$$

となる．$\dfrac{\alpha}{1 - \alpha} > 0$ であることと，式 (2.48) より

$$\nabla f(a)^{\mathrm{T}}(y - a) > 0 \tag{2.50}$$

が成立するが，式 (2.18) より

$$f(y) \geqq f(a) \tag{2.51}$$

が成立する．これは式 (2.47) に矛盾する．

2.2 凸計画問題

最適化問題

$$\min f(x) \quad \text{s.t. } x \in \mathcal{F} \tag{2.52}$$

の実行可能領域 $\mathcal{F}$ が凸集合で，目的関数 f が $\mathcal{F}$ 上で凸関数であるとき，その最適化問題を**凸計画問題**（convex programming problem）という．特に，目的関数が準凸関数である場合は**準凸計画問題**（quasi-convex programming problem）という．凸計画問題は，つぎのたいへん重要な性質を持っている．

【定理 2.2】 凸計画問題の局所的最小解は大域的最小解である．特に，目的関数が狭義の凸関数であれば，最小解は唯一である．

証明 凸計画問題の局所的最小解を $x^\star$ とすると，ある $\delta > 0$ が存在して

$$f(x^\star) \leqq f(x) \quad (\forall x \in B(x^\star, \delta) \cap \mathcal{F}) \tag{2.53}$$

が成立する．ここで，$x^\star$ が大域的最小解でなかったと仮定すると，$f(y) < f(x^\star)$ となる $y \in \mathcal{F}$ が存在する．そして，$\mathcal{F}$ が凸集合であることより

$$\alpha x^\star + (1-\alpha)y \in \mathcal{F} \quad (\forall \alpha \in [0,1]) \tag{2.54}$$

が成立し，$\alpha x^\star + (1-\alpha)y \in B(x^\star, \delta)$ となるような十分 1 に近い α を $\alpha_0 \, (<1)$ とすると

$$\alpha_0 x^\star + (1-\alpha_0)y \in B(x^\star, \delta) \cap \mathcal{F} \tag{2.55}$$

となる．このとき，f が凸関数であることと $f(y) < f(x^\star)$ であることより

$$f(\alpha_0 x^\star + (1-\alpha_0)y) \leqq \alpha_0 f(x^\star) + (1-\alpha_0) f(y) < f(x^\star) \tag{2.56}$$

となるが，これは式 (2.53) に矛盾する．よって，$f(y) < f(x^\star)$ となるような y は存在せず，局所的最小解は大域的最小解となる．

つぎに，f が狭義の凸関数であるとして，二つの異なる大域的最小解 $x^\star, y^\star$ が存在したとする．このとき，$\mathcal{F}$ は凸集合なので，任意の $\alpha \in (0,1)$ に対して $\alpha x^\star + (1-\alpha)y^\star$ は実行可能解であり，f が狭義の凸であることより

$$f(\alpha x^\star + (1-\alpha)y^\star) < \alpha f(x^\star) + (1-\alpha)f(y^\star) = f(x^\star) \tag{2.57}$$

が成立する．これは $x^\star$ が大域的最小解であることに矛盾する．よって，大域的最小解は唯一である． △

この定理より，凸最適化問題の大域的最小解を求めることは局所的最小解を求めることに等しく，一般の最適化問題よりもたいへん扱いやすい問題となっていることがわかる．準凸計画問題の場合，局所的最小解は必ずしも大域的最小解にはならない（図 2.10 (a)）が，準凸関数のレベル集合が凸集合になるという性質を用いることにより，大域的最小解を求めることが可能となる．特に，目的関数が狭義の準凸関数の場合は，局所的最小解は大域的最小解となる．さらに，目的関数が強い準凸関数の場合は，大域的最小解は唯一であることがいえる（図 2.10 (b)）．

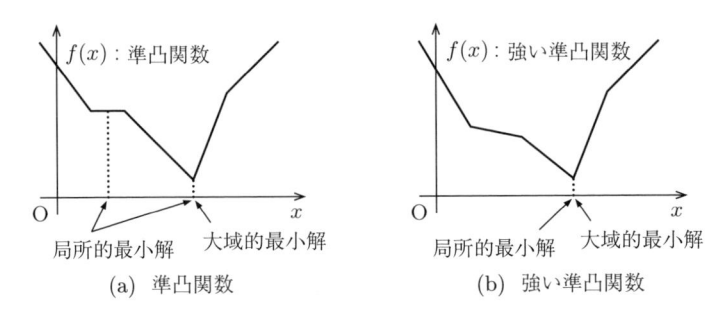

図 2.10 準凸関数と強い準凸関数

これをつぎの系として述べておく．

系 2.1 最適化問題 (2.52) において，f を狭義の準凸関数，$\mathcal{F}$ を凸集合とする．このとき，局所的最小解は大域的最小解であり，特に f が強い準凸関数であるならば，その最小解は唯一である．

証明 定理 2.2 の証明中の式 (2.56) と式 (2.57) をそれぞれ

$$f(\alpha_0 x^\star + (1-\alpha_0)y) < \max\{f(x^\star), f(y)\} = f(x^\star) \tag{2.58}$$

$$f(\alpha x^\star + (1-\alpha)y^\star) < \max\{f(x^\star), f(y^\star)\} = f(x^\star) \tag{2.59}$$

に置き換えて，定理 2.2 の証明をたどればよい．　　　　　　　　　△

さらに，制約条件が等式と不等式で表される最適化問題

$$\min_{x \in X} f(x) \quad \text{s.t. } h(x) = 0,\ g(x) \leqq 0 \tag{2.60}$$

の場合，つぎのことがいえる．ただし，$h(x) : \mathbf{R}^n \to \mathbf{R}^r$，$g(x) : \mathbf{R}^n \to \mathbf{R}^m$ である．

【定理 2.3】 最適化問題 (2.60) において，$X \subseteq \mathbf{R}^n$ が凸集合であり，$h(x)$ は 1 次関数，$g(x)$ は凸関数（または準凸関数）であるとする．このとき，つぎのことがいえる．

(i)　f が凸関数であるなら，最適化問題 (2.60) は凸計画問題である．

(ii)　f が準凸関数であるなら，最適化問題 (2.60) は準凸計画問題である．

証明　$h(x)$ が 1 次関数であるので，$h(x) = h(y) = 0$ を満たす任意の x, y に対して

$$h(\alpha x + (1-\alpha)y) = \alpha h(x) + (1-\alpha)h(y) = 0 \quad (\forall \alpha \in [0,1]) \tag{2.61}$$

が成立する．これは $\{x \in \mathbf{R}^n \mid h(x) = 0\}$ が凸集合であることを示す．また，性質 (f) より，$g_j(x)$ $(j = 1, \cdots, m)$ が凸関数あるいは準凸関数ならば，そのレベル集合 $\{x \in \mathbf{R}^n \mid g_j(x) \leqq 0\}$ は凸集合であるので，性質 (a) より実行可能集合 $\mathcal{F}$ は凸集合となる．よって，(i), (ii) が成立する．　　　　　　　　△

つぎの補題は，合成関数に対する最適化を考える上で役に立つ．

補題 2.1　$C\ (\subseteq \mathbf{R}^n)$ と $D\ (\subseteq \mathbf{R})$ は凸集合であるとする．このとき，凸関数 $f : C \to D$ と非減少な凸関数 $g : D \to \mathbf{R}$ の合成関数 $g(f(x))$ は，C 上で凸関数である．

証明　関数 g が非減少な凸関数であることより，任意の x, y に対して

$$g(f(\alpha x + (1-\alpha)y)) \leqq g(\alpha f(x) + (1-\alpha)f(y))$$

$$\leqq \alpha g(f(x)) + (1-\alpha)g(f(y)) \quad (\forall \alpha \in [0,1]) \tag{2.62}$$

が成立するので，$g(f(x))$ は凸関数であることがわかる。 △

指数関数 e^x や対数関数 $-\log(-x)$ $(x<0)$ は非減少な凸関数であるので，この補題より，凸関数 $f(x)$ に対して $e^{f(x)}$ や $-\log(-f(x))$ $(f(x)<0)$ は凸関数となることがいえる。

最後に，凸計画問題では最適性の 1 次の必要条件を満たす点が大域的最小解となることを述べておく。

【定理 2.4】

(i) 制約なし最適化問題

$$\min f(x) \tag{2.63}$$

において，$f(x)$ は凸関数であるとする。このとき，停留点は大域的最小解となる。さらに，$f(x)$ が狭義の凸関数であれば，停留点は高々一つであり，大域的最小解も高々一つである。

(ii) 制約付き最適化問題

$$\min f(x) \quad \text{s.t.} \ h(x)=0,\ g(x)\leqq 0 \tag{2.64}$$

において，$f(x)$ と $g(x)$ は凸関数，$h(x)$ は 1 次関数であるとする。また，点 $x^\star$ で 1 次独立制約想定が成立するとする。このとき，$x^\star$ が大域的最小解であるための必要十分条件は，KKT 条件を満たす $(x^\star, \lambda^\star, \mu^\star)$ が存在することである。

2.3 楕円体法

楕円体法（ellipsoid method）は，微分不可能な凸計画問題に対する解法として 1976 年にユーディン（Yuden）とネミロフスキー（Nemirovskii）により提案され，1979 年にカチヤン（Khachiyan）が多項式時間で線形計画問題が解けることを示すのに用いた方法である．楕円体法は実用面では必ずしも効率が良いとはいえないが，関数の凸性を最適化にうまく利用した方法であり，その考え方を理解しておくことはさまざまな点で役に立つ．そこで，本節では楕円体の考え方とアルゴリズムを紹介する．

2.3.1 制約なし凸計画問題に対する楕円体法

n 次元空間における楕円体は

$$E := \{x \in \mathbf{R}^n \mid (x-a)^\mathrm{T} R^{-1}(x-a) \leqq 1\} \tag{2.65}$$

と表される．ただし，$R \in \mathbf{R}^{n \times n}$ は正定値対称行列（$R = R^\mathrm{T} \succ 0$）であり，$a \in \mathbf{R}^n$ は楕円の中心を表す．例えば，2 次元空間において

$$a = 0, \ R = \begin{bmatrix} r_1^2 & 0 \\ 0 & r_2^2 \end{bmatrix} \quad (r_1 > 0, r_2 > 0) \tag{2.66}$$

の場合，E は軸の長さが r_1 と r_2 で，原点を中心とする楕円とその内部を表す．一般には，R の固有ベクトルの方向と固有値の平方根が，それぞれ楕円の軸の方向とその軸の長さを表す．また，楕円体 E の体積 $\mathrm{vol}(E)$ は

$$\mathrm{vol}(E) = \frac{\pi^{\frac{n}{2}}}{\Gamma\left(\frac{n}{2}+1\right)} \sqrt{\det R} \tag{2.67}$$

である．ただし，$\Gamma(z)$ はガンマ関数を表す．

ここで，目的関数 $f(x)$ は凸関数であるとして，制約なし凸計画問題

$$\min_{x \in \mathbf{R}^n} f(x) \tag{2.68}$$

を考える．このとき，$f(x)$ は凸関数であるので，点 $x = a$ におけるその勾配を $p = \nabla f(a)$ とすると

$$f(x) \geqq f(a) \quad (\forall x \in \bar{H} := \{x \mid p^{\mathrm{T}}(x - a) > 0\}) \tag{2.69}$$

であることがいえる（性質 (j)）．すなわち，超平面 $p^{\mathrm{T}}(x - a) = 0$ で分けられた半空間 $\bar{H}$ 内の点 x における目的関数の値 $f(x)$ は，$f(a)$ の値を下回ることがないことがいえる．この性質より，点 a が現時点での最小解の候補であるとすると，半空間 $\bar{H}$ には a よりも良い最小解の候補がないことがわかる．したがって，残りの半空間 $H := \{x \mid p^{\mathrm{T}}(x - a) \leqq 0\}$ の中で a よりも良い最小解の候補を探せばよい．本節で紹介する楕円体法は，レベル集合の凸性から来るこの性質を利用し，最小解を繰り返しの計算により求めていく方法である．

いま，k 回目の反復において，最小解が楕円体

$$E_k := \{x \in \mathbf{R}^n \mid (x - a_k)^{\mathrm{T}} R_k^{-1}(x - a_k) \leqq 1\} \tag{2.70}$$

の内部にあると仮定して，その中心 a_k を最小値の候補とすると，上記の性質より，a_k よりも良い最小解の候補が

$$E_k \cap H_k \tag{2.71}$$

に存在することがいえる．ここで，

$$H_k := \{x \mid p_k^{\mathrm{T}}(x - a_k) \leqq 0, \, p_k := \nabla f(a_k)\} \tag{2.72}$$

である．そして，$E_k \cap H_k$ を含む体積最小の楕円体を E_{k+1} として，その中心 a_{k+1} をつぎの最小解の候補とする．**図 2.11** は，E_k から E_{k+1} を求める手順の模式図を示しており，斜線部が $E_k \cap H_k$ を表している．レベル集合 $C_{f(a_k)}$ は凸集合であり，勾配 p_k は $C_{f(a_k)}$ の点 a_k での法線となっている．斜線部を含む最小体積（この図では2次元なので面積）の楕円が E_{k+1} であり，その中心が a_{k+1} である．最小解は斜線部に含まれるので，E_{k+1} にも含まれる．このとき

$$\mathrm{vol}(E_{k+1}) < \mathrm{vol}(E_k) \tag{2.73}$$

$$C_{f(a_k)} = \{x \in \mathbf{R}^n \mid f(x) \leqq f(a_k)\}$$

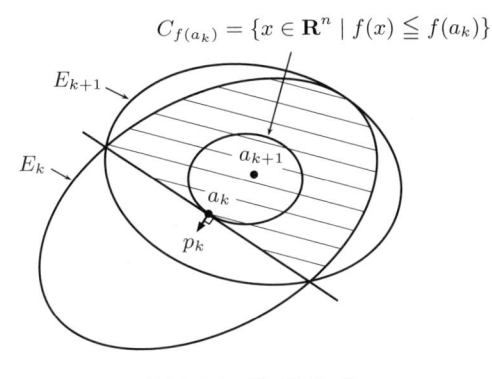

図 **2.11** 楕円体法

が成立すれば，繰り返しごとに楕円体の体積が小さくなっていくので，上記の操作を楕円体の体積が十分小さくなるまで繰り返すことにより，指定された精度で最小解が得られるものと期待できる．

【定理 **2.5**】 楕円体 $E = \{x \in \mathbf{R}^n \mid (x-a)^{\mathrm{T}} R^{-1}(x-a) \leqq 1\}$ と半空間 $H = \{x \mid p^{\mathrm{T}}(x-a) \leqq 0\}$ の共通集合 $E \cap H$ を含む最小体積の楕円体 $\tilde{E}$ は，つぎのように与えられる．ただし，$a \in \mathbf{R}^n$，$R = R^{\mathrm{T}}(\succ 0)$，$p(\neq 0) \in \mathbf{R}^n$ である．

$$\tilde{E} := \{x \in \mathbf{R}^n \mid (x-\tilde{a})^{\mathrm{T}} \tilde{R}^{-1}(x-\tilde{a})\} \tag{2.74}$$

$$\tilde{p} := \frac{Rp}{\sqrt{p^{\mathrm{T}} Rp}}, \quad \tilde{a} := a - \frac{\tilde{p}}{n+1} \tag{2.75}$$

$$\tilde{R} := \frac{n^2}{n^2-1}\left(R - \frac{2}{n+1}\tilde{p}\tilde{p}^{\mathrm{T}}\right) \tag{2.76}$$

この定理をもとに，楕円体法のアルゴリズムはつぎのように記述される．

アルゴリズム 2.1 （制約なし凸計画問題に対する楕円体法）

Step 0 （初期化）最小解を含むような十分大きい楕円体となるように，$a_0 \in \mathbf{R}^n$ と $R_0 = R_0^{\mathrm{T}}(\succ 0)$ を選ぶ．許容誤差 $\varepsilon > 0$ を与え，$k = 0$ とおく．

Step 1 (更新) $p_k = \nabla f(a_k)$ を計算し，さらに以下を計算する．

$$\tilde{p} := \frac{R_k p_k}{\sqrt{p_k^T R_k p_k}}, \quad a_{k+1} := a_k - \frac{\tilde{p}}{n+1} \tag{2.77}$$

$$R_{k+1} := \frac{n^2}{n^2-1}\left(R_k - \frac{2}{n+1}\tilde{p}\tilde{p}^T\right) \tag{2.78}$$

Step 2 (終了判定) つぎの条件を満たせば終了し，満たさなければ，$k \leftarrow k+1$ として Step 1 に戻る．

$$p_k^T R_k p_k \leqq \varepsilon^2 \tag{2.79}$$

初期値 R_0 には，中心が原点 ($a_0 = 0$) で十分大きな r に対して $R_0 = r^2 I_n$ を選ぶ場合が多い．最小解 $x^\star$ はつねに $x^\star \in E_k$ であるので

$$f^\star := f(x^\star) \geqq f(a_k) + p_k^T(x^\star - a_k) \tag{2.80}$$

となることより

$$f(a_k) - f^\star \leqq -p_k^T(x^\star - a_k) \leqq \max_{x \in E_k} -p_k^T(x - a_k) = \sqrt{p_k^T R_k p_k} \tag{2.81}$$

が成立する（**演習問題【3】**）．これより，終了条件を

$$\sqrt{p_k^T R_k p_k} \leqq \varepsilon \tag{2.82}$$

とすることにより，最小値の誤差が ε 以下の解が求められる．また

$$\frac{\mathrm{vol}(E_{k+1})}{\mathrm{vol}(E_k)} = \sqrt{\left(\frac{n}{n+1}\right)^{n+1}\left(\frac{n}{n-1}\right)^{n-1}} < e^{-\frac{1}{2n}} < 1 \tag{2.83}$$

となることが示せるので，式 (2.73) が成立する（**演習問題【4】**）．

2.3.2 制約付き凸計画問題に対する楕円体法

つぎに制約付き最適化問題

$$\min f(x) \quad \text{s.t.} \quad g(x) \leqq 0 \qquad (\text{ただし，}g(x): \mathbf{R}^n \to \mathbf{R}^m) \tag{2.84}$$

に対する楕円体法を考える．ただし，$f(x), g(x)$ は凸関数であるとする．この問題に対する反復の方針は，a_k が実行可能解（$g(a_k) \leqq 0$）であれば，制約なし最適化問題のときと同じように目的関数の値を小さくするように楕円体を更新し，a_k が実行可能解でなければ，実行可能領域に近づくように楕円体を更新する，というものである．

アルゴリズム 2.2　　（制約付き凸計画問題に対する楕円体法）

Step 0　（初期化）最小解を含むような十分大きい楕円体となるように，$a_0 \in \mathbf{R}^n$ と $R_0 = R_0^{\mathrm{T}}\ (\succ 0)$ を選ぶ．許容誤差 $\varepsilon > 0$ を与え，$k = 0$ とおく．

Step 1　（実行不能解）$c_k := \max\{g_1(a_k), \cdots, g_m(a_k)\}$ を求める．もし $c_k \leqq 0$ なら Step 2 へ進む．そうでないなら $p_k := \nabla g_j(a_k)$ を計算する．ただし，j は $g_j(a_k) = c_k$ を満たすものである．そして，もし

$$g_j(a_k) - \sqrt{p_k^{\mathrm{T}} R_k p_k} > 0 \tag{2.85}$$

なら実行可能解がないので終了する．そうでないなら，Step 4 へ進む．

Step 2　（実行可能解）$p_k := \nabla f(a_k)$ を計算し，Step 3 へ進む．

Step 3　（終了条件）つぎの条件を満たせば終了し，満たさなければ，Step 4 へ進む．

$$g(a_k) \leqq 0 \quad \text{かつ} \quad p_k^{\mathrm{T}} R_k p_k \leqq \varepsilon^2 \tag{2.86}$$

Step 4　（更新）つぎの計算を行い，$k \leftarrow k+1$ として Step 1 に戻る．

$$\tilde{p} := \frac{R_k p_k}{\sqrt{p_k^{\mathrm{T}} R_k p_k}}, \quad a_{k+1} := a_k - \frac{\tilde{p}}{n+1} \tag{2.87}$$

$$R_{k+1} := \frac{n^2}{n^2 - 1}\left(R_k - \frac{2}{n+1}\tilde{p}\tilde{p}^{\mathrm{T}}\right) \tag{2.88}$$

条件 (2.85) が成立するとき，実行可能解は存在しない．このことは，つぎのようにしてわかる．いま，$g_j(x)$ は $x^\star$ で最小値 $g_j^\star$ をとるとすると，式 (2.81)

と同様に

$$g_j(a_k) - g_j^\star \leqq \sqrt{p_k^\mathrm{T} R_k p_k} \tag{2.89}$$

となるので，条件 (2.85) が成立すると $g_j^\star > 0$ となり，実行可能解が存在しないこととなる。

楕円体法は，f や g の凸性を直接用いるものではなく，それらのレベル集合が凸集合であることに基づき，式 (2.69) を満たすこと（性質 (j)）を用いる方法である．つまり，上記の楕円体法は f や g が擬凸関数であれば適用可能な方法である．また，f や g が準凸関数の場合，勾配が 0（$\nabla f(a) = 0$ など）となる点が存在するため，上記の楕円体法をそのまま適用することはできないが，大域的最小解を求める方法がいろいろと提案されている。

さらに，楕円体法は f や g が微分可能でない場合も，準勾配が求まれば適用可能な方法であり，f や g の勾配の代わりにそれらの準勾配を用いればよい．ただし，準勾配を用いる場合は終了条件 (2.82) を使うことができないので，楕円体の体積が十分小さくなったところで終了することとし，**アルゴリズム 2.1** では，終了条件 (2.79) の代わりに

$$\det R_k \leqq \varepsilon \tag{2.90}$$

などを使う必要がある．また，実行可能解がないことの判定条件 (2.85) も使うことができないので，**アルゴリズム 2.2** の Step 1 と Step 3 は，それぞれつぎのように変更する必要がある。

Step 1 （実行不能解）$c_k := \max\{g_1(a_k), \cdots, g_m(a_k)\}$ を求める．もし $c_k \leqq 0$ なら Step 2 へ進む．そうでないなら $g_j(x)$ の $x = a_k$ での準勾配を計算して p_k とし，Step 4 へ進む．ただし，j は $g_j(a_k) = c_k$ を満たすものである。

Step 3 （終了条件）条件 $\det R_k \leqq \varepsilon$ が成立すれば終了する．このとき $g(a_k) \leqq 0$ ならば a_k が求める解であり，そうでないなら実行可能解は存在しない．条件 $\det R_k \leqq \varepsilon$ が成立しないときは，Step 4 へ進む。

2.4 切除平面法

切除平面法 (cutting-plane method) は,ゴモリー (Gomory) により 1958 年に提案された方法である.切除平面法も,楕円体法と同じように,関数の凸性をうまく利用した方法であり,その考え方を理解しておくことは有用である.そこで,本節では,その考え方を説明するために,制約なし凸計画問題に対する切除平面法を紹介する.

制約なし凸計画問題を考える.

$$\min_{x \in \mathbf{R}^n} f(x) \tag{2.91}$$

ただし,$f(x)$ は凸関数であるとする.

前述したように,点 a における劣微分 $\partial f(a)$ は,点 a におけるすべての劣勾配の集合を表し,点 a において f が微分可能である場合は,勾配が唯一の要素(すなわち $\partial f(a) = \{\nabla f(a)\}$)であり,微分不可能である場合は,一般に複数の劣勾配を要素に持つ.

ここで,点 x_i $(i = 0, 1, \cdots, k)$ における $f(x)$ の一つの劣勾配を

$$p_i \in \partial f(x_i) \tag{2.92}$$

とする.つまり,f が x_i で微分可能であるときは $p_i = \nabla f(x_i)$ であり,微分不可能である場合は,一つの劣勾配を選ぶものとする.このとき

$$f(x) \geqq f(x_i) + p_i^\mathrm{T}(x - x_i) \quad (\forall x, \, 0 \leqq i \leqq k) \tag{2.93}$$

が成立するので

$$f(x) \geqq f_k^\mathrm{a}(x) := \max_{0 \leqq i \leqq k} \{f(x_i) + p_i^\mathrm{T}(x - x_i)\} \tag{2.94}$$

と定義すると,$f_k^\mathrm{a}(x)$ は区分的に線形な凸関数となり,任意の x で関数 $f(x)$ の下界を与える関数となる.なお,$f_k^\mathrm{a}(x)$ は $f(x)$ の近似 (approximation) となることより "a" を付けている.よって

$$f(x^\star) \geqq L_k := \min_x f_k^{\mathrm{a}}(x) \tag{2.95}$$

が成立する．ただし，$x^\star$ は問題 (2.91) の最小解とする．

右辺の最小化問題は，つぎの線形計画問題[†]として数値的に求めることができる．

$$L_k = \min_{L,x} L \quad \text{s.t.} \quad f(x_i) + p_i^{\mathrm{T}}(x - x_i) \leqq L \ (0 \leqq i \leqq k) \tag{2.96}$$

この問題は，行列を用いて線形計画問題として表すと

$$L_k := \min_{z \in \mathbf{R}^{n+1}} c^{\mathrm{T}} z \quad \text{s.t.} \quad A_k z \leqq b_k \tag{2.97}$$

と表せる．ただし

$$z := \begin{bmatrix} x \\ L \end{bmatrix}, \quad c := \begin{bmatrix} 0 \\ 1 \end{bmatrix} \tag{2.98}$$

$$A_k := \begin{bmatrix} p_0^{\mathrm{T}} & -1 \\ \vdots & \vdots \\ p_k^{\mathrm{T}} & -1 \end{bmatrix}, \quad b_k := \begin{bmatrix} p_0^{\mathrm{T}} x_0 - f(x_0) \\ \vdots \\ p_k^{\mathrm{T}} x_k - f(x_k) \end{bmatrix} \tag{2.99}$$

である．また

$$U_k := \min_{0 \leqq i \leqq k} f(x_k) \tag{2.100}$$

と定義すると，明らかに

$$L_k \leqq f(x^\star) \leqq U_k \tag{2.101}$$

が成立する．

これらの性質より，線形計画問題 (2.97) の最小解を x_{k+1} として近似点に加え，上と同様に $f(x^\star)$ の下界 L_{k+1} と上界 U_{k+1} を求めると

$$L_k \leqq L_{k+1} \leqq f(x^\star) \leqq U_{k+1} \leqq U_k \tag{2.102}$$

[†] 線形計画問題については，次章で詳細に述べる．

2.4 切除平面法

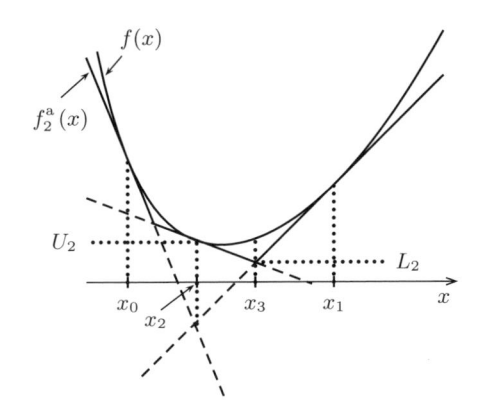

図2.12 切除平面法の概念

が成立する.例えば,図 2.12 は $k = 2$ の場合を表しており,実線で描いてある区分的に線形な凸関数が $f_2^a(x)$ である. $U_2 = \min\{f(x_0), f(x_1), f(x_2)\} = f(x_2)$ であり, $f_2^a(x)$ の最小値が L_2 である.その最小値 L_2 をとる点が x_3 となる.よって,上記を繰り返すことにより,許容誤差の範囲で最適解を求めることができる.ただし, $k = 0$ のとき, $p_0 \neq 0$ であれば, $L_0 = -\infty$ となってしまうので,これを避けるために,決定変数の範囲を

$$x_{\min} \leqq x \leqq x_{\max} \tag{2.103}$$

と決めておくことが多い.この条件を線形計画問題 (2.97) に加えた問題を,改めて線形計画問題

$$\tilde{L}_k := \min_{z \in \mathbf{R}^{n+1}} c^T z \quad \text{s.t.} \quad \tilde{A}_k z \leqq \tilde{b}_k \tag{2.104}$$

と表す.ただし

$$z := \begin{bmatrix} x \\ L \end{bmatrix}, \quad c := \begin{bmatrix} 0 \\ 1 \end{bmatrix} \tag{2.105}$$

$$\tilde{A}_k := \begin{bmatrix} -I_n & 0 \\ I_n & 0 \\ p_0^T & -1 \\ \vdots & \vdots \\ p_k^T & -1 \end{bmatrix}, \quad \tilde{b}_k := \begin{bmatrix} -x_{\min} \\ x_{\max} \\ p_0^T x_0 - f(x_0) \\ \vdots \\ p_k^T x_k - f(x_k) \end{bmatrix} \tag{2.106}$$

である．このとき，最適解 $x^\star$ が式 (2.103) の範囲に入っていれば

$$\tilde{L}_k \leqq f(x^\star) \leqq U_k \tag{2.107}$$

が成立する．以上をまとめると，切除平面法はつぎのアルゴリズムとして表される．

アルゴリズム 2.3　　（制約なしの場合の切除平面法）

Step 0　（初期化）最小点 $x^\star$ が式 (2.103) を満たすように $x_{\min}, x_{\max}$ を決め，$x_{\min} \leqq x_0 \leqq x_{\max}$ を満たすように $x_0 \in \mathbf{R}^n$ を選ぶ．許容誤差 $\varepsilon > 0$ を選び，$k = 0$ とおく．

Step 1　（更新）$f(x_k)$ と $p_k \in \partial f(x_k)$ を計算し，線形計画問題 (2.104) の解 $x_k^\star$ と最小値 $\tilde{L}_k$ を求める．さらに，式 (2.100) の U_k を計算する．

Step 2　（終了条件）もし $U_k - \tilde{L}_k \leqq \varepsilon$ なら終了し，そうでないなら，$x_{k+1} = x_k^\star$, $k \leftarrow k + 1$ として Step 1 に戻る．

切除平面法は，前述したように，式 (2.93) における p_i に劣勾配を用いることにより，$f(x)$ や $g(x)$ が微分可能でない場合にも適用可能である．

**********　演　習　問　題　**********

【1】 関数 $f_1(x) = x^2$, $f_2(x) = x^4$ $(x \in \mathbf{R}^2)$ は凸関数であることを示せ．

【2】 性質 (k)〜(o) を証明せよ．

【3】 関係式 (2.81) の最後の等式が成立することを証明せよ．

【4】 式 (2.83) において $\dfrac{\mathrm{vol}(E_{k+1})}{\mathrm{vol}(E_k)} = \sqrt{\left(\dfrac{n}{n+1}\right)^{n+1}\left(\dfrac{n}{n-1}\right)^{n-1}}$ が成立することを示せ．

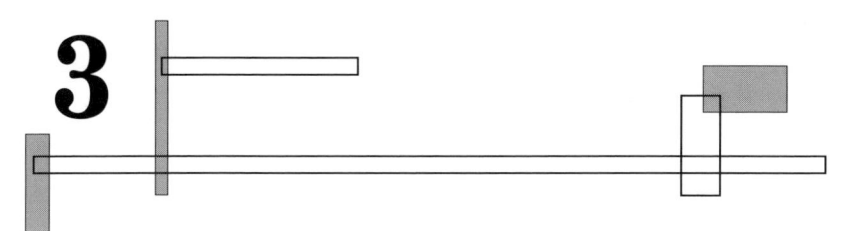

3 線形計画問題と 2 次計画問題

本章では，凸計画問題のうち，最も基本的な線形計画問題と 2 次計画問題を取り上げ，双対問題の導出やその意義を述べる．また，制御理論への応用として離散時間システムのモデル予測制御も紹介する．

3.1 線形計画問題

3.1.1 線形計画問題とは

線形計画問題（linear programming problem）は，式 (1.95) において，目的関数 $f(x)$ と制約条件を表す関数 $g(x), h(x)$ がいずれも決定変数の 1 次式で表される問題である．具体的には，非負の決定変数 $x_1 \in \mathbf{R}^{n_1}$ と非負とは限らない決定変数 $x_2 \in \mathbf{R}^{n_2}$ に対して

$$\min \quad c_1^\mathrm{T} x_1 + c_2^\mathrm{T} x_2 \tag{3.1a}$$

$$\text{s.t.} \quad A_{11} x_1 + A_{12} x_2 \geqq b_1 \tag{3.1b}$$

$$A_{21} x_2 + A_{22} x_2 = b_2 \tag{3.1c}$$

$$x_1 \geqq 0 \tag{3.1d}$$

で表される最適化問題である．ただし，$b_i \in \mathbf{R}^{m_i}$ とし，$A_{ij} \in \mathbf{R}^{m_i \times n_j}, c_j \in \mathbf{R}^{n_j}$ $(i, j = 1, 2)$ である．

具体的な例を見てみよう。

例 3.1 ある工場では，3 種類の原材料（みかん，りんご，トマト）から，2 種類の製品（フルーツミックスジュース，野菜ミックスジュース）を作り，販売している。製品に必要な原材料の量，製品価格，原材料の保有量が表 3.1 のように与えられたとき，売上が最大になるような製品の組合せを求めてみよう。ただし，作った製品はすべて売れるものとする。

表 3.1 製品 10ℓ 当りに必要な原材料の量〔kg/10ℓ〕，製品価格〔円/10ℓ〕，原材料の保有量〔kg〕

	製品 1（フルーツミックスジュース）に必要な原材料の量〔kg/10ℓ〕	製品 2（野菜ミックスジュース）に必要な原材料の量〔kg/10ℓ〕	保有量〔kg〕
原材料 1（みかん）	5	2	10
原材料 2（りんご）	5	4	12
原材料 3（トマト）	2	8	14
製品価格〔円/10ℓ〕	2 400	1 600	—

まず，線形計画問題として定式化する。製品 j の生産量を $10x_j$〔ℓ〕（$j = 1, 2$）とする。製造に必要な原材料は，保有量以下でなければならないので

$$5x_1 + 2x_2 \leqq 10, \quad 5x_1 + 4x_2 \leqq 12, \quad 2x_1 + 8x_2 \leqq 14 \tag{3.2}$$

と制約される。一方，売上は

$$2\,400x_1 + 1\,600x_2 \tag{3.3}$$

と表される。生産量は非負であることに注意し

$$A = -\begin{bmatrix} 5 & 2 \\ 5 & 4 \\ 2 & 8 \end{bmatrix}, \quad b = -\begin{bmatrix} 10 \\ 12 \\ 14 \end{bmatrix}, \quad c = -\begin{bmatrix} 2\,400 \\ 1\,600 \end{bmatrix} \tag{3.4}$$

を用いると，解くべき最適化問題は

$$\min \ f(x) := c^\mathrm{T} x \quad \text{s.t.} \ Ax \geqq b, \ x \geqq 0 \tag{3.5}$$

と表すことができる．図 **3.1** に式 (3.5) の制約条件によって決まる実行可能領域を示す．破線は目的関数が $-5\,440$ となる決定変数の集合を表し，図の右上に行くほど目的関数が小さくなる．そして，この問題の最適解は $x^\star = \begin{bmatrix} 1.6 & 1 \end{bmatrix}^\mathrm{T}$ であり，最適値は $-5\,440$ である．この最適解は，最も売上を多くするためには，製品 1, 2 をそれぞれ $16\,\ell$, $10\,\ell$ ずつ生産すればよく，最適な売上は $5\,440$ 円となることを意味する．

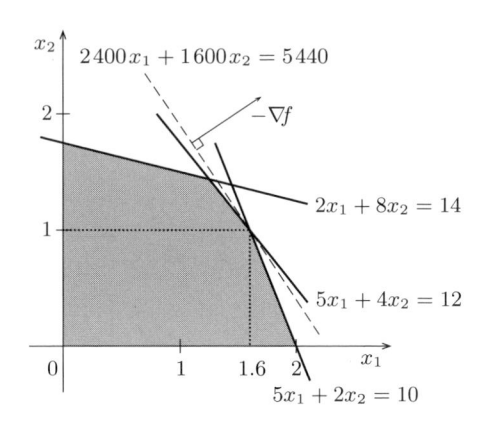

図 3.1 例 3.1 の実行可能領域

決定変数が n 個の場合，実行可能領域は n 次元空間内の多面体となること，および，最適解はその頂点か，場合によっては辺，面で与えられることが推測できる．

3.1.2 標準形と双対問題

線形計画問題は，以下に記述される**等式標準形** (equality standard form) で表すことができる．

等式標準形：主問題 (P)

$$\min \ c^\mathrm{T} x \quad \text{s.t.} \ Ax = b, \ x \geqq 0 \tag{3.6}$$

ただし, $x \in \mathbf{R}^n$, $A \in \mathbf{R}^{m \times n}$, $b \in \mathbf{R}^m$, $c \in \mathbf{R}^n$ である。

先に述べたように, 一般の線形計画問題 (3.1) には, 不等式制約 (3.1b) や非負制約がない変数 x_2 が含まれている。一般形の線形計画問題を等式標準形に変換する手順を与えておく。不等式制約 (3.1b) は, 新たな決定変数 $s \in \mathbf{R}^{m_1}$ を用いて, 等式制約と非負制約によって

$$A_{11}x_1 + A_{12}x_2 - s = b_1, \quad s \geqq 0 \tag{3.7}$$

と表すことができる。元の不等式の両辺の差を表す新たな決定変数 s のことを**スラック変数** (slack variable) と呼ぶ。非負制約がない変数 x_2 については

$$x_2 = x_{2+} - x_{2-}, \quad x_{2+} \geqq 0, \quad x_{2-} \geqq 0 \tag{3.8}$$

のように, 二つの非負変数 $x_{2+}, x_{2-} \in \mathbf{R}^{n_2}$ の差として表すことで, 非負制約なしの決定変数を置き換えることができる。改めて

$$A \leftarrow \begin{bmatrix} A_{11} & A_{12} & -A_{12} & -I \\ A_{21} & A_{22} & -A_{22} & O \end{bmatrix}, \quad b \leftarrow \begin{bmatrix} b_1 \\ b_2 \end{bmatrix} \tag{3.9a}$$

$$c \leftarrow \begin{bmatrix} c_1 \\ c_2 \\ -c_2 \\ 0 \end{bmatrix}, \quad x \leftarrow \begin{bmatrix} x_1 \\ x_{2+} \\ x_{2-} \\ s \end{bmatrix} \tag{3.9b}$$

とおけば, 等式標準形が得られる。このように, 不等式制約や非負制約のない変数を含む線形計画問題も, 式 (3.6) の標準形で表すことができる。

つぎに, 等式標準形で表された主問題 (3.6) の双対問題について考える。主問題 (3.6) の**双対問題** (D) は, 以下のように表せる。

$$\max \ b^\mathrm{T} y \quad \text{s.t.} \ A^\mathrm{T} y \leqq c \tag{3.10}$$

まず, 主問題 (P) から双対問題 (D) を導出しよう。主問題 (P) において, 式 (1.95) と対応させて $f(x) = c^\mathrm{T} x$, $h(x) = b - Ax$, $g(x) = -x$, $X = \mathbf{R}^n$

とすると，ラグランジュ乗数 $\lambda \in \mathbf{R}^m$, $\mu (\geqq 0) \in \mathbf{R}^n$ を用いて，ラグランジュ関数は

$$L(x,\lambda,\mu) := c^{\mathrm{T}}x + \lambda^{\mathrm{T}}(b - Ax) - \mu^{\mathrm{T}}x$$
$$= (c - A^{\mathrm{T}}\lambda - \mu)^{\mathrm{T}}x + b^{\mathrm{T}}\lambda \tag{3.11}$$

で与えられる。ここで

$$\omega(\lambda,\mu) := \min_{x \in \mathbf{R}^n} L(x,\lambda,\mu) \tag{3.12}$$

と定義すると，双対問題は

$$\max \; \omega(\lambda,\mu) \quad \mathrm{s.t.} \quad \mu \geqq 0 \tag{3.13}$$

となる。ここで，ベクトル $c - A^{\mathrm{T}}\lambda - \mu$ に非零要素があったとしよう。そして，その非零要素を $(c - A^{\mathrm{T}}\lambda - \mu)_k$ とする。このとき，x を

$$x_i = \begin{cases} -\mathrm{sgn}(c - A^{\mathrm{T}}\lambda - \mu)_k \, t & (i = k) \\ 0 & (i \neq k) \end{cases} \tag{3.14}$$

と選ぶ。ただし，sgn( ) は符号関数を表す。このとき

$$L(x,\lambda,\mu) = -|c - A^{\mathrm{T}}\lambda - \mu|\, t + b^{\mathrm{T}}\lambda \tag{3.15}$$

となる。この t を $t \to \infty$ とすると，$L(x,\lambda,\mu) \to -\infty$ となり，双対問題の目的関数 $\omega(\lambda,\mu)$ は $-\infty$ となってしまうので，そのような (λ,μ) を考える必要はない。よって，$c - A^{\mathrm{T}}\lambda - \mu = 0$ とすることができる。この場合，$L(x,\lambda,\mu)$ は x に依存しなくなるので，双対問題 (3.13) は

$$\max \; b^{\mathrm{T}}\lambda \quad \mathrm{s.t.} \quad \mu \geqq 0,\; c - A^{\mathrm{T}}\lambda - \mu = 0 \tag{3.16}$$

となり，$\lambda \to y$ と置き直し，μ を消去して不等式条件に置き換えると，双対問題 (D) が得られる。

さらに，双対問題 (3.10) の双対問題は主問題に戻ることを確かめておこう．双対問題 (3.10) は

$$\min \ -b^\mathrm{T} y \quad \text{s.t.} \ A^\mathrm{T} y \leqq c \tag{3.17}$$

と表せるので，この問題に対するラグランジュ関数は

$$L(y, \mu) := -b^\mathrm{T} y + \mu^\mathrm{T} (A^\mathrm{T} y - c) \tag{3.18}$$

となる．ただし，$\mu\,(\geqq 0) \in \mathbf{R}^n$ である．したがって，双対問題は

$$\max_{\mu(\geqq 0) \in \mathbf{R}^n} \omega(\mu) := \min_{y \in \mathbf{R}^m} L(y, \mu) \tag{3.19}$$

となる．式 (3.18) のラグランジュ関数は

$$L(y, \mu) = (-b + A\mu)^\mathrm{T} y - c^\mathrm{T} \mu \tag{3.20}$$

と表されるので，この場合も $-b + A\mu \neq 0$ であれば，$L(y, \mu)$ の最小値が $-\infty$ となり，したがって，$-b + A\mu = 0$ の場合だけを考えればよい．よって，式 (3.19) は

$$\max \ -c^\mathrm{T} \mu \quad \text{s.t.} \ A\mu = b, \ \mu \geqq 0 \tag{3.21}$$

となり，$\mu \to x$ と置き直せば，主問題 (P) と等しくなる．

なお，一般形の線形計画問題 (3.1) の双対問題は

$$\max \ b_1^\mathrm{T} y_1 + b_2^\mathrm{T} y_2 \tag{3.22a}$$
$$\text{s.t.} \ A_{11}^\mathrm{T} y_1 + A_{21}^\mathrm{T} y_2 \leqq c_1, \ A_{12}^\mathrm{T} y_1 + A_{22}^\mathrm{T} y_2 = c_2, \ y_1 \geqq 0 \tag{3.22b}$$

となる．ただし，決定変数の次元は $y_i \in \mathbf{R}^{m_i}\ (i = 1, 2)$ である．

3.1.3 弱双対定理と双対定理

線形計画問題は凸計画問題の一種であるので，（弱）双対定理が成立することは明らかであるが，線形計画問題に特化した形で内容を記述しておこう．

3.1 線形計画問題

双対定理の前に，線形計画問題の基本的な性質を述べる。

【定理 3.1】 実行可能で有界な線形計画問題は最適解を持つ。

この定理は，線形計画問題においては，実行可能で有界にもかかわらず最適解を持たない状況が起こり得ないことを意味している。

【定理 3.2】 （弱双対定理） x を主問題 (3.6) の実行可能解，y を双対問題 (3.10) の実行可能解とすると

$$c^{\mathrm{T}} x \geq b^{\mathrm{T}} y \tag{3.23}$$

が成立する。すなわち，主問題 (3.6) の目的関数の値は，つねに双対問題 (3.10) の目的関数の値より大きいか等しい。

証明 $x \geq 0$ より，つぎが成立する。

$$c^{\mathrm{T}} x \geq (A^{\mathrm{T}} y)^{\mathrm{T}} x = y^{\mathrm{T}} A x = y^{\mathrm{T}} b = b^{\mathrm{T}} y \tag{3.24}$$

△

定理 3.1 および定理 3.2 から，つぎの定理が導かれる。

【定理 3.3】 主問題 (3.6) と双対問題 (3.10) について，つぎが成立する。
(i) 主問題と双対問題が両方とも実行可能ならば，どちらもそれぞれ最適解を持つ。
(ii) 主問題が実行可能で非有界ならば，双対問題は実行不能である。逆に，双対問題が実行可能で非有界ならば，主問題は実行不能である。
(iii) 主問題の実行可能解 x と双対問題の実行可能解 y について，目的関数の値が一致（$c^{\mathrm{T}} x = b^{\mathrm{T}} y$）するならば，$x$ と y はそれぞれの問題の最適解である。

証明 (iii) についてのみ示しておこう。$c^T x = b^T y$ を満たす実行可能解を $x^\star$, $y^\star$ とおく。**定理 3.2** より，主問題の任意の実行可能解 x に対して

$$c^T x \geqq b^T y^\star = c^T x^\star \tag{3.25}$$

が成立するので，$x^\star$ は主問題の最適解である。同様に，$y^\star$ も双対問題の最適解であることがいえる。 △

定理 3.3 は，線形計画問題の主問題と双対問題の実行可能性および最適解の存在について，可能な組合せは**表 3.2** に ○ 印で示す四つしか存在しないことを意味している。

表 3.2 線形計画問題の主問題と双対問題の可能な組合せ

			双対問題		
			実行可能		実行不能
			最適解あり	最適解なし（非有界）	
主問題	実行可能	最適解あり	○	×	×
		最適解なし（非有界）	×	×	○
	実行不能		×	○	○

線形計画問題に対しては，さらに強いつぎの双対定理がいえる。

【定理 3.4】 （双対定理）主問題 (3.6) が最適解 $x^\star$ を持つならば，双対問題 (3.10) も最適解 $y^\star$ を持ち，それらの最適値は等しい。すなわち，$c^T x^\star = b^T y^\star$ が成立する。

証明 主問題が最適解 $x^\star$ を持つならば，弱双対定理（**定理 3.2**）より $c^T x^\star \leqq b^T y$ を満たす y が存在することを示せばよい。

$$w = b^T y - c^T x \geqq 0 \tag{3.26}$$

$$y = y_+ - y_- \quad (y_+, y_- \geqq 0) \tag{3.27}$$

$$z = c - A^T y \geqq 0 \tag{3.28}$$

を用いて

$$\begin{bmatrix} 1 & c^{\mathrm{T}} & -b^{\mathrm{T}} & b^{\mathrm{T}} & 0^{\mathrm{T}} \\ 0 & A & O & O & O \\ 0 & O & A^{\mathrm{T}} & -A^{\mathrm{T}} & I \end{bmatrix} \begin{bmatrix} w \\ x \\ y_{+} \\ y_{-} \\ z \end{bmatrix} = \begin{bmatrix} 0 \\ b \\ c \end{bmatrix} \qquad (3.29)$$

が非負解を持つことと等価になる。いま,そのような y は存在しないと仮定すると,ファルカスの補題 (**定理 A.10**) より,以下を満たす $p \in \mathbf{R}$, $q \in \mathbf{R}^m$, $r \in \mathbf{R}^n$ が存在する。

$$pc + A^{\mathrm{T}} q \geqq 0, \quad Ar = pb, \quad p \geqq 0, \quad r \geqq 0 \qquad (3.30)$$
$$b^{\mathrm{T}} q + c^{\mathrm{T}} r < 0 \qquad (3.31)$$

(i) $p = 0$ の場合,式 (3.30) は

$$A^{\mathrm{T}} q \geqq 0, \quad Ar = 0, \quad r \geqq 0 \qquad (3.32)$$

となり,さらに式 (3.31) は以下のように表せる。

$$c^{\mathrm{T}} r < -b^{\mathrm{T}} q = -(Ax^{\star})^{\mathrm{T}} q = -x^{\star\mathrm{T}} A^{\mathrm{T}} q \qquad (3.33)$$

式 (3.33) と $x^{\star} \geqq 0$, $A^{\mathrm{T}} q \geqq 0$ より,$c^{\mathrm{T}} r \leqq 0$ となる。よって,任意の $\lambda > 0$ に対して

$$A(x^{\star} + \lambda r) = b, \quad x^{\star} + \lambda r \geqq 0, \quad c^{\mathrm{T}}(x^{\star} + \lambda r) < c^{\mathrm{T}} x^{\star} \qquad (3.34)$$

が成立し,$x^{\star}$ が主問題の最適解であることに矛盾する。

(ii) $p > 0$ の場合,$\dfrac{r}{p}$ は主問題の実行可能解である。また

$$c^{\mathrm{T}} \frac{r}{p} < -\frac{1}{p} b^{\mathrm{T}} q = -\frac{1}{p} (Ax^{\star})^{\mathrm{T}} q \leqq x^{\star\mathrm{T}} c = c^{\mathrm{T}} x^{\star} \qquad (3.35)$$

が成立し,$\dfrac{r}{p}$ は最適値よりも小さい目的関数値を達成する。つまり,$x^{\star}$ が主問題の最適解であることに矛盾する。

以上から,$b^{\mathrm{T}} y \geqq c^{\mathrm{T}} x^{\star}$ となる実行可能解が存在し,双対定理を成立させる $y^{\star}$ が存在する。 $\triangle$

3.1.4 相補性条件

双対問題 (3.10) にスラック変数 z を導入すると

$$\max\ b^{\mathrm{T}}y \quad \text{s.t.}\ A^{\mathrm{T}}y+z=c,\ z\geqq 0 \tag{3.36}$$

と表すことができる。明らかに，この問題の最適解 $(y^\star, z^\star)$ の $y^\star$ は，双対問題 (3.10) の最適解である。式 (3.36) を主問題 (3.6) の双対問題と見たとき，弱双対定理より，線形計画問題の最適性の必要十分条件を与えるつぎの定理が導かれる。

【定理 3.5】 x が主問題 (3.6) の最適解，(y, z) が双対問題 (3.36) の最適解ならば

$$Ax=b,\ x\geqq 0 \tag{3.37}$$

$$A^{\mathrm{T}}y+z=c,\ z\geqq 0 \tag{3.38}$$

$$x^{\mathrm{T}}z=0 \tag{3.39}$$

が成立する。逆に，x と (y, z) がこれらの 3 条件を満たすならば，それぞれ x は主問題 (3.6) の最適解，(y, z) は双対問題 (3.36) の最適解である。

証明 x が主問題の最適解，(y, z) が双対問題の最適解ならば，明らかに最初の 2 条件は成立する。さらに，双対定理より

$$x^{\mathrm{T}}z = x^{\mathrm{T}}(c - A^{\mathrm{T}}y) = x^{\mathrm{T}}c - (Ax)^{\mathrm{T}}y = c^{\mathrm{T}}x - b^{\mathrm{T}}y = 0 \tag{3.40}$$

となり，3 番目の条件も成立する。

逆に，最初の 2 条件が成立するならば，x と (y, z) はそれぞれ主問題，双対問題の実行可能解であることがいえる。さらに 3 番目の条件より，式 (3.40) と同様に，$c^{\mathrm{T}}x = b^{\mathrm{T}}y$ が成立することがいえるので，x と (y, z) はそれぞれ主問題，双対問題の最適解であることがいえる。　　　　　　　　　　　　　　△

この定理における 3 番目の条件は，要素で表すと

$$x_1 z_1 + \cdots + x_n z_n = 0 \tag{3.41}$$

であり，$x \geqq 0, z \geqq 0$ であることより

$$x_i z_i = 0 \quad (i = 1, \cdots, n) \tag{3.42}$$

と等価，すなわち

$$x_i = 0 \text{ または } z_i = 0 \quad (i = 1, \cdots, n) \tag{3.43}$$

であることと等価である。これを**相補性条件**あるいは**相補スラック条件**（complementary slackness condition）という。さらに，x_i と z_i が同時には 0 とはならずに式 (3.42) を満たす場合を**強相補性条件**という。線形計画問題の場合，主問題 (3.6) が最適解を持つ場合には，強相補性条件を満たす主問題 (3.6) の最適解 $x^\star$ と双対問題 (3.36) の最適解 $(y^\star, z^\star)$ が存在することが知られている[6]†。

【定理 3.6】 x を主問題 (3.6) の実行可能解，(y, z) を双対問題 (3.36) の実行可能解とすれば，つぎの 3 条件はすべて等価である。

(i) x は主問題の最適解，(y, z) は双対問題の最適解である。
(ii) $c^\mathrm{T} x = b^\mathrm{T} y$ が成立する。
(iii) $x^\mathrm{T} z = 0$ が成立する。

3.1.5 潜在価格と感度分析

線形計画問題の主問題の最適解は，文字どおり，与えられた最適化問題の最適解である。それに対して，双対問題の最適解はどのような意味を持つのであろうか。つぎの例を通して，双対問題の最適解の意味を考えてみよう。

例 3.2 例 3.1 において，原材料を買い取る業者が現れたとする。業者は工場から原材料をできるだけ安く買い取りたい。一方，工場側は，製品を

---

† 肩付き番号は巻末の引用・参考文献を示す。

製造して得られる売上高よりも業者の買い取り価格が低ければ，原材料を売ることがないものとする．このとき，業者は原材料の買い取り価格としていくらを提示すれば，最も安く原材料を購入することができるだろうか．

業者の提示するおのおのの原材料の買い取り価格を y_i〔円/kg〕$(i = 1, 2, 3)$ とすると，原材料買い取り価格のほうが製品価格よりも高いか等しいという制約は

$$5y_1 + 5y_2 + 2y_3 \geqq 2400, \quad 2y_1 + 4y_2 + 8y_3 \geqq 1600 \tag{3.44}$$

と表せる．この制約のもとで買い取り価格 $10y_1 + 12y_2 + 14y_3$ を最小化する問題となる．式 (3.4) の A, b, c を用いると，これは

$$\max \quad b^\mathrm{T} y \quad \text{s.t.} \quad A^\mathrm{T} y \leqq c, \; y \geqq 0 \tag{3.45}$$

と表すことができる．これは元の問題の双対問題となっている．

この双対問題の最適解は $y^\star = [160 \; 320 \; 0]^\mathrm{T}$ である．この最適解 $y^\star$ は**潜在価格**（shadow price）と呼ばれ，全資源が最適に活用されている場合の各資源の本質的な価値を表している．この例では，原材料 2 の価値は 320〔円/kg〕で，原材料 1 の価値 160〔円/kg〕の 2 倍であることを双対問題の解は表している．y_3 が 0 となっているのは，全体が最適に活用されている場合には原材料 3 は余っていて，たとえ原材料 3 が余分に得られたとしても製品の売上には寄与しないことを表している．また，双対問題の最適値は -5440 であり，これは最適な買い取り価格が 5440 円であることを意味し，主問題の最適値と一致している．これは，工場側が製品を生産して販売したときに得られる最適な売上を買い取り価格が下回ることはないが，最適な買い取り価格を提示すれば最適な売上と同じ価格で買い取れることを示している．

潜在価格の別な解釈を与えておこう．

【定理 3.7】 $y^\star$ を双対問題 (3.10) の最適解とする．主問題 (3.6) において制約条件の右辺 b が $b+\varepsilon$ に変化した以下の問題を考える．

$$\min \ c^{\mathrm{T}}x \quad \text{s.t.} \quad Ax = b+\varepsilon,\ x \geqq 0 \tag{3.46}$$

一般に ε が十分小さければ，以下の性質が成立する．
(i) 主問題が変化しても，双対問題の最適解 $y^\star$ は変化しない．
(ii) (元の問題の最適値) − (変化した問題の最適値) $= \varepsilon^{\mathrm{T}} y^\star$

定理 3.7 (ii) の性質は，双対問題の最適解 $y^\star$ が，制約が変化したときに目的関数に与える影響を表すことを示している．このように，制約条件や目的関数の係数が変化した場合に，最適値や最適解がどのように変化するかを調べることを**感度分析** (sensitivity analysis) という．双対問題の解によって，問題の最適解近傍での新たな知見を得ることができる．

3.2 2 次計画問題

3.2.1 2 次計画問題とは

線形計画問題の目的関数を決定変数の 2 次関数に置き換えた問題を **2 次計画問題** (quadratic programming problem) といい，その**主問題**の標準形は以下のように与えられる．

$$\min_{x} \ \frac{1}{2} x^{\mathrm{T}} Q x + p^{\mathrm{T}} x \quad \text{s.t.} \quad Ax = b,\ x \geqq 0 \tag{3.47}$$

ただし，$x \in \mathbf{R}^n$, $A \in \mathbf{R}^{m \times n}$, $b \in \mathbf{R}^m$, $Q = Q^{\mathrm{T}} \in \mathbf{R}^{n \times n}$, $p \in \mathbf{R}^n$ とする．$Q \succeq O$ の場合，目的関数は凸関数となり，最適化問題は凸計画問題となる．$Q \succeq O$ の場合の最適化問題 (3.47) は，特に**凸 2 次計画問題**と呼ばれる．以下，$Q \succeq O$ を仮定し，凸 2 次計画問題について考えていく．

2 次計画問題 (3.47) の**双対問題**を考える．まず，ラグランジュ関数は

$$L(x,\lambda,\mu) := \frac{1}{2}x^{\mathrm{T}}Qx + p^{\mathrm{T}}x + \lambda^{\mathrm{T}}(b - Ax) - \mu^{\mathrm{T}}x$$
$$= \frac{1}{2}x^{\mathrm{T}}Qx + (p - A^{\mathrm{T}}\lambda - \mu)^{\mathrm{T}}x + \lambda^{\mathrm{T}}b \qquad (3.48)$$

で与えられる。ただし，$\lambda \in \mathbf{R}^m$, $\mu(\geqq 0) \in \mathbf{R}^n$ である。そして，双対問題は

$$\max_{\lambda \in \mathbf{R}^m,\, \mu(\geqq 0) \in \mathbf{R}^n} \omega(\lambda,\mu) := \min_{x \in \mathbf{R}^n} L(x,\lambda,\mu) \qquad (3.49)$$

となる。式 (3.48) のラグランジュ関数 $L(x,\lambda,\mu)$ の x についての最小化問題において，最適性の 1 次の必要条件は

$$\nabla_x L(x,\lambda,\mu) = Qx + p - A^{\mathrm{T}}\lambda - \mu = 0 \qquad (3.50)$$

で与えられる。また，$Q \succeq O$ かつ目的関数が 2 次関数であることより，式 (3.50) を満たす x は $L(x,\lambda,\mu)$ の最小値を与える。ここで，双対問題の決定変数を $x \to \tilde{x}$, $\lambda \to y$, $\mu \to z$ と置き直すと，この双対問題は

$$\max_{\tilde{x},y,z} \quad -\frac{1}{2}\tilde{x}^{\mathrm{T}}Q\tilde{x} + b^{\mathrm{T}}y \qquad (3.51\mathrm{a})$$
$$\text{s.t.} \quad A^{\mathrm{T}}y + z = Q\tilde{x} + p,\ z \geqq 0 \qquad (3.51\mathrm{b})$$

と表すことができる。

さらに，双対問題 (3.51) の双対問題が主問題に戻ることを確かめておこう。双対問題 (3.51) の目的関数に -1 を掛けて最小化問題としたときのラグランジュ関数は，$\lambda \in \mathbf{R}^n$, $\mu(\geqq 0) \in \mathbf{R}^n$ を用いて

$$L(\tilde{x},y,z,\lambda,\mu) = \frac{1}{2}\tilde{x}^{\mathrm{T}}Q\tilde{x} - b^{\mathrm{T}}y + \lambda^{\mathrm{T}}(A^{\mathrm{T}}y + z - Q\tilde{x} - p) - \mu^{\mathrm{T}}z$$
$$(3.52)$$

と与えられる。そして，双対問題は

$$\max_{\lambda \in \mathbf{R}^n, \mu(\geqq 0) \in \mathbf{R}^n} \omega(\lambda,\mu) := \min_{\substack{\tilde{x} \in \mathbf{R}^n, y \in \mathbf{R}^m \\ z(\geqq 0) \in \mathbf{R}^n}} L(\tilde{x},y,z,\lambda,\mu) \qquad (3.53)$$

と表される．式 (3.52) のラグランジュ関数 $L(\tilde{x}, y, z, \lambda, \mu)$ の $(\tilde{x}, y, z)$ についての最小化問題において，最適性の 1 次の必要条件は

$$\nabla_{\tilde{x}} L(\tilde{x}, y, z, \lambda, \mu) = Q\tilde{x} - Q\lambda = 0 \tag{3.54a}$$

$$\nabla_y L(\tilde{x}, y, z, \lambda, \mu) = -b + A\lambda = 0 \tag{3.54b}$$

$$\nabla_z L(\tilde{x}, y, z, \lambda, \mu) = \lambda - \mu = 0 \tag{3.54c}$$

で与えられる．これより

$$Q(\tilde{x} - \lambda) = 0, \quad A\lambda = b, \quad \lambda = \mu \tag{3.55}$$

が成立する．これらをラグランジュ関数 (3.52) に代入すると

$$L(\tilde{x}, y, z, \lambda, \mu) = \frac{1}{2}\lambda^{\mathrm{T}} Q\lambda + (A\lambda - b)^{\mathrm{T}} y + (\lambda - \mu)^{\mathrm{T}} z - \lambda^{\mathrm{T}}(Q\lambda + p)$$
$$= -\frac{1}{2}\lambda^{\mathrm{T}} Q\lambda - p^{\mathrm{T}} \lambda \tag{3.56}$$

とその最小値が求まる．よって，双対問題 (3.53) は

$$\max_{\lambda} \quad -\frac{1}{2}\lambda^{\mathrm{T}} Q\lambda - p^{\mathrm{T}} \lambda \quad \text{s.t.} \quad A\lambda = b, \; \lambda \geqq 0 \tag{3.57}$$

となるので，$\lambda \to x$ と置き直し，目的関数の符号を逆にすると，主問題となることがいえる．こうして，2 次計画問題においても，主問題の双対問題の双対は主問題に戻ることがいえた．

同様に，2 次計画問題の一般形

$$\min_{x} \quad \frac{1}{2} x^{\mathrm{T}} Qx + p^{\mathrm{T}} x \quad \text{s.t.} \quad A_1 x = b_1, \; A_2 x \geqq b_2 \tag{3.58}$$

の双対問題は

$$\max_{\tilde{x}, y_1, y_2} \quad -\frac{1}{2} \tilde{x}^{\mathrm{T}} Q\tilde{x} + b_1^{\mathrm{T}} y_1 + b_2^{\mathrm{T}} y_2 \tag{3.59a}$$

$$\text{s.t.} \quad A_1^{\mathrm{T}} y_1 + A_2^{\mathrm{T}} y_2 = Q\tilde{x} + p, \quad y_2 \geqq 0 \tag{3.59b}$$

となる．ただし，$b_i \in \mathbf{R}^{m_i}, \; A_i \in \mathbf{R}^{m_i \times n}, \; y_i \in \mathbf{R}^{m_i}, \; \tilde{x} \in \mathbf{R}^n$ である．

3.2.2 弱双対定理と双対定理

線形計画問題のときと同じように,2次計画問題についても,つぎのような弱双対定理と双対定理が成立する。

【定理 3.8】 （弱双対定理） 2次計画問題 (3.47) の任意の実行可能解 x と,その双対問題 (3.51) の任意の実行可能解 $(\tilde{x}, y, z)$ に対して

$$\frac{1}{2}x^{\mathrm{T}}Qx + p^{\mathrm{T}}x \geqq -\frac{1}{2}\tilde{x}^{\mathrm{T}}Q\tilde{x} + b^{\mathrm{T}}y \tag{3.60}$$

が成立する。

証明 簡単な計算で示すことができる。

$$\begin{aligned}
&\frac{1}{2}x^{\mathrm{T}}Qx + p^{\mathrm{T}}x - \left(-\frac{1}{2}\tilde{x}^{\mathrm{T}}Q\tilde{x} + b^{\mathrm{T}}y\right) \\
&= \frac{1}{2}(x^{\mathrm{T}}Qx + \tilde{x}^{\mathrm{T}}Q\tilde{x}) + (A^{\mathrm{T}}y + z - Q\tilde{x})^{\mathrm{T}}x - (Ax)^{\mathrm{T}}y \\
&= \frac{1}{2}(x^{\mathrm{T}}Qx - 2\tilde{x}^{\mathrm{T}}Qx + \tilde{x}^{\mathrm{T}}Q\tilde{x}) + z^{\mathrm{T}}x \\
&= \frac{1}{2}(x - \tilde{x})^{\mathrm{T}}Q(x - \tilde{x}) + z^{\mathrm{T}}x \geqq 0
\end{aligned} \tag{3.61}$$

△

【定理 3.9】 （双対定理） $x^\star$ が 2 次計画問題 (3.47) の最適解ならば,ある $y^\star \in \mathbf{R}^m$ と $z^\star \in \mathbf{R}^n$ とが存在し,$(x^\star, y^\star, z^\star)$ が双対問題 (3.51) の最適解となる。このとき,双対問題 (3.51) の最適値と主問題 (3.47) の最適値は等しい。

証明は**演習問題【4】**とする。

3.2.3 2次計画問題の最適性条件

2次計画問題 (3.47) の最適解を $x^\star$ とし,2次計画問題の目的関数を $x^\star$ で1次近似したときの線形計画問題

$$\min \ (Qx^\star + p)^\mathrm{T}(x - x^\star) + \frac{1}{2}(x^\star)^\mathrm{T} Q x^\star + p^\mathrm{T} x^\star \qquad (3.62\mathrm{a})$$

$$\text{s.t.} \ \ Ax = b, \ x \geqq 0 \qquad (3.62\mathrm{b})$$

を考え，この問題の目的関数の定数項を除いた線形計画問題

$$\min \ (Qx^\star + p)^\mathrm{T} x \quad \text{s.t.} \ \ Ax = b, \ x \geqq 0 \qquad (3.63)$$

を考える。問題 (3.62) と問題 (3.63) は目的関数の定数項が異なるだけなので，それらの最適解は一致することに注意しよう。

【定理 3.10】 2 次計画問題 (3.47) の最適解 $x^\star$ は，線形計画問題 (3.63) の最適解である。

証明 $x^\star$ は 2 次計画問題 (3.47) の最適解であるが，線形計画問題 (3.63) の最適解でないと仮定する。このとき，$x^\star$ は式 (3.63) の最適解ではないので

$$(Qx^\star + p)^\mathrm{T} \hat{x} < (Qx^\star + p)^\mathrm{T} x^\star \qquad (3.64)$$

すなわち

$$(Qx^\star + p)^\mathrm{T} (\hat{x} - x^\star) < 0 \qquad (3.65)$$

となる実行可能解 $\hat{x}$ が存在する。この $\hat{x}$ に対して，$x_\alpha := (1-\alpha) x^\star + \alpha \hat{x}$ ($0 \leqq \alpha \leqq 1$) は線形計画問題 (3.63) の実行可能解であり，同時に 2 次計画問題 (3.47) の実行可能解でもある。そして

$$\begin{aligned}
&\frac{1}{2} x_\alpha^\mathrm{T} Q x_\alpha + p^\mathrm{T} x_\alpha - \left(\frac{1}{2}(x^\star)^\mathrm{T} Q x^\star + p^\mathrm{T} x^\star \right) \\
&= \alpha \left(\frac{\alpha}{2} (\hat{x} - x^\star)^\mathrm{T} Q (\hat{x} - x^\star) + (Qx^\star + p)^\mathrm{T} (\hat{x} - x^\star) \right)
\end{aligned} \qquad (3.66)$$

であり，式 (3.65) より十分小さい $\alpha > 0$ に対して，式 (3.66) の右辺が負となる。これは，$x^\star$ が 2 次計画問題 (3.47) の最適値であるという仮定に反する。よって，$x^\star$ は線形計画問題 (3.63) の最適解であることがいえる。　　△

【定理 3.11】 $x^\star$ が 2 次計画問題 (3.47) の最適解となる必要十分条件は

$$Ax^\star = b, \ x^\star \geqq 0 \tag{3.67}$$

$$A^\mathrm{T} y^\star + z^\star = Qx^\star + p, \ z^\star \geqq 0 \tag{3.68}$$

$$(z^\star)^\mathrm{T} x^\star = 0 \tag{3.69}$$

を満たす $y^\star$ と $z^\star$ が存在することである。

証明 まず，$x^\star$ を 2 次計画問題 (3.47) の最適解であるとする。このとき，**定理 3.10** より，$x^\star$ は線形計画問題 (3.63) の最適解でもある。一方，線形計画問題 (3.63) の双対問題は

$$\max \ b^\mathrm{T} y \ \ \mathrm{s.t.} \ \ A^\mathrm{T} y + z = Qx^\star + p, \ z \geqq 0 \tag{3.70}$$

となる。よって，線形計画問題の双対定理（**定理 3.4**）と相補性条件（**定理 3.5**）から，式 (3.68), (3.69) を満たす $y^\star$ と $z^\star$ が存在することがいえる。

逆に，$x^\star$ に対して，式 (3.68), (3.69) を満たす $y^\star, z^\star$ が存在したとする。このとき，$x^\star$ は 2 次計画問題 (3.47) の実行可能解であり，任意の実行可能解 $\hat{x}$ に対して次式が成立する。

$$\begin{aligned}
&\frac{1}{2}\hat{x}^\mathrm{T} Q\hat{x} + p^\mathrm{T}\hat{x} - \left(\frac{1}{2}(x^\star)^\mathrm{T} Qx^\star + p^\mathrm{T} x^\star\right) \\
&= \frac{1}{2}\left(\hat{x}^\mathrm{T} Q\hat{x} - (x^\star)^\mathrm{T} Qx^\star\right) + p^\mathrm{T}(\hat{x} - x^\star) \\
&= \frac{1}{2}\left(\hat{x}^\mathrm{T} Q\hat{x} - (x^\star)^\mathrm{T} Qx^\star\right) + (A^\mathrm{T} y^\star + z^\star - Qx^\star)^\mathrm{T}(\hat{x} - x^\star) \\
&= \frac{1}{2}\left(\hat{x}^\mathrm{T} Q\hat{x} - 2(\hat{x})^\mathrm{T} Qx^\star + (x^\star)^\mathrm{T} Qx^\star\right) + (A^\mathrm{T} y^\star + z^\star)^\mathrm{T}(\hat{x} - x^\star) \\
&= \frac{1}{2}(\hat{x} - x^\star)^\mathrm{T} Q(\hat{x} - x^\star) + (y^\star)^\mathrm{T} A(\hat{x} - x^\star) + (z^\star)^\mathrm{T}(\hat{x} - x^\star) \\
&= \frac{1}{2}(\hat{x} - x^\star)^\mathrm{T} Q(\hat{x} - x^\star) + (y^\star)^\mathrm{T}(b - b) + (z^\star)^\mathrm{T}\hat{x} \\
&= \frac{1}{2}(\hat{x} - x^\star)^\mathrm{T} Q(\hat{x} - x^\star) + (z^\star)^\mathrm{T}\hat{x} \geqq 0 \tag{3.71}
\end{aligned}$$

よって，$x^\star$ は 2 次計画問題 (3.47) の最適解である。 △

3.2.4 制約なし 2 次計画問題

制約なしの 2 次計画問題

$$\min \quad \frac{1}{2}x^\mathrm{T}Qx + p^\mathrm{T}x \tag{3.72}$$

の解を求めることを考えてみよう。$f(x) = \frac{1}{2}x^\mathrm{T}Qx + p^\mathrm{T}x$ とすると

$$\nabla f(x) = Qx + p, \quad \nabla^2 f(x) = Q \tag{3.73}$$

である。最適性の 1 次の必要条件 $\nabla f(x) = 0$ を満たす点 $x^\star$ が存在するならば

$$x^\star = -Q^+ p \tag{3.74}$$

と求まる（付録 A.1.1 項〔2〕参照）。特に，$Q \succ O$ の場合は，$x^\star$ が唯一に求まる。また，$Q \succeq O$ かつ目的関数が 2 次関数であることより，式 (3.74) は制約なし 2 次計画問題の最適解を与える。このように，制約なし 2 次計画問題は，簡単にその最適解が求まる。

3.3 モデル予測制御

2 次計画問題の制御理論への応用の一つとして，**モデル予測制御**（model predictive control）がある。本節では，モデル予測制御について簡単に紹介する。

離散時間システム

$$x(k+1) = Ax(k) + Bu(k) \tag{3.75}$$

を考える。整数 k は離散的な時刻を表し，$x(k) \in \mathbf{R}^n$，$u(k) \in \mathbf{R}^m$ はそれぞれ時刻 k におけるシステムの状態と入力を表す。制御の目的は，システムの状態 $x(k)$ をなるべく速く 0 に近づけることとする。この目的の定量的な評価として

$$J_1 := \sum_{k=1}^{N} x(k)^{\mathrm{T}} Q\, x(k) \tag{3.76}$$

を考えよう．ただし，N は評価を行う時間区間の長さを表し，$Q \succ O$ は状態の重要度の重み付けを表す行列とする．一方，制御目的の達成のためにエネルギーを過大に投入することは避けるべきである．そこで，制御入力のエネルギー

$$J_2 := \sum_{k=0}^{N-1} u(k)^{\mathrm{T}} R\, u(k) \tag{3.77}$$

も小さくしたい．ただし，$R \succ O$ は入力の重要度の重み付けを表す行列とする．ここで，入力 $u(t)$ の評価区間が状態 $x(t)$ の評価区間とずれているのは，状態 $x(k)$ は 1 時刻前の入力 $u(k-1)$ によって決まるためである．Q, R がそれぞれ状態間および入力間のバランスまで含めた重みを表すものとして，最適制御問題は，評価関数 $J := J_1 + J_2$ を最小化する入力の系列 $\{u(k)\}_{k=0}^{N-1}$ を求める問題として定式化される．この問題を**最適制御問題**，あるいは最適レギュレータ問題と呼ぶ．初期状態 x_0 が与えられたとして，この問題を最適化問題として改めて表現すれば

$$\min_{u(k),\, x(k)} \sum_{k=1}^{N} x(k)^{\mathrm{T}} Q\, x(k) + \sum_{k=0}^{N-1} u(k)^{\mathrm{T}} R\, u(k) \tag{3.78a}$$

$$\text{s.t.}\ \ x(0) = x_0 \tag{3.78b}$$

$$x(k+1) = Ax(k) + Bu(k) \quad (k = 0, \cdots, N-1) \tag{3.78c}$$

と表せる†．ここで

$$x(1) = Ax(0) + Bu(0) \tag{3.79a}$$

$$x(2) = Ax(1) + Bu(1) = A^2 x(0) + ABu(0) + Bu(1) \tag{3.79b}$$

$$\vdots$$

---

† 時刻 N の状態の評価については，重み行列として他の時刻と異なった $Q_{\mathrm{f}}\ (\succ O)$ を選ぶことにより，安定性などの別の特性を考慮することも可能となる．

$$x(N) = \cdots = A^N x(0) + A^{N-1} Bu(0) + \cdots + Bu(N-1) \quad (3.79\text{c})$$

であることから，$\{x(k)\}_{k=1}^{N}$ は与えられた定数ベクトル x_0 と決定変数 $\{u(k)\}_{k=0}^{N-1}$ で陽に表すことができる．つまり，最適化問題 (3.78) は，等式制約 (3.78c) を用いて $x(k)$ を消去することで，$\{u(k)\}_{k=0}^{N-1}$ に関する制約なし 2 次計画問題として表現することが可能である．3.2.4 項で述べたように，制約なし 2 次計画問題は簡単に最適解を求めることができる．

さて，最適化問題 (3.78) においては，制御入力や状態に関する制約は考慮されていない．例えば，制御入力のとりうる範囲や，状態が収まってほしい範囲については，陽には考慮されていない．これら入力や状態に関する制約も考慮した制御として，モデル予測制御が提案された．モデル予測制御では，制御入力や状態に関する制約を加えた最適化問題を時刻ごとに解き，その得られた入力列の最初の時刻をその時刻の制御入力とする．現在の時刻を ℓ とすると，時刻 ℓ において解くべき最適化問題は，決定変数を $\{u(k)\}_{k=\ell}^{\ell+N-1}$，$\{x(k)\}_{k=\ell+1}^{\ell+N}$ として以下のように与えられる．

$$\min_{u(k),\,x(k)} \sum_{k=\ell+1}^{\ell+N} x(k)^{\mathrm{T}} Q\, x(k) + \sum_{k=\ell}^{\ell+N-1} u(k)^{\mathrm{T}} R u(k) \quad (3.80\text{a})$$

$$\text{s.t.} \quad x(\ell) = x_\ell \quad (3.80\text{b})$$

$$x(k+1) = Ax(k) + Bu(k) \quad (k = \ell, \cdots, \ell+N-1) \quad (3.80\text{c})$$

$$u_{\min} \leqq u(k) \leqq u_{\max} \quad (k = \ell, \cdots, \ell+N-1) \quad (3.80\text{d})$$

$$x_{\min} \leqq x(k) \leqq x_{\max} \quad (k = \ell+1, \cdots, \ell+N) \quad (3.80\text{e})$$

ここで，x_ℓ は現在のシステム状態を表し，式 (3.80d), (3.80e) はそれぞれ時刻ごとに状態，入力が満たすべき制約を表している．この最適化問題も等式制約 (3.80b) を用いて $x(k)$ を消去し，$\{u(k)\}_{k=\ell}^{\ell+N-1}$ のみを決定変数とする最適化問題として記述することが可能である．実際の制御入力としては，上記の最適化問題の最適解 $u^\star(k)$ $(k = \ell, \cdots, \ell+N-1)$ のうち，$u^\star(\ell)$ を実際の制御入力 $u(\ell)$

として用いる。つぎの時刻 $\ell+1$ には，1 時刻ずらした最適化問題を改めて定式化し，最適化問題を解き，得られた最適な入力列の最初の時刻の入力 $u(\ell+1)$ を実際の制御入力として用い，以降これを繰り返す。

このように，モデル予測制御では 1 時刻ごとに 2 次計画問題を解く。そのため，計算に要する時間が問題となる。計算量の削減については文献8) などを参考にされたい。また，最適化問題 (3.80) は 2 次計画問題であるので，その最適解 $u^\star(\ell)$ は状態 x_ℓ に対して通常は一意に決まる。そこで，任意の x_ℓ に対して $u^\star(\ell)$ を与える関数

$$u^\star(\ell) = K(x_\ell) \tag{3.81}$$

を，事前にオフライン計算で求めておくという方法も提案されている[9]。

########## 演 習 問 題 ##########

【1】 例 3.1 の主問題を，スラック変数を用いて式 (3.6) の標準形で表せ。

【2】 線形計画問題 (3.1), (3.22) が，たがいに双対であることを示せ。

【3】 線形計画問題 (3.1) において

$$n_1 = m_1, \quad n_2 = m_2 \tag{3.82}$$

$$\begin{bmatrix} b_1 \\ b_2 \end{bmatrix} = -\begin{bmatrix} c_1 \\ c_2 \end{bmatrix} \tag{3.83}$$

$$\begin{bmatrix} A_{11} & A_{12} \\ A_{21} & A_{22} \end{bmatrix} = -\begin{bmatrix} A_{11} & A_{12} \\ A_{21} & A_{22} \end{bmatrix}^\mathrm{T} \tag{3.84}$$

を満たすとする。このとき，この問題の双対問題は，元の問題と一致することを示せ（このように，双対問題が元の問題と一致する線形計画問題を**自己双対**であるという）。

【4】 定理 3.11 を用いて定理 3.9 を証明せよ。

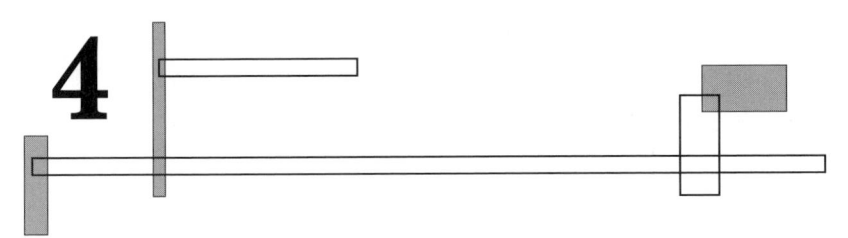

4 半正定値計画問題と線形行列不等式

制御の分野で線形行列不等式と呼ばれている定式化は,数値最適化の分野では半正定値計画問題と呼ばれている。本章では,半正定値計画問題の定式化を与えるとともに,制御系の解析・設計への応用を紹介する。

4.1 半正定値計画問題

半正定値計画問題とは,半正定値行列を変数とし,制約条件と目的関数が変数行列の要素の線形関数であるような制約付き最適化問題のことである。

【定義 4.1】 (主問題) 与えられた $n \times n$ 実対称行列 A_i $(i=1,\cdots,m)$, C, およびスカラー b_i $(i=1,\cdots,m)$ に対して,目的関数 $C \bullet X$ を最小とする実対称な行列変数 $X \in \mathbf{R}^{n \times n}$ を求める以下の最適化問題を,**半正定値計画問題** (semi-definite programming problem; SDP problem) と呼ぶ。

$$\min \ C \bullet X \tag{4.1a}$$

$$\text{s.t.} \ A_i \bullet X = b_i \quad (i=1,\cdots,m) \tag{4.1b}$$

$$X \succeq O \tag{4.1c}$$

ただし,演算 $\bullet$ は $X \bullet Y := \mathrm{tr}(X^\mathrm{T} Y)$ で定義される (**定義 A.7**)。

まず，半正定値計画問題は凸計画問題であることを示しておこう．主問題において，目的関数 (4.1a)，制約条件 (4.1b) は変数行列 X の各要素に関して 1 次関数であるので，それぞれ凸関数，凸集合を表す制約となる．また，二つの半正定値行列 X_1, X_2 に対して

$$\alpha X_1 + (1-\alpha) X_2 \succeq O \qquad (0 \leqq \alpha \leqq 1) \tag{4.2}$$

が成立する（不等式の左辺の両側から定数ベクトル y^T, y を掛けて 2 次形式にすると，簡単に確認できる）．これより，制約条件 (4.1c) を満たす実行可能解の集合は凸集合となる．以上より，半正定値計画問題は凸計画問題である．

つぎに，半正定値計画問題 (4.1) の双対問題について述べる．

【定義 4.2】 （双対問題）主問題と同様に実対称行列 A_i, C とスカラー b_i が与えられたとする．このとき，目的関数 $\sum_{i=1}^{m} b_i y_i$ を最大とするスカラー変数 y_i $(i=1,\cdots,m)$ と実対称な行列変数 $Z \in \mathbf{R}^{n \times n}$ を求める以下の最適化問題を，半正定値計画問題 (4.1) の双対問題と呼ぶ．

$$\max \quad \sum_{i=1}^{m} b_i y_i \tag{4.3a}$$

$$\text{s.t.} \quad \sum_{i=1}^{m} A_i y_i + Z = C \tag{4.3b}$$

$$Z \succeq O \tag{4.3c}$$

主問題 (4.1) から双対問題 (4.3) を導出してみよう．線形計画問題や 2 次計画問題におけるラグランジュ関数では，目的関数に加える項はベクトル値制約関数 $g(x), h(x)$ とラグランジュ乗数ベクトル λ, μ との内積の形をしていた．半正定値計画問題における制約 (4.1c) に対しては，ラグランジュ乗数として対称行列 $M \in \mathbf{R}^{n \times n}$ を用い，内積は式 (A.73) で定義する演算 • とすることで，ラグランジュ関数を以下のように与えることができる．

$$L(X,\lambda,M) := C \bullet X + \sum_{i=1}^{m} \lambda_i(b_i - A_i \bullet X) - M \bullet X$$

$$= \left(C - \sum_{i=1}^{m} \lambda_i A_i - M\right) \bullet X + \sum_{i=1}^{m} \lambda_i b_i \tag{4.4}$$

ただし，$\lambda = [\lambda_1 \cdots \lambda_m]^{\mathrm{T}}$, $M \succeq O$ である．ここで

$$\omega(\lambda, M) := \min_{X} L(X, \lambda, M) \tag{4.5}$$

と定義すれば，双対問題は

$$\max \ \omega(\lambda, M) \quad \text{s.t.} \quad M \succeq O \tag{4.6}$$

となる．ここで $C - \sum_{i=1}^{m} \lambda_i A_i - M$ が零行列でないとすると，$L(X,\lambda,M)$ は X によっていくらでも小さくできてしまうので，$C - \sum_{i=1}^{m} \lambda_i A_i - M = O$ とすることができる．$\lambda_i \to y_i$, $M \to Z$ と置き直すと，双対問題 (4.3) が導出される．

つぎに，双対問題 (4.3) の双対問題が主問題 (4.1) となることを示そう．ラグランジュ乗数を $\Lambda = \Lambda^{\mathrm{T}} \in \mathbf{R}^{n \times n}$, $M = M^{\mathrm{T}} \in \mathbf{R}^{n \times n}$ とすると，ラグランジュ関数は

$$L(y,\Lambda,M) := -\sum_{i=1}^{m} b_i y_i + \Lambda \bullet \left(C - \sum_{i=1}^{m} y_i A_i - Z\right) - M \bullet Z$$

$$= -\sum_{i=1}^{m} y_i(b_i + \Lambda \bullet A_i) - (M + \Lambda) \bullet Z + \Lambda \bullet C \tag{4.7}$$

として与えられる．ただし，$M \succeq O$ である．ここで

$$\omega(\Lambda, M) := \min_{y \in \mathbf{R}^m} L(y, \Lambda, M) \tag{4.8}$$

とすれば，双対問題は

$$\max_{\Lambda, M \in \mathbf{R}^{n \times n}} \omega(\Lambda, M) \quad \text{s.t.} \quad M \succeq O \tag{4.9}$$

となる．ここで，$\omega(\Lambda, M)$ が非有界とならないためには，$b_i + \Lambda \bullet A_i = 0$，$M + \Lambda = O$ となる必要がある．$M + \Lambda = O$ に注意して $M \to X$，$\Lambda \to -X$ と置き直すと，主問題 (4.1) が導出される．

つぎに，**弱双対定理**が成立することを見ておこう．主問題の実行可能解 X と双対問題の実行可能解 (y, Z) を用いて双対ギャップを計算すると，以下の関係が成立する．

$$C \bullet X - \sum_{i=1}^{m} b_i y_i = \left(\sum_{i=1}^{m} A_i y_i + Z\right) \bullet X - \sum_{i=1}^{m} (A_i \bullet X) y_i$$
$$= Z \bullet X = \operatorname{tr}(ZX) = \operatorname{tr}(X^{\frac{1}{2}} Z X^{\frac{1}{2}}) \geqq 0 \quad (4.10)$$

よって，弱双対定理が成立することがわかる．しかし，線形計画問題とは異なり，最適値が一致するためには，以下のように若干の条件が必要である．

【定理 4.1】 （双対定理）主問題 (4.1)，双対問題 (4.3) の両方に**内点実行可能解**（strictly feasible solution）が存在すると仮定する．つまり，主問題においては $X \succ O$ を満たす実行可能解が，双対問題においては $Z \succ O$ を満たす実行可能解が存在すると仮定する．このとき，それぞれの問題に対して最適解が存在し，かつ，二つの問題の最適値は一致する．

上記の定理は，主問題，双対問題の最適値が一致することを保証するためには，両方の問題に内点実行可能解が存在することが要請されることを示している．

【定理 4.2】 主問題 (4.1)，双対問題 (4.3) の最適解をそれぞれ $X^\star$ および $(y^\star, Z^\star)$ とすると

$$X^\star Z^\star = O \quad (4.11)$$

が成立する．なお，式 (4.11) の条件は $X^\star \bullet Z^\star = 0$ と等価である．

式 (4.11) の条件は**相補性条件**と呼ばれている．現在数値解法の主流となっている内点法は，相補性条件 (4.11) を決定変数に関する非線形方程式と見なし，制約条件 (4.1b), (4.3b) を含めて非線形連立方程式と見なして，その解を繰り返し計算によって求める方法として実装されている．

この節の最後に，線形計画問題，凸 2 次計画問題と半正定値計画問題との関係を示しておく．半正定値計画問題において，目的関数の C は線形計画問題 (3.6) のベクトル c の要素を対角に並べた対角行列，制約条件の A_i は線形計画問題 (3.6) の行列 A の第 i 行の要素を対角に並べた対角行列，b_i はベクトル b の第 i 要素とする．そして変数行列 X を対角行列に制約すると，変数行列 X の対角要素を変数ベクトルとする線形計画問題と等価になる．つまり，半正定値計画問題は線形計画問題を特殊な場合として含んでいる．

さらに，凸 2 次計画問題も半正定値計画問題として記述できることを確認しておく．標準形の 2 次計画問題 (3.47) を，補助変数 f_0 を用いて

$$\min \ f_0 \tag{4.12a}$$

$$\text{s.t.} \ \frac{1}{2} x^\mathrm{T} Q x + p^\mathrm{T} x \leq f_0 \tag{4.12b}$$

$$Ax = b, \quad x \geqq 0 \tag{4.12c}$$

と表す．$Q \succeq O$ の場合，$\frac{1}{2} Q = M^\mathrm{T} M$ と分解する行列 M が存在する．この行列 M とシュールの補題（**定理 A.4**）を用いると，式 (4.12b) の 2 次制約は

$$\begin{bmatrix} f_0 - p^\mathrm{T} x & (Mx)^\mathrm{T} \\ Mx & I \end{bmatrix} \succeq O \tag{4.13}$$

のように，半正定値制約として記述することができ，双対問題 (4.3) の形式で表される．

これより，半正定値計画問題は凸 2 次計画問題も特殊な場合として含んでいることがわかる．

4.2 線形行列不等式

つぎに,制御理論で用いられる行列不等式を定式化しておこう.線形行列不等式の一般形は,以下のように与えられる.

【定義 4.3】 与えられた実対称行列 $F_i \in \mathbf{R}^{n \times n}$ $(i = 0, 1, \cdots, m)$ を用いて,実スカラー変数 x_i $(i = 1, \cdots, m)$ に対する制約を表した

$$F(x) := F_0 + x_1 F_1 + \cdots + x_m F_m \succeq O \tag{4.14}$$

を,**線形行列不等式**(linear matrix inequality; LMI)と呼ぶ.

ここで,式 (4.14) は,半正定値計画問題の双対問題の制約式 (4.3b) において $C \to F_0$,$A_i \to -F_i$,$y_i \to x_i$ $(i = 1, \cdots, m)$ としたものと等価であることが確認できる.

行列変数に関する線形行列不等式制約は,式 (4.14) の線形行列不等式制約として表すことができる.このことを線形システムの安定性解析を例に説明する.$q(t) \in \mathbf{R}^n$ を状態とする線形システム

$$\frac{d}{dt} q(t) = A q(t) \qquad (A \in \mathbf{R}^{n \times n}) \tag{4.15}$$

を考える.システムの状態 $q(t)$ が任意の初期状態 $q(0)$ に対して

$$\lim_{t \to \infty} q(t) = 0 \tag{4.16}$$

を満たすとき,システムは**漸近安定**(asymptotically stable)(以下,略して**安定**(stable))であるという[†].安定であるための十分条件は,以下の性質を満たす関数 $V(q(t))$ が存在することである.

[†] 厳密には安定性は平衡点の性質であるが,線形システムの場合には原点以外に平衡点が存在しないので「システムが安定」という表現をすることも多い.

4.2 線形行列不等式

$$V(q(t)) > 0 \quad (\forall q(t) \neq 0) \quad \text{かつ} \quad V(0) = 0 \tag{4.17}$$

$$\frac{d}{dt}V(q(t)) < 0 \quad (\forall q(t) \neq 0) \quad \text{かつ} \quad \frac{d}{dt}V(0) = 0 \tag{4.18}$$

これらの性質を満たす関数 $V(q(t))$ を**リアプノフ関数**（Lyapunov function）と呼ぶ．式 (4.15) の線形システムに対するリアプノフ関数の候補として，行列 $P = P^\mathrm{T} \in \mathbf{R}^{n \times n}$ を用いた

$$V(q(t)) = q(t)^\mathrm{T} P q(t) \tag{4.19}$$

を選ぶ（行列 P を**リアプノフ行列**（Lyapunov matrix）と呼ぶ）．

$$\frac{d}{dt}V(q(t)) = \frac{d}{dt}\left(q(t)^\mathrm{T} P q(t)\right) = q(t)^\mathrm{T} P \frac{d}{dt}q(t) + \left(\frac{d}{dt}q(t)\right)^\mathrm{T} P q(t)$$
$$= q(t)^\mathrm{T} (PA + A^\mathrm{T} P) q(t) \tag{4.20}$$

であるので，$V(q(t))$ がリアプノフ関数であるための条件は，それぞれ

$$P \succ O \tag{4.21}$$
$$PA + A^\mathrm{T} P \prec O \tag{4.22}$$

となり，行列変数 P に関する線形行列不等式制約となる．与えられた A に対して上記の条件を満たす P を求める問題は，P の各要素を x_i に対応させることで，線形行列不等式として表現することができる．例えば，行列変数 P が 2×2 行列の場合は

$$P = \begin{bmatrix} x_1 & x_2 \\ x_2 & x_3 \end{bmatrix} = x_1 \begin{bmatrix} 1 & 0 \\ 0 & 0 \end{bmatrix} + x_2 \begin{bmatrix} 0 & 1 \\ 1 & 0 \end{bmatrix} + x_3 \begin{bmatrix} 0 & 0 \\ 0 & 1 \end{bmatrix} \tag{4.23}$$

と表されるので，式 (4.21), (4.22) の条件はそれぞれ

$$x_1 \begin{bmatrix} 1 & 0 \\ 0 & 0 \end{bmatrix} + x_2 \begin{bmatrix} 0 & 1 \\ 1 & 0 \end{bmatrix} + x_3 \begin{bmatrix} 0 & 0 \\ 0 & 1 \end{bmatrix} \succ O \tag{4.24}$$

$$-x_1 \begin{bmatrix} 2a_{11} & a_{12} \\ a_{12} & 0 \end{bmatrix} - x_2 \begin{bmatrix} 2a_{21} & a_{11}+a_{22} \\ a_{11}+a_{22} & 2a_{12} \end{bmatrix} - x_3 \begin{bmatrix} 0 & a_{21} \\ a_{21} & 2a_{22} \end{bmatrix} \succ O \tag{4.25}$$

のように,式 (4.14) の形で表すことができる.ただし,$A = \begin{bmatrix} a_{11} & a_{12} \\ a_{21} & a_{22} \end{bmatrix}$ である.なお,式 (4.21), (4.22) の条件を満たす P が存在することは,式 (4.15) が安定であるための十分条件であるだけでなく,必要条件でもあることが知られている.

ここで,式 (4.21), (4.22) は等号を含まない行列不等式であり,等号を含めることはできないことに注意しよう.例えば

$$A = \begin{bmatrix} -1 & 0 \\ 0 & 1 \end{bmatrix} \tag{4.26}$$

を考えると,システムは明らかに不安定となるが,$P \succeq O$ としてしまうと

$$P = \begin{bmatrix} 1 & 0 \\ 0 & 0 \end{bmatrix} \tag{4.27}$$

は,等号付きの式 (4.22) を満たしてしまい,矛盾が生じる.このように,制御理論で用いる行列不等式制約は等号を含めることができない場合がある.

制御理論の分野で線形行列不等式制約問題と呼ばれているものと,数理計画の分野で半正定値計画問題と呼ばれているものは,ほぼ同じである.ただし,制御系解析・設計に用いられる行列不等式では,行列変数に関する制約として等号を含む不等式(半正定値性)ではなく,等号を含まない不等式(正定値性)を用いて記述されることが多い.最適化の立場からは,決定変数の実行可能領域を開集合としてしまうと厳密な意味での最適値が存在しなくなる可能性があるので,最適化問題としての定式化の意味では不都合が生じる.一方,制御理論において重要な安定性を保証するためには,リアプノフ行列(行列変数)が半正定値ではなく正定値であることなど,システム論からの要請で正定値性が求められることが多い.また,シューアの補題(**定理 A.4**)などの式変形に有

用な補題が適用できるという理論展開上の理由から正定値性が要請される場合もある．実用上は，最適解に十分に近い実行可能解が得られればよいので問題ないことが多いが，後述するように，問題によっては，求める解が正定値ではない半正定値行列の逆行列に近づき，数値的に不安定となる場合があることは，覚えておくとよい．

半正定値計画問題に対しては，効率的な数値解法が知られており，求解のためのソフトウェアも数多く提供されている（Sedumi[11]，SDPT3[12]，SDPA[13]など）．なお，これらのソフトウェアは，ディスクリプタシステムの解析・設計などに現れる等式制約も，問題なく扱える．

4.3 制御性能解析と行列不等式

制御系の性能を解析する問題の多くは，制御性能の評価値を目的関数とし，リアプノフ行列に対する線形行列不等式を制約とした半正定値計画問題として定式化される．この節では，いくつかの基本的な制御性能の評価指標を求めるための線形行列不等式条件を紹介する．

性能を解析するシステムの伝達関数，状態空間表現は，以下で与えられるとする．

$$G(s) \Leftrightarrow \begin{cases} \dfrac{d}{dt}x(t) = Ax(t) + Bu(t) \\ y(t) = Cx(t) + Du(t) \end{cases} \qquad (4.28)$$

ただし，$x(t) \in \mathbf{R}^n$，$y(t) \in \mathbf{R}^p$，$u(t) \in \mathbf{R}^m$ とし，各行列は信号の次元と整合するものとする．このシステムがある制御性能を満たしているかどうかの判定条件を，線形行列不等式条件で記述する．

4.3.1 極の存在領域

システムの A 行列の固有値は**極**（pole）と呼ばれており，状態 $x(t)$ の収束発散や振動数などの振る舞いを決定する重要な特性値である．本項では，**極の**

存在領域（pole region）を判定する線形不等式条件を紹介する。

まず，行列不等式を用いた複素平面上の領域の特徴付けを行う．複素平面上の領域 $\mathcal{D}$ を，$d \times d$ の実行列 $R_{11} = R_{11}^{\mathrm{T}}$, $R_{22} = R_{22}^{\mathrm{T}}$, R_{12} を用いて

$$\mathcal{D} := \{z \in \mathbf{C} \mid R_{11} + zR_{12} + z^*R_{12}^{\mathrm{T}} + zz^*R_{22} \prec O\} \tag{4.29}$$

で定義する．特に $R_{22} = O$ の場合，式 (4.29) で定義される領域は **LMI 領域**（LMI region）と呼ばれ，複素平面上の実軸に対称な凸領域となる．また，$R_{22} \succeq O$ の場合には，シュールの補題（**定理 A.3**）を用いて LMI 領域として記述することが可能である（**演習問題【2】**）．

$R := \begin{bmatrix} R_{11} & R_{12} \\ R_{12}^{\mathrm{T}} & R_{22} \end{bmatrix}$ によって，さまざまな領域を定義することが可能である．
実際に，いくつかの具体的な領域 $\mathcal{D}$ を式 (4.29) によって表してみよう（**図 4.1** 参照）．

(a) 虚軸に平行な直線の片側 $\{z \mid \mathrm{Re}(z) < \alpha\}$：
これは $\mathrm{Re}(z) = \dfrac{1}{2}(z + z^*)$ であるので，R を以下のように与えればよい．

$$R = \begin{bmatrix} -2\alpha & 1 \\ 1 & 0 \end{bmatrix} \tag{4.30}$$

(b) 実軸上 q を中心とした半径 $r \, (>0)$ の円内 $\{z \mid |z-q| < r\}$：

$$(z-q)^*(z-q) < r^2 \tag{4.31}$$

を考えると

$$R = \begin{bmatrix} q^2 - r^2 & -q \\ -q & 1 \end{bmatrix} \tag{4.32}$$

とすればよい．また，式 (4.31) の条件を

$$\begin{bmatrix} -r & z-q \\ z^*-q & -r \end{bmatrix} \prec O \tag{4.33}$$

4.3 制御性能解析と行列不等式

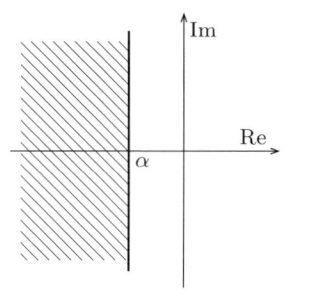

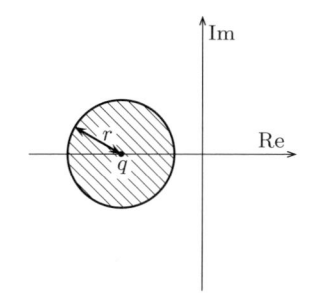

(a) 虚軸に平行な直線の片側

(b) 実軸上 q を中心とした半径 r の円内

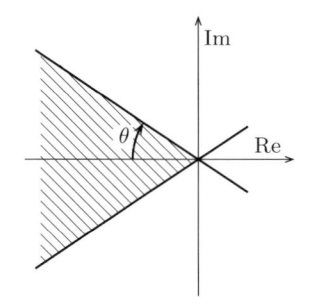

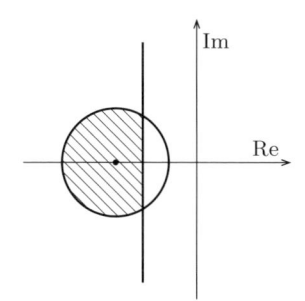

(c) 傾き $\pm \tan \theta$ の直線にはさまれた部分

(d) (a) と (b) の共通部分

図 4.1 式 (4.29) によって表される領域 $\mathcal{D}$ の例

と表すと，以下の R を用いて表すことも可能である。

$$R = \left[\begin{array}{cc|cc} -r & -q & 0 & 1 \\ -q & -r & 0 & 0 \\ \hline 0 & 0 & 0 & 0 \\ 1 & 0 & 0 & 0 \end{array}\right] \tag{4.34}$$

(c) 原点を通る傾き $\pm \tan \theta$ の直線にはさまれた部分 $\{z \mid |x|\tan\theta > |y|,\ \mathrm{Re}(z) < 0,\ z = x + jy\}$：

z に関する条件は

$$\{(z + z^*)\tan\theta\}^2 > -(z - z^*)^2$$

$$\Leftrightarrow \begin{bmatrix} (z+z^*)\sin\theta & (z-z^*)\cos\theta \\ (z^*-z)\cos\theta & (z+z^*)\sin\theta \end{bmatrix} \prec O \qquad (4.35)$$

と表せるので,以下の R を用いて領域を表すことができる.

$$R = \left[\begin{array}{cc|cc} 0 & 0 & \sin\theta & \cos\theta \\ 0 & 0 & -\cos\theta & \sin\theta \\ \hline \sin\theta & -\cos\theta & 0 & 0 \\ \cos\theta & \sin\theta & 0 & 0 \end{array}\right] \qquad (4.36)$$

(d) (a) と (b) の共通部分:式 (4.29) で表された複数の領域の共通部分を表すには,それぞれの領域を表す R_{ij} をブロック対角に並べればよい.例えば,式 (4.30) と式 (4.32) で表される領域の共通部分集合を表す R は,以下のように与えられる.

$$R = \left[\begin{array}{cc|cc} -2\alpha & 0 & 1 & 0 \\ 0 & q^2-r^2 & 0 & -q \\ \hline 1 & 0 & 0 & 0 \\ 0 & -q & 0 & 1 \end{array}\right] \qquad (4.37)$$

つぎに,システムの A 行列の固有値の存在範囲に関する線形行列不等式条件について述べておく.

【定理 4.3】 (極の存在領域) 式 (4.28) のシステムにおいて,行列 A のすべての固有値が,式 (4.29) で定義される領域 $\mathcal{D}$ に含まれるための必要十分条件は

$$R_{11} \otimes P + R_{12} \otimes (PA) + R_{12}^{\mathrm{T}} \otimes (A^{\mathrm{T}}P) + R_{22} \otimes (A^{\mathrm{T}}PA) \prec O \qquad (4.38)$$

$$P \succ O \qquad (4.39)$$

を満たす実対称行列 $P \in \mathbf{R}^{n \times n}$ が存在することである.

証明 （十分性）行列 A の固有値を λ とし，λ に属する固有ベクトルを $v\,(\neq 0)$ とする．式 (4.38) の左から $I_d \otimes v^*$，右から $I_d \otimes v$ を掛ける．クロネッカー積の性質 (A.67) と v^*Pv はスカラーであることから

$$(v^*Pv)(R_{11} + \lambda R_{12} + \lambda^* R_{12}^{\mathrm{T}} + \lambda\lambda^* R_{22}) \prec O \tag{4.40}$$

となる．ここで，$P \succ O$ より $v^*Pv > 0$ となり，λ が式 (4.29) に含まれることがわかる．

（必要性）示すべきことは，A の固有値が式 (4.29) に含まれるとき，式 (4.38), (4.39) を満たす P が存在することである．改めて複素行列 $A \in \mathbf{C}^{n\times n}$, $X = X^* \in \mathbf{C}^{n\times n}$ に対して

$$M(A, X) := R_{11} \otimes X + R_{12} \otimes (XA) + R_{12}^{\mathrm{T}} \otimes (A^{\mathrm{T}} X) + R_{22} \otimes (A^{\mathrm{T}} XA) \tag{4.41}$$

と定義する．A の固有値が重複していない場合には

$$AV = V\Lambda, \quad \Lambda = \mathrm{diag}\{\lambda_1, \cdots, \lambda_n\} \tag{4.42}$$

を満たす正則行列 V が存在する．$\lambda_i \in \mathcal{D}$ $(\forall i)$ ならば

$$M(\Lambda, I) \prec O \tag{4.43}$$

が成立し，よって

$$(I_d \otimes V)M(\Lambda, I)(I_d \otimes V^*) = M(A, VV^*) \prec O \tag{4.44}$$

が成立し，$P = VV^* \succ O$ が存在する．固有値が重複している場合には

$$AV = VJ \quad (J \text{ はジョルダン標準形}) \tag{4.45}$$

を満たす正則行列 V が存在する．ここで，T_ε が存在して

$$\lim_{\varepsilon \to 0} T_\varepsilon^{-1} J T_\varepsilon = \mathrm{diag}\{\lambda_1, \cdots, \lambda_n\} \tag{4.46}$$

とすることができる．例えば，大きさ q のジョルダン細胞に対しては

$$T_\varepsilon = \mathrm{diag}\{\varepsilon^{-q+1}, \varepsilon^{-q+2}, \cdots, 1\} \tag{4.47}$$

による相似変換によって

$$T_\varepsilon^{-1} J T_\varepsilon = \begin{bmatrix} \lambda & \varepsilon & & \\ 0 & \lambda & \varepsilon & \\ \vdots & & \ddots & \varepsilon \\ 0 & \cdots & 0 & \lambda \end{bmatrix} \tag{4.48}$$

と表せる。つまり $\varepsilon \to 0$ の極限で

$$\lim_{\varepsilon \to 0} M(T_\varepsilon^{-1} J T_\varepsilon, I) \prec O \tag{4.49}$$

が成立する。これは，十分小さな ε に対して

$$M(J, T_\varepsilon T_\varepsilon^*) \prec O \tag{4.50}$$

が成立することを意味し

$$(I \otimes V) M(J, T_\varepsilon T_\varepsilon^*)(I \otimes V^*) = M(A, V T_\varepsilon T_\varepsilon^* V^*) \prec O \tag{4.51}$$

が成立する。ここで，A が実行列の場合は

$$M\bigl(A, \mathrm{Re}(V T_\varepsilon T_\varepsilon^* V^*)\bigr) = \mathrm{Re}\bigl(M(A, V T_\varepsilon T_\varepsilon^* V^*)\bigr) \prec O \tag{4.52}$$

となり，$P = \mathrm{Re}(V T_\varepsilon T_\varepsilon^* V^*) \succ O$ が存在する。 △

固有値の存在領域を表す式 (4.29) の不等号を等号付きに修正しても，式 (4.38) の不等号を等号付きに代えることはできない。反例は簡単に考えることができる（演習問題 【3】）。

4.3.2 H_2 ノルム

まず，安定なシステムに対する可制御性，可観測性の強さの度合いを表すグラミアンについて述べておこう。

システム (4.28) は安定と仮定する。初期時刻 $t = 0$ で状態は $x(0) = 0$ を満たしているとし，時刻 T までの入力 $u(t)$ ($0 \leqq t \leqq T$) によって到達できる状態 $x(T)$ の集合を可到達集合と呼ぶことにする。いま，入力 $u(t)$ の持つエネルギーが 1 以下のとき，つまり

$$\int_0^T u(t)^\mathrm{T} u(t)\, dt \leqq 1 \tag{4.53}$$

を満たすとき，状態 $x(T)$ の**可到達集合**（reachability set）W を以下のように定める。

$$W := \left\{ x(T) \,\middle|\, \int_0^T u(t)^\mathrm{T} u(t)\, dt \leqq 1,\, x(0) = 0,\, T \geqq 0 \right\} \tag{4.54}$$

この可到達集合 W を以下の楕円体 E で表すことを考える。

$$E := \{ x \,|\, x^\mathrm{T} Q^{-1} x \leqq 1 \} \tag{4.55}$$

ただし，$Q\,(\succ O) \in \mathbf{R}^{n \times n}$ とする。ここで $P = Q^{-1}\,(\succ O) \in \mathbf{R}^{n \times n}$ とし，$V(x(t)) := x(t)^\mathrm{T} P x(t)$ を考え，式 (4.28) を満たす任意の $x(t), u(t)$ に対して

$$\frac{dV(x(t))}{dt} \leqq u(t)^\mathrm{T} u(t) \tag{4.56}$$

が成立していると仮定する。両辺を $t = 0$ から T まで積分すると

$$V\bigl(x(T)\bigr) - V\bigl(x(0)\bigr) \leqq \int_0^T u(t)^\mathrm{T} u(t)\, dt \tag{4.57}$$

となる。ここで，初期状態は $x(0) = 0$ であったので，任意の $T \geqq 0$ に対して

$$V\bigl(x(T)\bigr) = x(T)^\mathrm{T} Q^{-1} x(T) \leqq \int_0^T u(t)^\mathrm{T} u(t)\, dt \leqq 1 \tag{4.58}$$

が成立する。式 (4.58) は，条件 (4.56) が満たされるならば，$x(T)$ が楕円体 E に含まれていることを示している。つまり，楕円体 E が可到達集合 W を含む（$E \supseteq W$）ことを示している。条件 (4.56) は

$$\begin{aligned}
\frac{d}{dt} x(t)^\mathrm{T} P x(t) &= \left(\frac{d}{dt} x(t) \right)^\mathrm{T} P x(t) + x(t)^\mathrm{T} P \left(\frac{d}{dt} x(t) \right) \\
&= \{ Ax(t) + Bu(t) \}^\mathrm{T} P x(t) + x(t)^\mathrm{T} P \{ Ax(t) + Bu(t) \} \\
&\leqq u(t)^\mathrm{T} u(t)
\end{aligned} \tag{4.59}$$

より

$$\begin{bmatrix} x(t) \\ u(t) \end{bmatrix}^\mathrm{T} \begin{bmatrix} A^\mathrm{T} P + PA & PB \\ B^\mathrm{T} P & -I \end{bmatrix} \begin{bmatrix} x(t) \\ u(t) \end{bmatrix} \leqq 0 \tag{4.60}$$

と表すことができ

$$\begin{bmatrix} A^{\mathrm{T}}P + PA & PB \\ B^{\mathrm{T}}P & -I \end{bmatrix} \preceq O \quad (P \succ O) \tag{4.61}$$

と等価になる。シュールの補題 (**定理 A.4**) を用いて Q の条件として表すと

$$QA^{\mathrm{T}} + AQ + BB^{\mathrm{T}} \preceq O, \quad Q \succ O \tag{4.62}$$

と等価になる。したがって，可到達集合 W を含む最小の楕円体 E は，最適化問題

$$\min \mathrm{tr}(Q) \quad \text{s.t.} \quad Q \succ O,\, QA^{\mathrm{T}} + AQ + BB^{\mathrm{T}} \preceq O \tag{4.63}$$

の解によって特徴付けられる。最適化問題 (4.63) の最適解は

$$G_{\mathrm{c}} = \int_0^\infty e^{At} BB^{\mathrm{T}} e^{A^{\mathrm{T}} t}\, dt \tag{4.64}$$

で定義される**可制御性グラミアン** (controllability gramian) によって $Q = G_{\mathrm{c}}$ として与えられ，$T \to \infty$ の場合の可到達集合 W は，G_{c} で表される楕円体と一致する。また，可制御性グラミアン G_{c} は，リアプノフ方程式

$$G_{\mathrm{c}} A^{\mathrm{T}} + A G_{\mathrm{c}} + BB^{\mathrm{T}} = O \tag{4.65}$$

の一意解であり，定義より $G_{\mathrm{c}} \succeq O$ である[†]。

システムが安定で入力がない ($u(t) = 0$) 状況で，初期状態 $x(0)$ に対する応答 $y(t)$ の持つエネルギー

$$\int_0^\infty y(t)^{\mathrm{T}} y(t)\, dt \tag{4.66}$$

の上界について考えてみよう。$Q\,(\succ O) \in \mathbf{R}^{n \times n}$ を用いて状態 $x(t)$ の関数

$$V(x(t)) := x(t)^{\mathrm{T}} Q x(t) \tag{4.67}$$

[†] 最適化問題 (4.63) の制約条件が等号を含まない $Q \succ O$ であるため，G_{c} が半正定値の場合には，厳密には最適解は存在せず，最適化によって近づく極限が G_{c} である。

4.3 制御性能解析と行列不等式

を定義し，式 (4.28) を満たす任意の $x(t), y(t)$ に対して

$$\frac{d}{dt}V(x(t)) \leqq -y(t)^{\mathrm{T}}y(t) \tag{4.68}$$

を満たすものと仮定する．式 (4.68) の両辺を $t=0$ から T まで積分すると

$$V(x(T)) - V(x(0)) \leqq -\int_0^T y(t)^{\mathrm{T}}y(t)\,dt \tag{4.69}$$

となる．ここで，任意の T に対して $V(x(T)) \geqq 0$ より

$$\int_0^T y(t)^{\mathrm{T}}y(t)\,dt \leqq V(x(0)) = x(0)^{\mathrm{T}}Qx(0) \tag{4.70}$$

となる．これより，Q はどの方向の初期状態が出力に影響を与えやすいかの指標を与える．式 (4.68) の仮定は

$$\begin{aligned}
\frac{d}{dt}x(t)^{\mathrm{T}}Qx(t) &= \left(\frac{d}{dt}x(t)\right)^{\mathrm{T}}Qx(t) + x(t)^{\mathrm{T}}Q\left(\frac{d}{dt}x(t)\right) \\
&= \{Ax(t)\}^{\mathrm{T}}Qx(t) + x(t)^{\mathrm{T}}Q\{Ax(t)\} \\
&\leqq -y(t)^{\mathrm{T}}y(t) = -\{Cx(t)\}^{\mathrm{T}}\{Cx(t)\}
\end{aligned} \tag{4.71}$$

より

$$x(t)^{\mathrm{T}}\left(A^{\mathrm{T}}Q + QA + C^{\mathrm{T}}C\right)x(t) \leqq 0 \tag{4.72}$$

と表され

$$A^{\mathrm{T}}Q + QA + C^{\mathrm{T}}C \preceq O \tag{4.73}$$

と等価となる．上界を最小化する問題は

$$\min\ \mathrm{tr}(Q) \quad \text{s.t.}\ Q \succ O,\ A^{\mathrm{T}}Q + QA + C^{\mathrm{T}}C \preceq O \tag{4.74}$$

となる．可制御性の場合と同様に，最適化問題 (4.74) の最適解は

$$G_{\mathrm{o}} = \int_0^\infty e^{A^{\mathrm{T}}t}C^{\mathrm{T}}Ce^{At}\,dt \tag{4.75}$$

で定義される**可観測性グラミアン**（observability gramian）によって $Q = G_\mathrm{o}$ として与えられ，$T \to \infty$ の場合の出力のエネルギーの上界は，$Q = G_\mathrm{o}$ で特徴付けられる．また，可観測性グラミアン G_o は，リアプノフ方程式

$$A^\mathrm{T} G_\mathrm{o} + G_\mathrm{o} A + C^\mathrm{T} C = O \tag{4.76}$$

の一意解であり，定義より $G_\mathrm{o} \succeq O$ である[†]．

【定義 4.4】 式 (4.28) のシステムにおいて，システムは安定，かつ，$D = O$ とする．このとき，システムの H_2 **ノルム**（H_2 norm）は，以下のように定義される．

$$\|G(s)\|_2 := \sqrt{\frac{1}{2\pi} \int_{-\infty}^{\infty} \mathrm{tr}\bigl(G(j\omega)^* G(j\omega)\bigr) d\omega} \tag{4.77}$$

H_2 ノルムは，システムの入力 $u(t)$ に加えられた白色雑音が出力 $y(t)$ へどの程度影響するかを評価する指標である．つまり，さまざまな周波数成分を含んだ入力が与えられたとき，出力に現れる信号のエネルギーを評価する指標である．周波数に関して積分しているので，各周波数ごとではなく平均的な指標を与える．H_2 ノルムは，システムのインパルス応答行列を $g(t)$ とすると，パーセバルの等式によって

$$\|G(s)\|_2 = \sqrt{\int_{-\infty}^{\infty} \mathrm{tr}\bigl(g(t)^\mathrm{T} g(t)\bigr) dt} \tag{4.78}$$

のように，時間信号を用いて表すこともできる．式 (4.78) の指標は時間応答の 2 乗誤差面積と解釈できるため，H_2 ノルムを最小化する H_2 最適制御問題は，制御系の時間応答の整形を行う最適レギュレータや逐次的に最適な状態推定を行うカルマンフィルタと密接な関連を持つ．

[†] 可制御性グラミアンの場合と同様に，制約条件が等号を含まない $Q \succ O$ であるため，G_o が半正定値の場合には，厳密には最適解は存在せず，最適化によって近づく極限が G_o である．

【定理 4.4】 式 (4.28) のシステムは安定で，かつ，$D = O$ とする。このとき，システムの H_2 ノルムは，以下のように計算できる。

$$\|G(s)\|_2 = \sqrt{\operatorname{tr}(CG_\mathrm{c}C^\mathrm{T})} = \sqrt{\operatorname{tr}(B^\mathrm{T}G_\mathrm{o}B)} \tag{4.79}$$

ただし，$G_\mathrm{c}, G_\mathrm{o}$ はそれぞれシステムの可制御性グラミアン，可観測性グラミアンで，式 (4.65), (4.76) の一意解である。

証明 システムのインパルス応答 $g(t)$ は

$$g(t) = Ce^{At}B \tag{4.80}$$

と表せることから

$$\begin{aligned}
\|G(s)\|_2^2 &= \int_{-\infty}^{\infty} \operatorname{tr}\left(g(t)^\mathrm{T} g(t)\right) dt = \operatorname{tr}\left(\int_0^{\infty} B^\mathrm{T} e^{A^\mathrm{T} t} C^\mathrm{T} C e^{At} B \, dt\right) \\
&= \operatorname{tr}\left(B^\mathrm{T} \int_0^{\infty} e^{A^\mathrm{T} t} C^\mathrm{T} C e^{At} \, dt B\right) = \operatorname{tr}\left(B^\mathrm{T} G_\mathrm{o} B\right) \tag{4.81}
\end{aligned}$$

となり，また

$$\begin{aligned}
\|G(s)\|_2^2 &= \int_{-\infty}^{\infty} \operatorname{tr}\left(g(t)^\mathrm{T} g(t)\right) dt = \int_{-\infty}^{\infty} \operatorname{tr}\left(g(t) g(t)^\mathrm{T}\right) dt \\
&= \operatorname{tr}\left(\int_0^{\infty} C e^{At} B B^\mathrm{T} e^{A^\mathrm{T} t} C^\mathrm{T} \, dt\right) \\
&= \operatorname{tr}\left(C \int_0^{\infty} e^{At} B B^\mathrm{T} e^{A^\mathrm{T} t} \, dt C^\mathrm{T}\right) = \operatorname{tr}\left(C G_\mathrm{c} C^\mathrm{T}\right) \tag{4.82}
\end{aligned}$$

となる。 △

ラグランジュ双対の観点からコメントしておこう。可制御性グラミアン G_c はリアプノフ方程式 (4.65) によって一意に定まるので，H_2 ノルムを求める問題は，本来は最適化問題として定式化する必要はないが，以下のように最適化問題として定式化してみる。

$$\min_{G_\mathrm{c} \in \mathbf{R}^{n \times n}} \operatorname{tr}\left(C G_\mathrm{c} C^\mathrm{T}\right) \quad \text{s.t.} \quad G_\mathrm{c} A^\mathrm{T} + A G_\mathrm{c} + B B^\mathrm{T} = O \tag{4.83}$$

この最適化問題の双対問題を考える．ラグランジュ関数 $L(G_c, \Lambda)$ は

$$L(G_c, \Lambda) := \mathrm{tr}\left(CG_c C^\mathrm{T}\right) + \Lambda \bullet (G_c A^\mathrm{T} + A G_c + BB^\mathrm{T})$$
$$= (C^\mathrm{T} C + A^\mathrm{T} \Lambda + \Lambda A) \bullet G_c + \Lambda \bullet BB^\mathrm{T} \quad (4.84)$$

となる．ただし，$\Lambda \in \mathbf{R}^{n \times n}$ である．双対問題は

$$\max_{\Lambda \in \mathbf{R}^{n \times n}} \min_{G_c \in \mathbf{R}^{n \times n}} L(G_c, \Lambda) \quad (4.85)$$

となる．ここで，$L(G_c, \Lambda)$ が G_c に関する最小化で有界となるためには

$$C^\mathrm{T} C + A^\mathrm{T} \Lambda + \Lambda A = O \quad (4.86)$$

となる必要がある．式 (4.86) が成立するとして，$\Lambda \to G_o$ と置き直すと，双対問題は

$$\max_{G_o \in \mathbf{R}^{n \times n}} \mathrm{tr}\left(B^\mathrm{T} G_o B\right) \quad \text{s.t.} \quad A^\mathrm{T} G_o + G_o A + C^\mathrm{T} C = O \quad (4.87)$$

となる．式 (4.87) の等式制約は可観測性グラミアンを求めるリアプノフ方程式と一致し，A が安定であれば一意解を持つ．つまり，式 (4.79) の二つの H_2 ノルムの計算法は，たがいにラグランジュ双対の関係になっている．

定理 4.4 の結果は，H_2 ノルムが行列計算によって求められることを意味している．一方，システムの安定性を仮定しているため，特に制御系設計に用いる場合などは別途安定性を保証する必要がある．また，制御器設計に用いる場合には，制御系に要請する仕様を不等式で記述したほうが便利な場合もある．そこで，行列不等式を用いた安定性条件を含む H_2 ノルムの解析条件を示しておく．

【定理 4.5】 式 (4.28) のシステムにおいて，$D = O$ とする．このとき，システムが安定，かつ $\|G(s)\|_2 < \gamma$ であるための必要十分条件は

$$\gamma^2 > \mathrm{tr}(R) \quad (4.88)$$

$$\begin{bmatrix} \mathrm{He}(PA) & PB \\ B^\mathrm{T}P & -I \end{bmatrix} \prec O \tag{4.89}$$

$$\begin{bmatrix} R & C \\ C^\mathrm{T} & P \end{bmatrix} \succ O \tag{4.90}$$

を満たす実対称行列 $P \in \mathbf{R}^{n \times n}$, $R \in \mathbf{R}^{p \times p}$ が存在することである。

証明 正定値行列の対角ブロックは正定値であることより，式 (4.89) と式 (4.90) から

$$\mathrm{He}(PA) \prec O, \quad P \succ O \tag{4.91}$$

が成立する。これは A が安定であるための必要十分条件となる（**演習問題【3】**参照）。つぎに，式 (4.89) と式 (4.90) にシュールの補題（**定理 A.4**）を適用すると

$$PA + A^\mathrm{T}P + PBB^\mathrm{T}P = P(AP^{-1} + P^{-1}A^\mathrm{T} + BB^\mathrm{T})P \prec O \tag{4.92}$$

$$R - CP^{-1}C^\mathrm{T} \succ O \tag{4.93}$$

が得られる。これを $Q = P^{-1}$ を用いて表すと

$$AQ + QA^\mathrm{T} + BB^\mathrm{T} + \Delta = O, \quad \Delta \succ O \tag{4.94}$$

$$R - CQC^\mathrm{T} \succ O \tag{4.95}$$

となり，**定理 A.9** のリアプノフ方程式の解の性質から $Q \succ G_\mathrm{c}$ となる。これより

$$\gamma^2 > \mathrm{tr}(R) > \mathrm{tr}\left(CQC^\mathrm{T}\right) > \mathrm{tr}\left(CG_\mathrm{c}C^\mathrm{T}\right) = \|G(s)\|_2^2 \tag{4.96}$$

を得る。 △

証明から明らかなように，**定理 4.5** の条件は，以下のように表すこともできる。

【定理 4.6】 式 (4.28) のシステムにおいて，$D = O$ とする。このとき，システムが安定，かつ，$\|G(s)\|_2 < \gamma$ であるための必要十分条件は

$$\gamma^2 > \mathrm{tr}(R) \tag{4.97}$$

$$AQ + QA^{\mathrm{T}} + BB^{\mathrm{T}} \prec O \tag{4.98}$$

$$R - CQC^{\mathrm{T}} \succ O \tag{4.99}$$

$$Q \succ O \tag{4.100}$$

を満たす実対称行列 $Q \in \mathbf{R}^{n \times n}$, $R \in \mathbf{R}^{p \times p}$ が存在することである.

定理 4.6 の条件は行列サイズが小さく,数値計算の面で有利である.一方,定理 4.5 の条件は,システムの行列 A, B, C, D に関する 2 次項がなく,制御系設計に都合の良い形をしている.

4.3.3 H_∞ ノルム

【定義 4.5】 安定なシステム (4.28) の H_∞ ノルム (H_∞ norm) は,伝達関数行列 $G(s)$ の最大特異値を用いて以下のように定義される.

$$\|G(s)\|_\infty := \sup_\omega \bar{\sigma}\bigl(G(j\omega)\bigr) \tag{4.101}$$

1 入出力系で考えると,システムに $u(t) = \sin \omega t$ を入力してから十分時間がたったときの出力は,$y(t) = |G(j\omega)| \sin(\omega t + \angle G(j\omega))$ となる.式 (4.101) の H_∞ ノルムの定義は,正弦波を入力したときの振幅の意味での最大増幅率である.そして,多入出力系においては,入力の方向も考慮した,入力信号に対する出力信号の最大増幅率としての意味を持つ.また,H_2 ノルムの定義とは異なり,周波数で積分することがないため,制御系の周波数応答を整形するのに適したノルムである.さらに,小ゲイン定理による安定性条件で用いられるなど,不確かさに対するロバスト制御理論において重要な役割を担うノルムでもある.

【定理 4.7】 システム (4.28) が安定,かつ,$\|G(s)\|_\infty < \gamma$ であるための必要十分条件は

4.3 制御性能解析と行列不等式

$$\begin{bmatrix} PA + A^{\mathrm{T}}P & PB \\ B^{\mathrm{T}}P & -\gamma^2 I \end{bmatrix} + \begin{bmatrix} C^{\mathrm{T}} \\ D^{\mathrm{T}} \end{bmatrix} \begin{bmatrix} C & D \end{bmatrix} \prec O \quad (4.102)$$

$$P \succ O \quad (4.103)$$

を満たす実対称行列 $P \in \mathbf{R}^{n \times n}$ が存在することである。

証明 ここでは十分性の証明を与えておく。式 (4.102) の (1,1) ブロックの負定性と式 (4.103) より，システムは安定である。つぎに，式 (4.102) は

$$\begin{bmatrix} A & B \\ I & O \end{bmatrix}^{\mathrm{T}} \begin{bmatrix} O & P \\ P & O \end{bmatrix} \begin{bmatrix} A & B \\ I & O \end{bmatrix} + \begin{bmatrix} C^{\mathrm{T}} \\ D^{\mathrm{T}} \end{bmatrix} \begin{bmatrix} C & D \end{bmatrix} - \begin{bmatrix} O & O \\ O & \gamma^2 I \end{bmatrix} \prec O \quad (4.104)$$

と表すことができる。

$$\begin{bmatrix} A & B \\ I & O \end{bmatrix} \begin{bmatrix} (j\omega I - A)^{-1} B \\ I \end{bmatrix} = \begin{bmatrix} j\omega I \\ I \end{bmatrix} (j\omega I - A)^{-1} B \quad (4.105)$$

$$\begin{bmatrix} C & D \end{bmatrix} \begin{bmatrix} (j\omega I - A)^{-1} B \\ I \end{bmatrix} = G(j\omega) \quad (4.106)$$

であることに注意して，式 (4.104) の右から $\begin{bmatrix} (j\omega I - A)^{-1} B \\ I \end{bmatrix}$，左からその共役転置を掛けると

$$B^{\mathrm{T}} \{(j\omega I - A)^{-1}\}^* \begin{bmatrix} j\omega I \\ I \end{bmatrix}^* \begin{bmatrix} O & P \\ P & O \end{bmatrix} \begin{bmatrix} j\omega I \\ I \end{bmatrix} (j\omega I - A)^{-1} B$$
$$+ G(j\omega)^* G(j\omega) - \gamma^2 I \prec O \quad (4.107)$$

となる。ここで式 (4.107) の左辺第 1 項が零行列となることより，任意の ω に対して $\gamma^2 I \succ G(j\omega)^* G(j\omega)$ が成立し，$\|G(s)\|_\infty < \gamma$ が成立する。 △

H_∞ ノルムの時間信号を用いた定式化について述べておく。入力 $u(t)$，出力 $y(t)$ のラプラス変換をそれぞれ $\hat{u}(s)$ および $\hat{y}(s)$ とすると，パーセバルの等式より，以下の関係が成立することが示せる。

$$\int_{-\infty}^{\infty} y(t)^{\mathrm{T}} y(t) \, dt = \frac{1}{2\pi} \int_{-\infty}^{\infty} \hat{y}(-j\omega)^{\mathrm{T}} \hat{y}(j\omega) \, d\omega$$

$$
= \frac{1}{2\pi} \int_{-\infty}^{\infty} \hat{u}(-j\omega)^{\mathrm{T}} G(-j\omega)^{\mathrm{T}} G(j\omega) \hat{u}(j\omega) \, d\omega
$$

$$
\leqq \frac{\left(\sup_{\omega} \bar{\sigma}(G(j\omega)) \right)^2}{2\pi} \int_{-\infty}^{\infty} \hat{u}(-j\omega)^{\mathrm{T}} \hat{u}(j\omega) \, d\omega
$$

$$
= \|G(s)\|_{\infty}^2 \int_{-\infty}^{\infty} u(t)^{\mathrm{T}} u(t) \, dt \tag{4.108}
$$

ここで，初期状態を $x(0)=0$ とし

$$
\int_0^T u(t)^{\mathrm{T}} u(t) dt = 1 \tag{4.109}
$$

を満たす入力 $u(t)$ に対する出力を考えよう。まず

$$
Z_{11} := \int_0^T x(t) x(t)^{\mathrm{T}} dt, \quad Z_{21} := \int_0^T u(t) x(t)^{\mathrm{T}} dt,
$$

$$
Z_{22} := \int_0^T u(t) u(t)^{\mathrm{T}} dt \tag{4.110}
$$

を定義しておく。ここで

$$
\begin{bmatrix} Z_{11} & Z_{21}^{\mathrm{T}} \\ Z_{21} & Z_{22} \end{bmatrix} \succeq O \tag{4.111}
$$

となることに注意しよう。式 (4.110) を用いると，式 (4.109) は

$$
\int_0^T u(t)^{\mathrm{T}} u(t) \, dt = \mathrm{tr} \left(\int_0^T u(t) u(t)^{\mathrm{T}} \, dt \right) = \mathrm{tr}(Z_{22}) = 1 \tag{4.112}
$$

と表せる。同様に，出力 $y(t)$ のエネルギーは

$$
\int_0^T y(t)^{\mathrm{T}} y(t) \, dt = \int_0^T \{Cx(t) + Du(t)\}^{\mathrm{T}} \{Cx(t) + Du(t)\} \, dt
$$

$$
= \int_0^T \left\{ \begin{bmatrix} x(t)^{\mathrm{T}} & u(t)^{\mathrm{T}} \end{bmatrix} \begin{bmatrix} C^{\mathrm{T}} \\ D^{\mathrm{T}} \end{bmatrix} \begin{bmatrix} C & D \end{bmatrix} \begin{bmatrix} x(t) \\ u(t) \end{bmatrix} \right\} dt
$$

$$
= \mathrm{tr} \left(\begin{bmatrix} C^{\mathrm{T}} \\ D^{\mathrm{T}} \end{bmatrix} \begin{bmatrix} C & D \end{bmatrix} \int_0^T \left\{ \begin{bmatrix} x(t) \\ u(t) \end{bmatrix} \begin{bmatrix} x(t) \\ u(t) \end{bmatrix}^{\mathrm{T}} \right\} dt \right)
$$

$$= \mathrm{tr}\left(\begin{bmatrix} C^{\mathrm{T}} \\ D^{\mathrm{T}} \end{bmatrix} \begin{bmatrix} C & D \end{bmatrix} \begin{bmatrix} Z_{11} & Z_{21}^{\mathrm{T}} \\ Z_{21} & Z_{22} \end{bmatrix}\right) \tag{4.113}$$

で表せる。一方，$V(x(t)) := x(t)x(t)^{\mathrm{T}}$ とすると，システムが式 (4.28) に従うことから

$$\begin{aligned}
\int_0^T \frac{d}{dt}V(x(t))\,dt &= \int_0^T \mathrm{He}\left(\frac{dx(t)}{dt}x(t)^{\mathrm{T}}\right)dt \\
&= \int_0^T \mathrm{He}\left(\{Ax(t)+Bu(t)\}x(t)^{\mathrm{T}}\right)dt \\
&= \mathrm{He}(AZ_{11} + BZ_{21}) \\
&= V(x(T)) - V(x(0)) \\
&= x(T)x(T)^{\mathrm{T}} \succeq O
\end{aligned} \tag{4.114}$$

となり，式 (4.108) より

$$\mathrm{He}(AZ_{11} + BZ_{21}) \succeq O \tag{4.115}$$

$$\mathrm{tr}(Z_{22}) = 1 \tag{4.116}$$

$$\begin{bmatrix} Z_{11} & Z_{21}^{\mathrm{T}} \\ Z_{21} & Z_{22} \end{bmatrix} \succeq O \tag{4.117}$$

を満たす任意の $Z_{11}\,(=Z_{11}^{\mathrm{T}})$，$Z_{21}$，$Z_{22}\,(=Z_{22}^{\mathrm{T}})$ に対して

$$\|G(s)\|_\infty^2 \geq \mathrm{tr}\left(\begin{bmatrix} C^{\mathrm{T}} \\ D^{\mathrm{T}} \end{bmatrix} \begin{bmatrix} C & D \end{bmatrix} \begin{bmatrix} Z_{11} & Z_{21}^{\mathrm{T}} \\ Z_{21} & Z_{22} \end{bmatrix}\right) \tag{4.118}$$

が成立する。

システムの H_∞ ノルムを計算する方法として，二つの最適化問題を考えることができる。いずれも制約条件が等号を含まないため，$\min \to \inf$, $\max \to \sup$ と置き換えて表すと，一つは，**定理 4.7** を用いた最適化問題

$$\inf \quad \gamma_{\mathrm{sq}}\,(=\gamma^2) \tag{4.119a}$$

$$\text{s.t.} \quad \begin{bmatrix} PA + A^\mathrm{T} P & PB \\ B^\mathrm{T} P & -\gamma_\mathrm{sq} I \end{bmatrix} + \begin{bmatrix} C^\mathrm{T} \\ D^\mathrm{T} \end{bmatrix} [C \ D] \prec O \quad (4.119\mathrm{b})$$

$$P \succ O \quad (4.119\mathrm{c})$$

であり，もう一つは式 (4.118) を用いた最適化問題

$$\sup \ \mathrm{tr}\left(\begin{bmatrix} C^\mathrm{T} \\ D^\mathrm{T} \end{bmatrix} [C \ D] \begin{bmatrix} Z_{11} & Z_{21}^\mathrm{T} \\ Z_{21} & Z_{22} \end{bmatrix} \right) \quad (4.120\mathrm{a})$$

$$\text{s.t.} \quad \mathrm{He}(AZ_{11} + BZ_{21}) \succeq O \quad (4.120\mathrm{b})$$

$$\mathrm{tr}(Z_{22}) = 1 \quad (4.120\mathrm{c})$$

$$\begin{bmatrix} Z_{11} & Z_{21}^\mathrm{T} \\ Z_{21} & Z_{22} \end{bmatrix} \succeq O \quad (4.120\mathrm{d})$$

である．これら二つの最適化問題はたがいに双対となっていることが示せる（**演習問題【5】**）．したがって，二つの最適化問題の最適値は一致する．このことは，**定理 4.7** の必要性の証明となっている．さらに，不等式 (4.108) の等号が極限で成立していることを示しており，H_∞ ノルムの時間信号からの特徴付けが，つぎのように与えられる．

【定理 4.8】 システムの H_∞ ノルムは，入出力信号の $\mathcal{L}_2$ **ノルム** ($\mathcal{L}_2$ norm) によって以下のように特徴付けられる．

$$\|G(s)\|_\infty = \sup_{\|u(t)\|_{\mathcal{L}_2}=1} \frac{\|y(t)\|_{\mathcal{L}_2}}{\|u(t)\|_{\mathcal{L}_2}} \quad (4.121)$$

ただし，$\|u(t)\|_{\mathcal{L}_2}$ は

$$\|u(t)\|_{\mathcal{L}_2} := \sqrt{\int_{-\infty}^{\infty} u(t)^\mathrm{T} u(t)\, dt} \quad (4.122)$$

で定義される信号のノルムであり，$\mathcal{L}_2$ ノルムと呼ばれる．$\mathcal{L}_2$ ノルムは，信号の持つエネルギーの平方根と考えられる．

4.3 制御性能解析と行列不等式　　117

　双対問題 (4.120) の導出では，双対変数は時間信号の積として式 (4.110) で与えられた．ここでは，双対変数の伝達関数からの別解釈を与える．**定義 4.5** では，「安定なシステム」に対する定義として，虚軸上 $s = j\omega$ での最大特異値として H_∞ ノルムを定義していた．複素関数の最大値原理を用いると，安定性を陽に述べないで以下のように定義することもできる．

$$\|G(s)\|_\infty := \sup_{s \in \mathbf{C}_+} \bar{\sigma}\bigl(G(s)\bigr) \tag{4.123}$$

ただし，$\mathbf{C}_+$ は閉複素右半平面 ($\mathrm{Re}(s) \geqq 0$) を表す．複素数 $s = \alpha + j\omega$ ($\alpha \geqq 0$) に対して

$$\hat{x} := \{(\alpha + j\omega)I - A\}^{-1} B\hat{u} \tag{4.124}$$

と定める．ただし，$\hat{u} \in \mathbf{C}^m$ は $\hat{u}^* \hat{u} = 1$ を満たすものとする．そして，双対問題 (4.120) における変数を

$$Z_{11} := \mathrm{Re}\{\hat{x}\hat{x}^*\}, \quad Z_{21} := \mathrm{Re}\{\hat{u}\hat{x}^*\}, \quad Z_{22} := \mathrm{Re}\{\hat{u}\hat{u}^*\} \tag{4.125}$$

と定義する．これらの Z_{ij} は

$$\mathrm{tr}(Z_{22}) = 1, \quad \begin{bmatrix} Z_{11} & Z_{21}^\mathrm{T} \\ Z_{21} & Z_{22} \end{bmatrix} \succeq O \tag{4.126}$$

を満たす．さらに

$$\begin{aligned}
\mathrm{He}(AZ_{11} + BZ_{21}) &= \mathrm{Re}(A\hat{x}\hat{x}^* + B\hat{u}\hat{x}^* + \hat{x}\hat{x}^* A^* + \hat{x}\hat{u}^* B^*) \\
&= \mathrm{Re}\bigl((-\alpha I - j\omega I + A)\hat{x}\hat{x}^* + B\hat{u}\hat{x}^* \\
&\quad + \hat{x}\hat{x}^*(-\alpha I - j\omega I + A)^* + \hat{x}\hat{u}^* B^* + 2\alpha\hat{x}\hat{x}^*\bigr) \\
&= \mathrm{Re}(2\alpha\hat{x}\hat{x}^*) \succeq O
\end{aligned} \tag{4.127}$$

が成立する．以上より，すべての制約条件を満たす．また，目的関数については

$$\mathrm{tr}\left(\begin{bmatrix} C^\mathrm{T} \\ D^\mathrm{T} \end{bmatrix} \begin{bmatrix} C & D \end{bmatrix} \begin{bmatrix} Z_{11} & Z_{21}^\mathrm{T} \\ Z_{21} & Z_{22} \end{bmatrix} \right)$$

$$= \mathrm{tr}\left(\mathrm{Re}\left(\begin{bmatrix}\hat{x}^* & \hat{u}^*\end{bmatrix}\begin{bmatrix}C^{\mathrm{T}}\\D^{\mathrm{T}}\end{bmatrix}\begin{bmatrix}C & D\end{bmatrix}\begin{bmatrix}\hat{x}\\\hat{u}\end{bmatrix}\right)\right)$$

$$= \hat{u}^*\left[C\{(\alpha+j\omega)I-A\}^{-1}+D\right]^*\left[C\{(\alpha+j\omega)I-A\}^{-1}+D\right]\hat{u}$$

$$= \hat{u}^* G(\alpha+j\omega)^* G(\alpha+j\omega)\hat{u}$$

$$\leqq \{\bar{\sigma}(G(\alpha+j\omega))\}^2 \leqq \|G(s)\|_\infty^2 \tag{4.128}$$

が成立する.つまり,目的関数は H_∞ ノルムの下界値を与える.

双対変数の式 (4.125) による解釈を用いると,$\gamma \leqq \|G(s)\|_\infty$ を満たす γ に対して,$\gamma \leqq \bar{\sigma}(G(j\omega))$ を満たす周波数 ω を双対問題の解から求めることができることを示しておこう.複素関数の最大値原理から,システムの安定性が保証されるのであれば,虚軸上における値を上界値として用いればよい.その場合は,式 (4.124) において $\alpha=0$ とすればよく

$$\mathrm{He}(AZ_{11}+BZ_{21})=O \tag{4.129}$$

と変更すればよい.このように変更した場合,γ を $\gamma \leqq \|G(s)\|_\infty$ を満たすとし

$$\mathrm{tr}\left(\begin{bmatrix}C^{\mathrm{T}}\\D^{\mathrm{T}}\end{bmatrix}\begin{bmatrix}C & D\end{bmatrix}\begin{bmatrix}Z_{11} & Z_{21}^{\mathrm{T}}\\Z_{21} & Z_{22}\end{bmatrix}\right)=\gamma^2 \quad (\leqq \|G(s)\|_\infty^2) \tag{4.130}$$

$$\mathrm{He}(AZ_{11}+BZ_{21})=O \tag{4.131}$$

$$\mathrm{tr}(Z_{22})=1 \tag{4.132}$$

$$\begin{bmatrix}Z_{11} & Z_{21}^{\mathrm{T}}\\Z_{21} & Z_{22}\end{bmatrix}=\begin{bmatrix}H_1\\H_2\end{bmatrix}\begin{bmatrix}H_1\\H_2\end{bmatrix}^{\mathrm{T}}\succeq O \tag{4.133}$$

を満たす Z_{ij}, H_i $(i,j=1,2)$ が得られたとする.ただし,$[H_1^{\mathrm{T}}\ H_2^{\mathrm{T}}]^{\mathrm{T}}$ を列フルランクとし,その列数を q とすると,$H_1 \in \mathbf{R}^{n\times q}$,$H_2 \in \mathbf{R}^{m\times q}$ である.

$$\mathrm{He}\big((AH_1+BH_2)H_1^{\mathrm{T}}\big)=O \tag{4.134}$$

より

$$AH_1 + BH_2 = H_1 S, \quad S + S^{\mathrm{T}} = O \tag{4.135}$$

を満たす S が存在する（**定理 A.7**）。S の固有ベクトルを横に並べた行列 V を用いると

$$SV = V\Omega, \quad \Omega = \mathrm{diag}\{j\omega_1, \cdots, j\omega_q\} \tag{4.136}$$

が成立する（**定理 A.8**）。ただし，$V^*V = I$ と選んでおく。式 (4.135) の右から V を掛け，式 (4.136) を用いると

$$(AH_1 + BH_2)V = H_1 V \Omega \tag{4.137}$$

となり，ここで

$$[\hat{x}_1 \cdots \hat{x}_q] = H_1 V, \quad [\hat{u}_1 \cdots \hat{u}_q] = H_2 V \tag{4.138}$$

とすると

$$\hat{x}_i = (j\omega_i - A)^{-1} B \hat{u}_i \tag{4.139}$$

が成立する。これより

$$\begin{aligned}
& \mathrm{tr}\left(\begin{bmatrix} C^{\mathrm{T}} \\ D^{\mathrm{T}} \end{bmatrix} \begin{bmatrix} C & D \end{bmatrix} \begin{bmatrix} Z_{11} & Z_{21}^{\mathrm{T}} \\ Z_{21} & Z_{22} \end{bmatrix} \right) \\
&= \mathrm{tr}\left(V^* \begin{bmatrix} H_1^{\mathrm{T}} & H_2^{\mathrm{T}} \end{bmatrix} \begin{bmatrix} C^{\mathrm{T}} \\ D^{\mathrm{T}} \end{bmatrix} \begin{bmatrix} C & D \end{bmatrix} \begin{bmatrix} H_1 \\ H_2 \end{bmatrix} V \right) \\
&= \sum_{i=1}^{q} \bigl(\hat{u}^* G(j\omega_i)^* G(j\omega_i) \hat{u}\bigr)
\end{aligned} \tag{4.140}$$

が得られる。ここで，$\bar{\sigma}\bigl(G(j\omega_i)\bigr) < \gamma$ ($\forall i$) であるとすると，式 (4.140) は γ 未満となってしまうので，ω_i のうち少なくとも一つの周波数で $\bar{\sigma}\bigl(G(j\omega_i)\bigr) \geqq \gamma$ となる。これにより，$\gamma \leqq \|G(s)\|_\infty$ である γ に対して，$\gamma \leqq \bar{\sigma}\bigl(G(j\omega)\bigr)$ を満たす周波数を少なくとも一つは見つけることができる。

この項の最後に，C, D について積のない形の条件を示しておく．

【定理 4.9】 システム (4.28) が安定，かつ，$\|G(s)\|_\infty < \gamma$ であるための必要十分条件は

$$\begin{bmatrix} PA + A^{\mathrm{T}}P & PB & C^{\mathrm{T}} \\ B^{\mathrm{T}}P & -\gamma I & D^{\mathrm{T}} \\ C & D & -\gamma I \end{bmatrix} \prec O \tag{4.141}$$

$$P \succ O \tag{4.142}$$

を満たす実対称行列 $P \in \mathbf{R}^{n \times n}$ が存在することである．

証明は**演習問題【4】**とする．

4.3.4 双対システムと制御性能解析

伝達関数が元のシステムの伝達関数 $G(s)$ の転置行列で表されるシステムを，**双対システム**（dual system）と呼ぶことにする[†]．式 (4.28) で表されるシステムの双対システムの状態空間表現は

$$G(s)^{\mathrm{T}} \Leftrightarrow \begin{cases} \dfrac{d}{dt}x(t) = A^{\mathrm{T}}x(t) + C^{\mathrm{T}}u(t) \\ y(t) = B^{\mathrm{T}}x(t) + D^{\mathrm{T}}u(t) \end{cases} \tag{4.143}$$

で与えられる．双対システムの伝達関数は，元のシステムの伝達関数の転置で与えられることから，安定性，H_2 ノルム，H_∞ ノルムは元のシステムと同じになる．例えば，双対システム (4.143) の安定性条件は

$$AQ + QA^{\mathrm{T}} \prec O \tag{4.144}$$

$$Q \succ O \tag{4.145}$$

を満たす対称行列 $Q\ (= Q^{\mathrm{T}})$ が存在することである．ここで，式 (4.144) の両側から $Q^{-1}\ (= Q^{-\mathrm{T}})$ を掛けると

[†] 数理計画問題における「双対」の概念とはまったく異なるので，注意すること．

$$Q^{-1}A + A^{\mathrm{T}}Q^{-1} \prec O \tag{4.146}$$

であり，$Q^{-1} \succ O$ であることに注意すると，これは元のシステム (4.28) の安定性条件において $P = Q^{-1}$ としたものと等価である．H_∞ ノルムの解析においても同様のことがいえ，双対システムに対する**定理 4.9** の行列不等式条件 (4.141)，(4.142) は，元のシステムのリアプノフ行列の逆行列をリアプノフ行列とする行列不等式条件となる．

4.3.5 数値計算上の注意

線形行列不等式条件を用いた制御系設計問題で注意が必要な例を挙げておこう．可制御性，可観測性も制約の半正定値性に関連している．つぎのように状態空間表現された不可制御なシステムの H_2 ノルムを求める問題を考える．

$$\left[\begin{array}{c|c} A & B \\ \hline C & D \end{array}\right] = \left[\begin{array}{c|c} -1 & 0 \\ \hline 1 & 0 \end{array}\right] \tag{4.147}$$

伝達関数が 0 であるので，H_2 ノルムは 0 である．リアプノフ行列（この場合スカラー）p と H_2 ノルム γ を用いると，**定理 4.5** の条件は

$$\begin{bmatrix} -2p & 0 \\ 0 & -1 \end{bmatrix} \prec O, \quad \begin{bmatrix} r & 1 \\ 1 & p \end{bmatrix} \succ O, \quad \gamma^2 > r \tag{4.148}$$

となる．これをシルベスターの判別法（**定理 A.5**）を用いて整理すると

$$p > 0, \quad pr > 1, \quad \gamma^2 > r > 0 \tag{4.149}$$

となる．$r \to 0$，$\gamma \to 0$ とすることで，システムの H_2 ノルムが 0 であることと整合性がとれる．一方，これを数値計算で求めるとすると，$r \to 0$ と同時に $p \to \infty$ となるため，数値計算上不都合が生じ，数値的に不安定になる可能性がある．一方，双対システム

$$\left[\begin{array}{c|c} A & B \\ \hline C & D \end{array}\right] = \left[\begin{array}{c|c} -1 & 1 \\ \hline 0 & 0 \end{array}\right] \tag{4.150}$$

を考える．このシステムは不可観測なシステムである．H_2 ノルムの条件は

$$\begin{bmatrix} -2p & p \\ p & -1 \end{bmatrix} \prec O, \quad \begin{bmatrix} r & 0 \\ 0 & p \end{bmatrix} \succ O, \quad \gamma^2 > r \tag{4.151}$$

となり

$$2 > p > 0, \quad r > 0, \quad \gamma^2 > r > 0 \tag{4.152}$$

と等価になる．この場合は，$r \to 0$, $\gamma \to 0$ としても数値的な問題は生じない．

上記の例について，もう少し詳しく述べておこう．システムが不可制御な場合には G_c は零固有値を持ち，その固有ベクトル方向が不可制御な状態を表す．**定理 4.5** の条件において，システムが不可制御な場合には，γ が H_2 ノルムに近づくにつれて $P^{-1} \to G_c$ となり，それに対応して P が無限大固有値を持つことになって，数値計算上は望ましくない．このように，H_2 ノルムの計算においては，不可制御になると数値的に不安定になることがある．双対システムに対する条件では，不可観測になると数値的に不安定になることがある．

H_∞ ノルム条件についても同様のことが生じる．**定理 4.7** の式 (4.102) の (1,1) ブロックも，式 (4.92) と同じ形となっている．そのため，システムが不可制御な場合には，P が無限大固有値を持ち，数値的に不安定になることもある．

制御系設計では，閉ループ系の可制御性，可観測性を事前に仮定することは難しい．そのため，リアプノフ行列が非常に大きくなり，数値的に不安定になって満足な精度で制御器が得られないこともしばしばある．そのような場合には，双対システムを用いて設計を行う，制御仕様自体が妥当なものであるかを見直す，極零相殺をチェックして数値的な問題が生じないような問題設定をする，などの対策を考える必要があることを，頭の片隅に留めておくとよい．

4.4 制御系設計と線形行列不等式

制御系の解析問題においては，決定変数はリアプノフ行列（と性能評価値）であった．一方，制御系設計においては，リアプノフ行列のほかに，制御器の状態空間表現を与えるパラメータ（制御器変数）も決定変数となる．例えば，4.4.3 項で扱う状態フィードバックによる安定化問題は，与えられた行列 A, B_2 に対して

$$P(A + B_2 K) + (A + B_2 K)^{\mathrm{T}} P \prec O, \quad P \succ O \tag{4.153}$$

を満たす P, K を求める問題となる．式 (4.153) には，決定変数 P, K の積が存在する．このように，一般的な制御系設計問題では，制御器変数とリアプノフ行列の積が存在する．決定変数同士の積を持つ行列不等式制約のうち

$$F(x,y) := F_0 + \sum_{i=1}^{m} x_i F_i + \sum_{j=1}^{n} y_j G_j + \sum_{i=1}^{m}\sum_{j=1}^{n} x_i y_j H_{ij} \succeq O \tag{4.154}$$

と表せる制約を，**双線形行列不等式** (bilinear matrix inequality; BMI) と呼ぶ．ただし，$x \in \mathbf{R}^m$, $y \in \mathbf{R}^n$ は決定変数であり，F_0, F_i, G_j, H_{ij} ($i = 1, \cdots, m$, $j = 1, \cdots, n$) は，すべて同じ大きさの対称行列とする．双線形行列不等式を制約とする最適化問題は NP 困難であることが知られており[21]，4.3 節で述べた解析のための条件をそのまま設計に用いても，効率良く制御器設計計算を行うことはできない．しかし，単一の制御仕様のみの設計問題の場合は，制約条件が線形行列不等式のみの最適化問題に帰着することができ，効率良く制御器設計が行えることが知られている．線形行列不等式制約に帰着する方法は，大きく分けて二つある．一つは，消去補題（**定理 A.6**）を適用して行列不等式条件から制御器変数を消去し，リアプノフ行列のみについての線形行列不等式として制約を記述する変数消去法である．もう一つは，制御器変数とリアプノフ行列の積を新たな変数に置き直し，新たな変数とリアプノフ行列に関する線形行

列不等式として制約を記述する変数変換法である.本節では,これら二つの方法を紹介する.

4.4.1 設計問題の定式化

ここでは,標準的な H_∞ 制御問題を例として取り上げながら,線形行列不等式を用いた制御系設計を説明する.

図 4.2 のように,$\begin{bmatrix} w(t) \\ u(t) \end{bmatrix} \to \begin{bmatrix} z(t) \\ y(t) \end{bmatrix}$ の伝達関数 $H(s)$ が与えられたとする.制御器 $K(s)$ を観測出力 $y(t) \in \mathbf{R}^{p_2}$ と制御入力 $u(t) \in \mathbf{R}^{m_2}$ の間に接続し,制御器接続後の外乱 $w(t) \in \mathbf{R}^{m_1}$ から評価出力 $z(t) \in \mathbf{R}^{p_1}$ までの伝達関数 $T_{zw}(s)$ が,$\|T_{zw}(s)\|_\infty < \gamma$ を満たすようにする.この H_∞ ノルム条件を満たす $K(s)$ を求める問題を,H_∞ 制御問題と呼ぶ.$H(s)$ は一般化制御対象と呼ばれ,制御対象の情報だけではなく,制御仕様を記述するための重み関数を含んだシステムである.

図 4.2 一般化制御対象 $H(s)$ と制御器 $K(s)$

一般化制御対象 $H(s)$ の状態空間表現は,以下のように与えられるとする.

$$H(s) \Leftrightarrow \begin{cases} \dfrac{d}{dt}x(t) = Ax(t) + B_1 w(t) + B_2 u(t) \\ z(t) = C_1 x(t) + D_{11} w(t) + D_{12} u(t) \\ y(t) = C_2 x(t) + D_{21} w(t) + D_{22} u(t) \end{cases} \quad (4.155)$$

ただし,$x(t) \in \mathbf{R}^n$ とし,各行列の大きさは信号の次元に整合するものとする.

与えられた一般化制御対象 $H(s)$ の状態空間表現に対して,制御器 $K(s)$ の状態空間表現

$$K(s) \Leftrightarrow \begin{cases} \dfrac{d}{dt}x_k(t) = A_k x_k(t) + B_k y(t) \\ u(t) = C_k x_k(t) + D_k y(t) \end{cases} \quad (4.156)$$

を求めることが解くべき問題となる.ただし,制御器の次数は n_k とする.つ

まり，$x_k(t) \in \mathbf{R}^{n_k}$ とする．

ここで，問題を簡単にするために，直達項 D_{22} に対して

$$D_{22} = O \tag{4.157}$$

を仮定する．$D_{22} \neq O$ の場合は，図 **4.3** のような等価変換を考え，$\tilde{H}(s)$ の部分を新たな一般化制御対象と考える．そして，$\tilde{H}(s)$ に対して設計された制御器 $\tilde{K}(s)$ から $K(s)$ を求めることで，元の一般化制御対象 $H(s)$ に対する制御器を求めることができる．

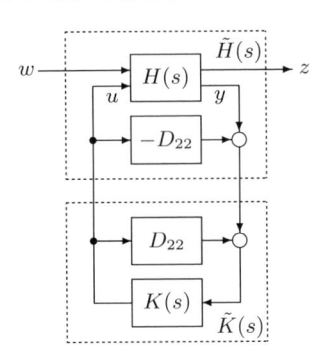

図 4.3 直達項 D_{22} を消去する等価変換

閉ループ系の状態空間表現は，式 (4.155), (4.156) から $u(t), y(t)$ を消去することで，以下のように得られる．

$$\frac{d}{dt}x_k = A_k x_k + B_k C_2 x + B_k D_{21} w \tag{4.158}$$

$$\frac{d}{dt}x = B_2 C_k x_k + (A + B_2 D_k C_2)x + (B_1 + B_2 D_k D_{21})w \tag{4.159}$$

$$z = D_{12} C_k x_k + (C_1 + D_{12} D_k C_2)x + (D_{11} + D_{12} D_k D_{21})w \tag{4.160}$$

これをまとめて

$$\begin{bmatrix} \dfrac{d}{dt}x_k \\ \dfrac{d}{dt}x \\ \hline z \end{bmatrix} = \begin{bmatrix} A_{\mathrm{cl}} & B_{\mathrm{cl}} \\ \hline C_{\mathrm{cl}} & D_{\mathrm{cl}} \end{bmatrix} \begin{bmatrix} x_k \\ x \\ \hline w \end{bmatrix} \tag{4.161}$$

と表すことにすると

$$
\left[\begin{array}{c|c} A_{\mathrm{cl}} & B_{\mathrm{cl}} \\ \hline C_{\mathrm{cl}} & D_{\mathrm{cl}} \end{array}\right] = \left[\begin{array}{cc|c} O & O & O \\ O & A & B_1 \\ \hline O & C_1 & D_{11} \end{array}\right]
$$
$$
+ \left[\begin{array}{cc} I & O \\ O & B_2 \\ \hline O & D_{12} \end{array}\right] \left[\begin{array}{cc} A_k & B_k \\ C_k & D_k \end{array}\right] \left[\begin{array}{cc|c} I & O & O \\ O & C_2 & D_{21} \end{array}\right] \quad (4.162)
$$

と表される。制御器を表す変数 $\mathcal{K}$ を

$$
\mathcal{K} := \left[\begin{array}{cc} A_k & B_k \\ C_k & D_k \end{array}\right] \quad (4.163)
$$

と定義する。ここで，閉ループ系の $A_{\mathrm{cl}}, B_{\mathrm{cl}}, C_{\mathrm{cl}}, D_{\mathrm{cl}}$ は制御器の変数 $\mathcal{K}$ に 1 次の形で依存していることに注意しよう。また，式 (4.162) は式 (4.163) で定義された $\mathcal{K}$ をゲインとする定数出力フィードバック系と見なすこともできる。つまり，次数 n_k の制御器を設計する問題は，一般化制御対象を表す行列を

$$
\left[\begin{array}{c|c|c} \bar{A} & \bar{B}_1 & \bar{B}_2 \\ \hline \bar{C}_1 & \bar{D}_{11} & \bar{D}_{12} \\ \hline \bar{C}_2 & \bar{D}_{21} & O \end{array}\right] := \left[\begin{array}{cc|cc|c} O & O & O & I & O \\ O & A & B_1 & O & B_2 \\ \hline O & C_1 & D_{11} & O & D_{12} \\ \hline I & O & O & O & O \\ O & C_2 & D_{21} & O & O \end{array}\right] \quad (4.164)
$$

によって定義される行列に置き換えることで，$\mathcal{K}$ をゲインとする定数出力フィードバック問題と見なすことができる。

定理 4.9 より，$\|T_{zw}(s)\|_\infty < \gamma$ を満たす $K(s)$（つまり $\mathcal{K}$）が存在するための必要十分条件は

$$
\left[\begin{array}{ccc} PA_{\mathrm{cl}} + A_{\mathrm{cl}}^{\mathrm{T}} P & PB_{\mathrm{cl}} & C_{\mathrm{cl}}^{\mathrm{T}} \\ B_{\mathrm{cl}}^{\mathrm{T}} P & -\gamma I & D_{\mathrm{cl}}^{\mathrm{T}} \\ C_{\mathrm{cl}} & D_{\mathrm{cl}} & -\gamma I \end{array}\right] \prec O \quad (4.165)
$$

$$P \succ O \tag{4.166}$$

を満たす実行列 $P(=P^{\mathrm{T}}) \in \mathbf{R}^{(n+n_k)\times(n+n_k)}$ と $\mathcal{K} \in \mathbf{R}^{(n_k+m_2)\times(n_k+p_2)}$ が存在することである．しかし，$\{A_{\mathrm{cl}}, B_{\mathrm{cl}}, C_{\mathrm{cl}}, D_{\mathrm{cl}}\}$ には $\mathcal{K}$ が含まれているため，このままでは変数 P と $\mathcal{K}$ の積が存在し，制約条件は変数に関して線形ではない．どのように線形不等式制約に帰着させるかについて，次項以降で説明していく．

4.4.2 変数消去法

H_∞ ノルム条件を満たす制御器が存在する条件を導出する前に，**変数消去法** (elimination of variables method) に基づく安定化制御器が存在するための条件を導出しておこう．安定化だけを考える場合は，式 (4.165) の条件の $(1,1)$ 要素を抜き出して考えればよい．つまり，安定化制御器が存在するための条件は

$$PA_{\mathrm{cl}} + A_{\mathrm{cl}}^{\mathrm{T}} P \left(= \mathrm{He}(PA_{\mathrm{cl}})\right) \prec O \tag{4.167}$$

および式 (4.166) を満たす正定値対称行列 P が存在することである．式 (4.167) を式 (4.162) を用いて表すと

$$\mathrm{He}\left(P\left(\begin{bmatrix} O & O \\ O & A \end{bmatrix} + \begin{bmatrix} I & O \\ O & B_2 \end{bmatrix} \mathcal{K} \begin{bmatrix} I & O \\ O & C_2 \end{bmatrix}\right)\right) \prec O \tag{4.168}$$

となる．

$$\left(P \begin{bmatrix} I & O \\ O & B_2 \end{bmatrix}\right)^{\perp} = P^{-1} \begin{bmatrix} O \\ B_2^{\perp} \end{bmatrix} \tag{4.169}$$

$$\begin{bmatrix} I & O \\ O & C_2^{\mathrm{T}} \end{bmatrix}^{\perp} = \begin{bmatrix} O \\ (C_2^{\mathrm{T}})^{\perp} \end{bmatrix} \tag{4.170}$$

であることに注意して，式 (4.168) に消去補題（**定理 A.6**）を適用すると，式 (4.168) を満たす行列 $P, \mathcal{K}$ が存在するための必要十分条件は

$$(B_2^\perp)^{\mathrm{T}}(\mathrm{He}(AX))B_2^\perp \prec O \tag{4.171}$$

$$\{(C_2^{\mathrm{T}})^\perp\}^{\mathrm{T}}(\mathrm{He}(YA))(C_2^{\mathrm{T}})^\perp \prec O \tag{4.172}$$

を満たす X, Y が存在することである. ただし, X, Y は P^{-1} と P の $(2,2)$ ブロックである. つまり, ある $P \succ O$ が存在して

$$P = \begin{bmatrix} * & * \\ * & Y \end{bmatrix}, \quad P^{-1} = \begin{bmatrix} * & * \\ * & X \end{bmatrix} \tag{4.173}$$

を満たすことが, 条件 (4.171), (4.172) に加わる. * の部分はどのような行列でも構わない. しかし, 式 (4.173) の条件を満たすように X, Y を選ぶことは非常に難しく, 扱いにくい条件である. 式 (4.173) の制約条件をもう少し扱いやすい形にまとめたのが, 以下の定理である.

【定理 4.10】 実対称行列 $X, Y \in \mathbf{R}^{n \times n}$ に対して, 以下の条件は等価である.

(i) 式 (4.173) を満たす $(n+n_k) \times (n+n_k)$ の対称行列 $P \succ O$ が存在する.

(ii) 対称行列 X, Y が以下の条件を満たす.

$$\begin{bmatrix} X & I \\ I & Y \end{bmatrix} \succeq O \tag{4.174}$$

$$\mathrm{rank} \begin{bmatrix} X & I \\ I & Y \end{bmatrix} \leq n + n_k \tag{4.175}$$

証明 (ii) $\Rightarrow$ (i) のみを示す. 式 (4.174) より $X \succ O$ であり, X^{-1} が存在することが保証される.

$$\begin{bmatrix} X & I \\ I & Y \end{bmatrix} = \begin{bmatrix} I & X^{-1} \\ O & I \end{bmatrix}^{\mathrm{T}} \begin{bmatrix} X & O \\ O & Y-X^{-1} \end{bmatrix} \begin{bmatrix} I & X^{-1} \\ O & I \end{bmatrix} \tag{4.176}$$

が成立し，rank $X = n$ とランク条件 (4.175) より，$Y - X^{-1}$ のランクは n_k 以下である。また，式 (4.174) より $Y - X^{-1} \succeq O$ であるので，$F \in \mathbf{R}^{n \times n_k}$ を用いて

$$Y - X^{-1} = FF^{\mathrm{T}} \tag{4.177}$$

と分解することができる。この F を用いると，式 (4.173) を満たす P の一つは

$$P = \begin{bmatrix} I & F^{\mathrm{T}} \\ F & Y \end{bmatrix}, \quad P^{-1} = \begin{bmatrix} I + F^{\mathrm{T}} X F & -F^{\mathrm{T}} X \\ -XF & X \end{bmatrix} \tag{4.178}$$

で与えられる。 △

なお，式 (4.177) の分解は一意ではない。この自由度は，制御器の状態 $x_k(t)$ の選び方（座標変換）の自由度に対応する。

定理 4.10 を用いると，リアプノフ行列の逆行列に関する制約条件 (4.173) を，線形行列不等式 (4.174) と行列ランク条件 (4.175) に置き換えることができる。まとめると，以下の定理となる。

【定理 4.11】 一般化制御対象 (4.155) を安定化する次数 n_k 以下の制御器 (4.156) が存在するための必要十分条件は，式 (4.171), (4.172), (4.174), (4.175) を満たす実対称行列 $X, Y \in \mathbf{R}^{n \times n}$ が存在することである。

定理 4.11 の 4 個の条件のうち，行列ランク条件 (4.175) は線形行列不等式条件ではない。しかし，$n_k = n$ の場合にはつねに成立する条件となり，結果として，安定化制御器の存在条件は線形行列不等式条件に帰着できる。つまり，制御対象と同じ次数の制御器の存在条件は，式 (4.171), (4.172), (4.174) の 3 個の線形行列不等式条件となる。なお，式 (4.171), (4.172) はそれぞれ制御対象の可安定性，可検出性のための必要十分条件を表しており，$n_k = n$ の場合は，制御対象が可安定，可検出ならばフルオーダーのオブザーバを用いたオブザーバ併合系によってつねに安定化できるという事実に対応している。

続いて，H_∞ ノルム条件を満たす制御器の存在条件について考えよう。導出方法は安定化制御器の存在条件と同じで，消去補題を適用して制御器変数 $\mathcal{K}$

を消去する。消去する際に用いる行列が複雑になるだけである。閉ループ系が H_∞ 条件を満たすための条件 (4.165) は

$$\mathrm{He}\left(\begin{bmatrix} P & O \\ O & O \\ O & I \end{bmatrix}\begin{bmatrix} A_{\mathrm{cl}} & B_{\mathrm{cl}} \\ C_{\mathrm{cl}} & D_{\mathrm{cl}} \end{bmatrix}\begin{bmatrix} I & O & O \\ O & I & O \end{bmatrix}\right) - \begin{bmatrix} O & O & O \\ O & \gamma I & O \\ O & O & \gamma I \end{bmatrix} \prec O \tag{4.179}$$

と表される。これと式 (4.162) に注意すると,以下の二つの行列

$$\left(\begin{bmatrix} P & O \\ O & O \\ O & I \end{bmatrix}\begin{bmatrix} I & O \\ O & B_2 \\ O & D_{12} \end{bmatrix}\right)^\perp = \left(\begin{bmatrix} I & O & O \\ O & O & I \\ O & I & O \end{bmatrix}\begin{bmatrix} P & O & O \\ O & I & O \\ O & O & I \end{bmatrix}\begin{bmatrix} I & O \\ O & B_2 \\ O & D_{12} \\ O & O \end{bmatrix}\right)^\perp$$

$$= \begin{bmatrix} I & O & O \\ O & O & I \\ O & I & O \end{bmatrix}\begin{bmatrix} P^{-1} & O & O \\ O & I & O \\ O & O & I \end{bmatrix}\begin{bmatrix} O \\ B_2 \\ D_{12} \\ O \end{bmatrix}^\perp \tag{4.180}$$

$$\left(\begin{bmatrix} I & O \\ O & I \\ O & O \end{bmatrix}\begin{bmatrix} I & O \\ O & C_2^{\mathrm{T}} \\ O & D_{21}^{\mathrm{T}} \end{bmatrix}\right)^\perp = \begin{bmatrix} O \\ C_2^{\mathrm{T}} \\ D_{21}^{\mathrm{T}} \\ O \end{bmatrix}^\perp \tag{4.181}$$

を用いて消去補題 (**定理 A.6**) を適用することにより,変数 $\mathcal{K}$ を消去できる。式 (4.180), (4.181) の右側の行列の一番上の零行列の行数がいずれも n_k であることと,リアプノフ行列 P の大きさが $(n+n_k) \times (n+n_k)$ であることに注意して計算を行うと,以下の定理が得られる。

【**定理 4.12**】 一般化制御対象 (4.155) に対して,$\|T_{zw}(s)\|_\infty < \gamma$ を満たす次数 n_k 以下の制御器 (4.156) が存在するための必要十分条件は,以下

の 4 個の条件を満たす実対称行列 $X, Y \in \mathbf{R}^{n \times n}$ が存在することである．

$$\left(\begin{bmatrix} B_2 \\ D_{12} \\ O \end{bmatrix}^{\perp}\right)^{\mathrm{T}} \begin{bmatrix} AX + XA^{\mathrm{T}} & XC_1^{\mathrm{T}} & B_1 \\ C_1 X & -\gamma I & D_{11} \\ B_1^{\mathrm{T}} & D_{11}^{\mathrm{T}} & -\gamma I \end{bmatrix} \begin{bmatrix} B_2 \\ D_{12} \\ O \end{bmatrix}^{\perp} \prec O \tag{4.182}$$

$$\left(\begin{bmatrix} C_2^{\mathrm{T}} \\ D_{21}^{\mathrm{T}} \\ O \end{bmatrix}^{\perp}\right)^{\mathrm{T}} \begin{bmatrix} YA + A^{\mathrm{T}}Y & YB_1 & C_1^{\mathrm{T}} \\ B_1^{\mathrm{T}}Y & -\gamma I & D_{11}^{\mathrm{T}} \\ C_1 & D_{11} & -\gamma I \end{bmatrix} \begin{bmatrix} C_2^{\mathrm{T}} \\ D_{21}^{\mathrm{T}} \\ O \end{bmatrix}^{\perp} \prec O \tag{4.183}$$

$$\begin{bmatrix} X & I \\ I & Y \end{bmatrix} \succeq O \tag{4.184}$$

$$\mathrm{rank} \begin{bmatrix} X & I \\ I & Y \end{bmatrix} \leqq n + n_k \tag{4.185}$$

上記の条件式は，それぞれ状態フィードバックで $\|T_{zw}\|_\infty < \gamma$ とできるための条件 (4.182)，オブザーバゲインで $\|T_{zw}\|_\infty < \gamma$ とできるための条件 (4.183)，出力フィードバックの場合に加わる**カップリング条件**（coupling condition）と呼ばれる条件 (4.184) である．式 (4.184), (4.185) の条件は，安定化制御器の場合と同様に

$$P = \begin{bmatrix} * & * \\ * & Y \end{bmatrix}, \quad P^{-1} = \begin{bmatrix} * & * \\ * & X \end{bmatrix} \tag{4.186}$$

を満たす閉ループ系のリアプノフ行列 $P \succ O$ が存在するための条件であり，$n_k = n$ の場合には式 (4.185) はつねに成立する条件となり，H_∞ 制御器の存在条件は，式 (4.182)～(4.184) の線形行列不等式条件に帰着される．

$n_k = n$ の場合，制御器変数 $\{A_k, B_k, C_k, D_k\}$ は，上記の条件式から消去されているが，$K(s)$ が存在するかどうかは，式 (4.182)～(4.184) の 3 式で判

別できる．実際の制御器変数は，まず上記条件を満たす X, Y を求め，つぎに**定理 4.10** の証明の手順に従って閉ループ系のリアプノフ行列 P を構成することで得られる．構成した P を元の条件 (4.165) に代入すると，制御器変数 $\{A_k, B_k, C_k, D_k\}$ に関する線形行列不等式条件となるので，線形行列不等式制約問題を解くことで制御器変数 $\mathcal{K}$ が求められる．また，消去補題（**定理 A.6**）の証明では，消去前の変数を陽に構成する方法を与えている．この証明の手順に従えば，もう一度線形行列不等式制約問題を解くことなく，求められた X, Y から制御器変数 $\mathcal{K}$ を求めることができる．

4.4.3 変数変換法

まず，状態フィードバックによる安定化問題で**変数変換法**（change of variables method）の考え方を見ておこう．式 (4.155) のシステムに $u(t) = Kx(t)$ の状態フィードバックを施すと，閉ループ系の状態空間表現は

$$\frac{d}{dt}x(t) = (A + B_2 K)x(t) \tag{4.187}$$

となり，安定であるための必要十分条件は

$$P(A + B_2 K) + (A + B_2 K)^{\mathrm{T}} P \prec O, \quad P \succ O \tag{4.188}$$

を満たす P が存在することである．ここで，状態フィードバック K を設計する場合には，決定変数は P, K となり，式 (4.188) は決定変数同士の積が存在するため，線形行列不等式制約とはならない．

そこで，P^{-1} を用いて式 (4.188) を合同変換（**定理 A.1**）すると

$$\begin{aligned}
P^{-1} &\left\{ P(A + B_2 K) + (A + B_2 K)^{\mathrm{T}} P \right\} P^{-1} \\
&= (A + B_2 K)X + X(A + B_2 K)^{\mathrm{T}} \prec O
\end{aligned} \tag{4.189}$$

と変形することができる．ここで $X = P^{-1}$ と置き直した．また，$P \succ O \Leftrightarrow P^{-1} = X \succ O$ である．さらに，新たな変数 $L := KX$ を用いると

$$AX + B_2 L + (AX + B_2 L)^{\mathrm{T}} \prec O, \quad X \succ O \tag{4.190}$$

と表すことができる．この条件は，決定変数 X, L に関する線形行列不等式となっている．また，状態フィードバックゲイン K は，求められた X, L から $K = LX^{-1}$ で求めることができる．$L = KX$ のような変数の置き換えを，変数変換と呼ぶ．

与えられた不等式条件において，合同変換を行わずに変数変換として $L := PB_2K$ を新たな決定変数とすると，見掛け上は線形行列不等式となる．しかし，求められた L に対して $L = PB_2K$ を満たす K が存在することは，B_2 が正則な正方行列である場合以外は保証できない．そのため，変数変換の前にあらかじめ P^{-1} を用いて，変数変換に都合の良い形に行列不等式条件を合同変換するのである．

変数変換法の基本的なアイディアは，必要な合同変換を行った後に，リアプノフ行列と制御器変数の積を新たな決定変数として，それらの変数の線形行列不等式として制約条件を表現することである．出力フィードバックの場合は，状態フィードバックに比べてかなり煩雑な式変形を要する．制御器の次数 n_k が（一般化）制御対象の次数 n と等しいフルオーダーの場合を考え，安定化制御器の条件を導出しよう．

閉ループ系のリアプノフ行列 $P \in \mathbf{R}^{2n \times 2n}$ とその逆行列を

$$P = \begin{bmatrix} V & N^\mathrm{T} \\ N & Y \end{bmatrix}, \qquad P^{-1} = \begin{bmatrix} W & M^\mathrm{T} \\ M & X \end{bmatrix} \tag{4.191}$$

と分解する．ただし，X, Y, N, M, V, W はいずれも $n \times n$ 行列とする．

まず，閉ループ系の安定性条件を合同変換しよう．変換行列を

$$T := \begin{bmatrix} M^\mathrm{T} & O \\ X & I \end{bmatrix} \tag{4.192}$$

とすると，式 (4.167), (4.166) の条件は合同変換により

$$T^\mathrm{T}(\mathrm{He}(PA_\mathrm{cl}))T = \mathrm{He}\left(\begin{bmatrix} AX + B_2\tilde{C} & A + B_2\tilde{D}C_2 \\ \tilde{A} & YA + \tilde{B}C_2 \end{bmatrix}\right) \prec O \tag{4.193}$$

$$T^{\mathrm{T}} P T = \begin{bmatrix} X & I \\ I & Y \end{bmatrix} \succ O \tag{4.194}$$

と，等価な条件で表される。ただし

$$\tilde{A} := NA_k M^{\mathrm{T}} + NB_k C_2 X + YB_2 C_k M^{\mathrm{T}} + Y(A + B_2 D_k C_2) X \tag{4.195a}$$

$$\tilde{B} := NB_k + YB_2 D_k \tag{4.195b}$$

$$\tilde{C} := C_k M^{\mathrm{T}} + D_k C_2 X \tag{4.195c}$$

$$\tilde{D} := D_k \tag{4.195d}$$

である。式 (4.193), (4.194) は，$\tilde{A}$, $\tilde{B}$, $\tilde{C}$, $\tilde{D}$, X, Y に関する線形行列不等式制約となっている。一方，$\tilde{A}$, $\tilde{B}$, $\tilde{C}$, $\tilde{D}$, X, Y が与えられると，式 (4.195a)〜(4.195d) を満たす A_k, B_k, C_k, D_k を求めることができる（求め方は後述する）。つまり，$\tilde{A}$, $\tilde{B}$, $\tilde{C}$, $\tilde{D}$, X, Y が，閉ループ系のリアプノフ行列 P と制御器変数 K を変数変換した新たな決定変数である。以上を定理の形でまとめておく。

【定理 4.13】 一般化制御対象 (4.155) を安定化する n 次の制御器 (4.156) が存在するための必要十分条件は，式 (4.193), (4.194) を満たす実行列 $\tilde{A}$, $\tilde{B}$, $\tilde{C}$, $\tilde{D}$, $X (= X^{\mathrm{T}})$, $Y (= Y^{\mathrm{T}})$ が存在することである。

上記で求められた決定変数から制御器変数を求める手順を与えておく。まず

$$I - XY = MN^{\mathrm{T}} \tag{4.196}$$

を満たす $M, N \in \mathbf{R}^{n \times n}$ を，特異値分解などによって求める。ここで，式 (4.194) の条件と**定理 A.4** から，$X - Y^{-1} \succ O$ かつ $Y \succ O$ である。これより $XY - I$ は正則であるので，M, N も正則であることに注意しよう。

つぎに，以下の順番で A_k, B_k, C_k, D_k を求める。

$$D_k = \tilde{D} \tag{4.197a}$$

$$C_k = (\tilde{C} - D_k C_2 X) M^{-\mathrm{T}} \tag{4.197b}$$

$$B_k = N^{-1}(\tilde{B} - Y B_2 D_k) \tag{4.197c}$$

$$A_k = N^{-1}\{\tilde{A} - N B_k C_2 X - Y B_2 C_k M^{\mathrm{T}} - Y(A + B_2 \tilde{D} C_2) X\} M^{-\mathrm{T}} \tag{4.197d}$$

なお，式 (4.196) において，M, N への分解は一意ではない．この分解の自由度は，制御器 (4.156) の状態の選び方，つまり状態空間表現の自由度に相当し，伝達特性 $K(s)$ には影響しない．

注：低次元制御器の存在条件について

定理4.10 と同様に，式 (4.194) を式 (4.174), (4.175) の条件に置き換えれば，次数 $n_k (\leqq n)$ の低次元制御器の存在条件が得られる．しかし，一般には得られた決定変数から制御器変数を得ることはできない．X, Y は式 (4.191) の形に分解できるものの，M, N は $n \times n_k$ の非正方行列となる．これらの M, N を用いて制御器変数が求められるためには，決定変数 $\tilde{A}, \tilde{B}, \tilde{C}, \tilde{D}$ があるランク条件を満たさなければならない[22])．一般に，そのようなランク条件を課して最適化問題を解くことは容易ではない．

最後に，H_∞ 制御器の存在条件を定理の形で示しておこう．

【定理4.14】 一般化制御対象 (4.155) に対して，$\|T_{zw}(s)\|_\infty < \gamma$ を満たす n 次の制御器 (4.156) が存在するための必要十分条件は，以下の式 (4.198), (4.199) を満たす実行列 $\tilde{A}, \tilde{B}, \tilde{C}, \tilde{D}, X (= X^{\mathrm{T}}), Y (= Y^{\mathrm{T}})$ が存在することである．

$$\begin{bmatrix} \mathrm{He}(AX + B_2 \tilde{C}) & \blacklozenge & \blacklozenge & \blacklozenge \\ \tilde{A} + (A + B_2 \tilde{D} C_2)^{\mathrm{T}} & \mathrm{He}(YA + \tilde{B} C_2) & \blacklozenge & \blacklozenge \\ (B_1 + B_2 \tilde{D} D_{21})^{\mathrm{T}} & (YB_1 + \tilde{B} D_{21})^{\mathrm{T}} & -\gamma I & \blacklozenge \\ C_1 X + D_{12} \tilde{C} & C_1 + D_{12} \tilde{D} C_2 & D_{11} + D_{12} \tilde{D} D_{21} & -\gamma I \end{bmatrix}$$

$$ \blacklozenge \prec O \tag{4.198}$$

$$\begin{bmatrix} X & I \\ I & Y \end{bmatrix} \succ O \tag{4.199}$$

ただし,行列の対称部分については ♦ で表し,省略した.

導出過程は出力フィードバックによる安定化の場合と同じであり,線形行列不等式の決定変数から,実際の制御器変数を求める手順も同じである.

4.4.4 数値計算上の注意

行列不等式条件を用いて制御器の状態空間表現を求める場合には,制御器の次数 n_k を例えば $n_k = n$ のように固定して設計することになる.しかし,最適な制御器の次数があらかじめ固定した n_k 未満の場合には,制御器内部で不可制御,不可観測なモードを持ったり

$$\frac{k\alpha}{s+\alpha} \to k \quad (\alpha \to \infty) \tag{4.200}$$

によって n_k より次数の低い最適な制御器に近づいたりする場合がある.いずれの場合もリアプノフ行列が非常に大きくなるなど,数値的な不安定化を引き起こすことがあり,その結果,制御器変数が正しく求まらないこともある.

このような数値的な現象に対応するには,最適化をせずに,最適値より大きな値でノルムを固定するなどが考えられる.しかし,本質的な解決策は,双線形行列不等式制約問題を解くことによって,低次元制御器を直接求めることである.

4.5 双線形行列不等式とその近似解法

前節では,線形行列不等式を用いた制御系設計について述べた.ただし,線形行列不等式制約問題となるのは,一つの仕様に対してフルオーダーの(すなわち,$H(s)$ と同じ次数の)制御器を設計する場合のみであることに注意する

必要がある。例えば，H_∞ 制御仕様だけを考えた場合であっても，PID 制御器のように一般化制御対象よりも次数の低い制御器を設計する場合や，分散制御器のように制御器に構造を持たせる場合などは，線形行列不等式制約問題には帰着できない。また，実用上重要な設計問題であるロバスト制御性能問題（不確かさがあったとしても制御性能を保証する制御器を設計する問題）も，線形行列不等式制約に帰着することができない。

前節でも述べたように，制御系設計問題は，制御器変数とリアプノフ行列を含んだ双線形行列不等式制約問題として表される。双線形行列不等式制約を含む最適化問題は NP-困難であることが示されており[21]，最適解を得ることは非常に難しい。そのため，線形行列不等式制約問題に帰着できない問題の場合には，本節で示すような近似解法で少しでも良い解を得るか，6 章で紹介する確率的手法を用いるのが，現在のところ最善の策である。

本節では，ディスクリプタ表現を用いて双線形行列不等式を逐次的に線形行列不等式に近似し，線形化された条件を制約とする最適化問題を繰り返し解くことにより性能改善を行う手法を紹介する。

4.5.1 座標降下法

最初に，近似解法の一つである**座標降下法**（coordinate descent method）について触れておく。座標降下法は，各ステップで決定変数を定数に固定するものと変数として最適化するものに分けて最適化問題を解き，暫定解を更新する。そして，ステップごとに定数に固定する変数の選び方を変えて最適化を繰り返す方法である。双線形行列不等式制約問題の場合，積となっている二つの変数を交互に固定する座標降下法を適用することが考えられる。この場合，各ステップの最適化問題は半正定値計画問題となり，効率良く解ける。座標降下法は，単純で適用が容易である。また，各ステップの最適化で目的関数の値は減少する（最悪の場合でも増加はしない）という特徴を持つ。しかし，**例 4.1** で示すように，局所的最小解への収束は保証されないため，適用には十分な注意が必要である。

例 4.1 （座標降下法の例）

決定変数 $x_1, x_2 \in \mathbf{R}$ の双線形制約を持つ，つぎの最適化問題を考える．

$$\min_{x_1, x_2} \ x_1 + x_2 \quad \text{s.t.} \ x_1 x_2 \geqq 1, \ x_1 \geqq 0, \ x_2 \geqq 0 \tag{4.201}$$

座標降下法は，以下の二つの線形制約を持つ最適化問題を交互に解く．

$$\min_{x_1} \ x_1 + x_2 \quad \text{s.t.} \ x_1 x_2 \geqq 1, \ x_1 \geqq 0 \tag{4.202}$$

$$\min_{x_2} \ x_1 + x_2 \quad \text{s.t.} \ x_1 x_2 \geqq 1, \ x_2 \geqq 0 \tag{4.203}$$

初期実行可能解を $(2,2)$ とし，最適化問題 (4.202) を解くと，解 $(0.5, 2)$ を得る．ところが，この解をもとに最適化問題 (4.203) を解いても，その解は $(0.5, 2)$ のままで更新されない（図 **4.4**）．一方，$(0.5, 2)$ は KKT 条件を満たさず，座標降下法では局所的最小解に収束しないことがわかる．なお，この問題の最適解は $(1, 1)$ である．

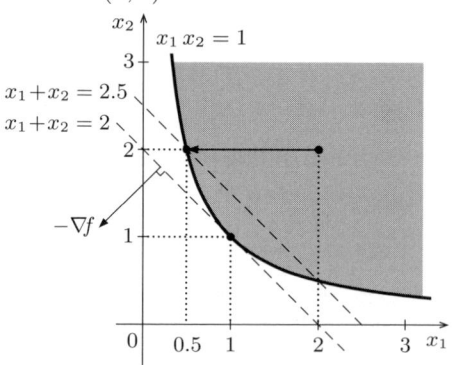

図 **4.4** 座標降下法の解の更新

4.5.2 ディスクリプタシステムと逐次 LMI 化法

ディスクリプタシステム（descriptor system）と呼ばれるシステムの表現について簡単に述べる（ディスクリプタシステムの詳細については，付録 A.3 節，

および文献24), 25) を参照)。また，**逐次 LMI 化法** (successive LMI method) の基本的なアイディアについて説明する。

$$E\frac{d}{dt}x(t) = Ax(t) + Bu(t) \tag{4.204a}$$

$$y(t) = Cx(t) + Du(t) \tag{4.204b}$$

をディスクリプタシステムと呼ぶ。ここで，E は必ずしも正則とは限らない。E が正則の場合には，式 (4.204a) の左から E^{-1} を掛けることで通常の状態空間表現となる。また，式 (4.204a) を微分方程式と見なしたときに，その解が唯一に存在することを保証するために，$\det(sE - A) \not\equiv 0$ を仮定しておく。このシステムの安定性条件は，状態 $x(t)$ の次元を n とすると

$$\mathrm{He}(PA) \prec O \tag{4.205}$$

$$PE = (PE)^\mathrm{T} \succeq O \tag{4.206}$$

を満たす (対称とは限らない) 行列 $P \in \mathbf{R}^{n \times n}$ が存在することである。極配置条件[26]，H_2 ノルム条件[27]，H_∞ ノルム条件[28] なども同様に得られている。

逐次 LMI 化法は，すでに設計された制御器変数 $\hat{K}$ よりも性能の良い K を求めようとする方法である。定数出力フィードバックを例に，そのアイディアを示そう。閉ループ系の状態空間表現

$$\frac{d}{dt}x(t) = (A + B_2 K C_2)\, x(t) \tag{4.207}$$

に対して，冗長な状態 $\xi(t) = (K - \hat{K}) C_2 x(t)$ を導入し，$\tilde{x}(t) = [\, x(t)^\mathrm{T} \ \xi(t)^\mathrm{T}\,]^\mathrm{T}$ を状態とするディスクリプタシステムを考える。

$$\begin{bmatrix} I & O \\ O & O \end{bmatrix} \frac{d}{dt}\tilde{x}(t) = \begin{bmatrix} A + B_2 \hat{K} C_2 & B_2 \\ (K - \hat{K}) C_2 & -I \end{bmatrix} \tilde{x}(t) \tag{4.208}$$

式 (4.208) のシステムは，$\xi(t)$ を消去することで，式 (4.207) と等価なシステムであることが示せる。ディスクリプタシステム (4.208) の安定性条件は，元の状態 $x(t)$ の次元を n とすると，行列 $\tilde{P} \in \mathbf{R}^{2n \times 2n}$ が存在して

$$\mathrm{He}\left(\tilde{P}\begin{bmatrix} A+B_2\hat{K}C_2 & B_2 \\ (K-\hat{K})C_2 & -I \end{bmatrix}\right) \prec O \tag{4.209}$$

$$\tilde{P}\begin{bmatrix} I & O \\ O & O \end{bmatrix} = \begin{bmatrix} I & O \\ O & O \end{bmatrix}\tilde{P}^{\mathrm{T}} \succeq O \tag{4.210}$$

を満たすことである．ここで $\tilde{P}$ を $n \times n$ の 2×2 のブロックに分割し

$$\tilde{P} = \begin{bmatrix} \tilde{P}_{11} & \tilde{P}_{12} \\ \tilde{P}_{21} & \tilde{P}_{22} \end{bmatrix} \tag{4.211}$$

とすると，式 (4.210) より

$$\tilde{P}_{11} = \tilde{P}_{11}^{\mathrm{T}} \succeq O, \quad \tilde{P}_{21} = O \tag{4.212}$$

が得られる．さらに，左右からそれぞれ $[I \quad \{(K-\hat{K})C_2\}^{\mathrm{T}}]$ とその転置行列を掛けると

$$\begin{bmatrix} I \\ (K-\hat{K})C_2 \end{bmatrix}^{\mathrm{T}} \left(\mathrm{He}\left(\begin{bmatrix} \tilde{P}_{11} & \tilde{P}_{12} \\ O & \tilde{P}_{22} \end{bmatrix}\begin{bmatrix} A+B_2\hat{K}C_2 & B_2 \\ (K-\hat{K})C_2 & -I \end{bmatrix}\right)\right)$$
$$\times \begin{bmatrix} I \\ (K-\hat{K})C_2 \end{bmatrix} = \mathrm{He}\left(\tilde{P}_{11}(A+B_2KC_2)\right) \prec O \tag{4.213}$$

が得られる．$[I \quad \{(K-\hat{K})C_2\}^{\mathrm{T}}]$ は正則ではなく横長の行列であるため，式 (4.213) の条件は式 (4.209) の必要条件となる．一方，式 (4.213) の条件は状態空間表現されたシステム (4.207) の安定性の必要十分条件そのものである．この対応関係から，$\tilde{P}_{11}$ は状態空間表現 (4.207) のリアプノフ行列に対応していることがわかる．

式 (4.209) の条件を満たす $\tilde{P}$ と K を求めることを考えよう．$\tilde{P}$ の要素のうち，制御器変数 K との積が存在するのは $\tilde{P}_{12}$ と $\tilde{P}_{22}$ であり，$\tilde{P}_{11}$ との積は存在しない．そこで，変数行列 $\tilde{P}_{12}, \tilde{P}_{22}$ を定数行列として固定すれば，$\tilde{P}_{11}$ と K に関する線形行列不等式となる．ここで $\hat{K}$ が安定性条件を満たしているとすれば

4.5 双線形行列不等式とその近似解法

$$\text{He}(\hat{P}(A + B_2\hat{K}C_2)) \prec O \tag{4.214}$$

を満たす $\hat{P}$ が存在する。この $\hat{P}$ と

$$\text{He}(\hat{N}) \succ O \tag{4.215}$$

を満たす任意の行列 $\hat{N}$（例えば単位行列）を用いて変数行列 $\tilde{P}_{12}, \tilde{P}_{22}$ を

$$\tilde{P}_{12} = \hat{P}B_2, \quad \tilde{P}_{22} = \hat{N} \tag{4.216}$$

と定数行列に固定すると，式 (4.209), (4.210) を満たす $\tilde{P}, K$ を求める問題は

$$\text{He}\left(\begin{bmatrix} \tilde{P}_{11} & \hat{P}B_2 \\ O & \hat{N} \end{bmatrix} \begin{bmatrix} A + B_2\hat{K}C_2 & B_2 \\ (K - \hat{K})C_2 & -I \end{bmatrix}\right) \prec O \tag{4.217}$$

$$\tilde{P}_{11} \succ O \tag{4.218}$$

を満たす $\tilde{P}_{11}, K$ を求める問題に置き換えられる。上記の条件 (4.217) は，本来変数であった $\tilde{P}_{12}, \tilde{P}_{22}$ を定数行列に置き換えているので，元の条件 (4.209) の十分条件である。しかし，左辺の $\tilde{P}_{11}, K$ にそれぞれ $\hat{P}, \hat{K}$ を代入すると

$$\text{He}\left(\begin{bmatrix} \hat{P}(A + B_2\hat{K}C_2) & O \\ O & -\hat{N} \end{bmatrix}\right) \tag{4.219}$$

となり，負定値となる。つまり，変数を一部固定したにもかかわらず，式 (4.217) はつねに $\tilde{P}_{11} = \hat{P}, K = \hat{K}$ を解に持つことが保証される。後述するように，この事実は，性能を改善する制御器を設計する際に線形行列不等式 (4.217) を利用して新たに求めた制御器 K が，少なくともすでに得られている制御器 $\hat{K}$ と同じか，あるいはそれよりも良い性能を達成することを保証する。

4.5.3 逐次 LMI 化法による性能改善

この項では，H_∞ ノルム条件を満たす定数フィードバックゲインの設計問題を例に，逐次 LMI 化法による性能改善の方法を具体的に紹介する。逐次 LMI

化法は，すでに設計された制御器の性能を逐次的に改善する方法である．そのため，初期制御器が必要となる．極配置問題に対して逐次 LMI 化法を用いるなどして（少なくとも閉ループ系を安定化する）初期制御器を求めておく必要がある．

一般化制御対象に対して閉ループ系の H_∞ ノルムを $\|T_{zw}(s)\|_\infty < \gamma_\mathrm{a}$ とする制御器 $\hat{K}$ が求められており，行列不等式条件

$$\begin{bmatrix} \mathrm{He}(\hat{P}A_\mathrm{cl}) & \hat{P}B_\mathrm{cl} & C_\mathrm{cl}^\mathrm{T} \\ B_\mathrm{cl}^\mathrm{T}\hat{P} & -\gamma_\mathrm{a}I & D_\mathrm{cl}^\mathrm{T} \\ C_\mathrm{cl} & D_\mathrm{cl} & -\gamma_\mathrm{a}I \end{bmatrix} \prec O \tag{4.220}$$

$$\hat{P} \succ O \tag{4.221}$$

を満たす $\hat{P}$ も求められていると仮定する．

閉ループ系の状態空間表現 (4.161), (4.162) に対して，冗長な状態 $\xi(t) = (K-\hat{K})C_2 x(t)$ を導入したディスクリプタシステムを以下のように与える．

$$\tilde{E}\frac{d}{dt}\tilde{x}(t) = \tilde{A}\tilde{x}(t) + \tilde{B}\tilde{w}(t) \tag{4.222a}$$

$$\tilde{z}(t) = \tilde{C}\tilde{x}(t) + \tilde{D}\tilde{w}(t) \tag{4.222b}$$

$$\tilde{E} := \mathrm{diag}\{I, O\} \tag{4.222c}$$

$$\left[\begin{array}{c|c} \tilde{A} & \tilde{B} \\ \hline \tilde{C} & \tilde{D} \end{array}\right] := \left[\begin{array}{cc|c} A & B_2 & B_1 \\ O & -I & O \\ \hline C_1 & O & D_{11} \end{array}\right]$$
$$+ \left\{\begin{bmatrix} B_2 \\ O \\ D_{12} \end{bmatrix} \hat{K} + \begin{bmatrix} O \\ I \\ D_{12} \end{bmatrix}(K-\hat{K})\right\} \begin{bmatrix} C_2 & O & | & D_{21} \end{bmatrix} \tag{4.222d}$$

このディスクリプタシステムで表現された閉ループ系の H_∞ ノルムを改善する問題は，以下の（双線形）行列不等式制約問題で与えられる．

$$\min \quad \gamma \tag{4.223a}$$

4.5 双線形行列不等式とその近似解法

$$\text{s.t.} \begin{bmatrix} \text{He}(\tilde{P}\tilde{A}) & \tilde{P}\tilde{B}_1 & \blacklozenge \\ \blacklozenge & -\gamma I & \blacklozenge \\ \tilde{C}_1 & \tilde{D}_{11} & -\gamma I \end{bmatrix} \prec O \tag{4.223b}$$

$$\tilde{P} = \begin{bmatrix} \tilde{P}_{11} & \tilde{P}_{12} \\ O & \tilde{P}_{22} \end{bmatrix}, \quad \tilde{P}_{11} \succ O \tag{4.223c}$$

ここで，決定変数は $\tilde{P}$ の各要素と K, γ である．このままでは $\tilde{P}_{12}, \tilde{P}_{22}$ と K の積が存在する．そこで，式 (4.220), (4.221) を満たす $\hat{P}$ と，式 (4.215) を満たす $\hat{N}$ を用いて

$$\tilde{P} = \begin{bmatrix} \tilde{P}_{11} & \hat{P}B_2 \\ O & \hat{N} \end{bmatrix} \tag{4.224}$$

とし，$\tilde{P}_{12}, \tilde{P}_{22}$ の部分を定数行列に固定すると，式 (4.223b) の H_∞ ノルム条件は決定変数 $\tilde{P}_{11}, K, \gamma$ に関する線形行列不等式となる．

決定変数 $\tilde{P}_{11}, K, \gamma$ にそれぞれ $\hat{P}, \hat{K}, \gamma_a$ を代入すると，式 (4.223b) の条件は式 (4.220), (4.215) と等価となり，つねに成立する．このことから，最適化問題の解 K が達成する制御性能 γ は，事前に与えられた制御器 $\hat{K}$ が達成する性能 γ_a と等しいか，より良い性能を達成することが保証される．

以上の基本アイディアを繰り返し設計の手順としてまとめておく．ただし，$K^{(i)}$ は i 回目の繰り返しで設計される制御器を表す．

アルゴリズム 4.1　（逐次 LMI 化法に基づく制御器設計の手順）

Step 0　安定化制御器 K を一つ選び，$K^{(0)} = K$, $i = 0$ とする．

Step 1　$\hat{K} = K^{(i)}$ とし，式 (4.220), (4.221) を満たす $\hat{P}, \gamma_a$ を求め，それぞれ $\hat{P}^{(i)}, \gamma_a^{(i)}$ とする．

Step 2　$\gamma_a^{(i)}$ の改善幅が閾値以下の場合は $K = K^{(i)}$ として終了し，それ以外の場合は $i \leftarrow i+1$ として Step 3 へ進む．

Step 3　$\hat{K} = K^{(i-1)}$ を用いて式 (4.222a)～(4.222d) の閉ループ系のディスクリプタ表現を考え，$\hat{P} = \hat{P}^{(i-1)}$ と式 (4.215) を満たす $\hat{N}$ を用い

てリアプノフ行列を式 (4.224) のように構成する．そして，最小化問題 (4.223) を解き，求められた K, γ を $K^{(i)}, \gamma_{\mathrm{g}}^{(i)}$ とする．Step 1 へ戻る．

この繰り返し設計において，$\gamma_{\mathrm{g}}^{(i)}$ は i 回目の設計計算で $K^{(i)}$ が達成する最低限の H_∞ 性能を表し，$\gamma_{\mathrm{a}}^{(i)}$ は $K^{(i)}$ が実際に達成する H_∞ 性能を表す．当然 $\gamma_{\mathrm{a}}^{(i)} \leqq \gamma_{\mathrm{g}}^{(i)}$ であり，さらに，逐次 LMI 化法は $\gamma_{\mathrm{g}}^{(i+1)} \leqq \gamma_{\mathrm{a}}^{(i)}$ を保証する．

4.6 制御系設計の例

図 4.5 のシステム[33)] を考える．このシステムにおいて，台車 2 には加速度外乱 $w(t)$ が加わっている．その外乱の影響を抑制するために，台車 2 の位置 $p_2(t)$ を観測し，台車 1 に加える外力 $u(t)$ で制御する．台車の質量 m_1, m_2 はともに 1 で，不確かさはない．ばね定数 k は $1 \leqq k \leqq 1.5$ で変化し，外力 $u(t)$ は $\pm 2\%$ の誤差を含むものとする．このとき，これらの不確かさに対するロバスト安定性を確保した上で，外乱 $w(t)$ の台車 2 の位置 $p_2(t)$ への影響を小さくしつつ，制御入力 $u(t)$ が過大にならないような制御系を構成する．この影響は $w(t) \to \begin{bmatrix} p_2(t) \\ 2u(t) \end{bmatrix}$ の伝達関数の H_2 ノルムで評価する（$2u(t)$ の 2 は，制御入力をより抑制するための重みである）．

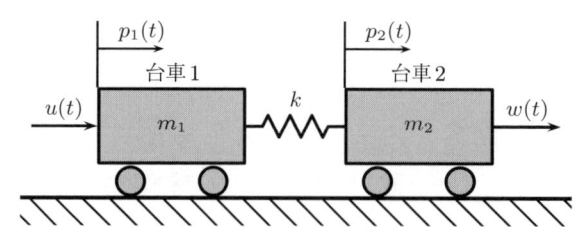

図 4.5　二つの台車がばねで連結された系

これをモデル化したのが，以下の状態空間表現である．

$$\frac{d}{dt}x(t) = Ax(t) + B_0 w_0(t) + B_1 w_1(t) + B_2 u(t) \qquad (4.225\mathrm{a})$$

$$z_0(t) = C_0 x(t) \qquad\qquad\qquad\qquad + D_{02} u(t) \qquad (4.225\text{b})$$

$$z_1(t) = C_1 x(t) \qquad\qquad + D_{11} w_1(t) + D_{12} u(t) \qquad (4.225\text{c})$$

$$y(t) = C_2 x(t) + D_{20} w_0(t) + D_{21} w_1(t) + D_{22} u(t) \qquad (4.225\text{d})$$

ただし

$$x(t) = \begin{bmatrix} p_1(t) \\ p_2(t) \\ \dfrac{d}{dt} p_1(t) \\ \dfrac{d}{dt} p_2(t) \end{bmatrix}, \quad z_0(t) = \begin{bmatrix} p_2(t) \\ 2u(t) \end{bmatrix}, \quad w_0(t) = w(t), \quad y(t) = p_2(t)$$

$$(4.225\text{e})$$

であり ($w_1(t), z_1(t)$ については後述する), 各行列は以下のように与えられる.

$$\left[\begin{array}{c|c|c|c} A & B_0 & B_1 & B_2 \\ \hline C_0 & O & O & D_{02} \\ \hline C_1 & O & D_{11} & D_{12} \\ \hline C_2 & D_{20} & D_{21} & D_{22} \end{array} \right] = \left[\begin{array}{cccc|c|cc|c} 0 & 0 & 1 & 0 & 0 & 0 & 0 & 0 \\ 0 & 0 & 0 & 1 & 0 & 0 & 0 & 0 \\ -1.25 & 1.25 & 0 & 0 & 0 & -0.25 & 0.1 & 1 \\ 1.25 & -1.25 & 0 & 0 & 1 & 0.25 & 0 & 0 \\ \hline 0 & 1 & 0 & 0 & 0 & 0 & 0 & 0 \\ 0 & 0 & 0 & 0 & 0 & 0 & 0 & 2 \\ \hline 1 & -1 & 0 & 0 & 0 & 0 & 0 & 0 \\ 0 & 0 & 0 & 0 & 0 & 0 & 0 & 0.2 \\ \hline 0 & 1 & 0 & 0 & 0.1 & 0 & 0 & 0 \end{array} \right]$$

$z_1(t), w_1(t)$ は,ばね定数の不確かさ $\delta_1(t)$, 入力の不確かさ $\delta_2(t)$ (いずれも大きさが 1 未満になるように規格化されている) を用いて不確かさを含む制御対象の A, B 行列を

$$\begin{bmatrix} A & B_2 \end{bmatrix} + B_1 \begin{bmatrix} \delta_1 & 0 \\ 0 & \delta_2 \end{bmatrix} \begin{bmatrix} C_1 & D_{12} \end{bmatrix} \qquad (4.226)$$

と表せるように選ばれている. このとき, 不確かさ $\delta_1(t), \delta_2(t)$ が存在してもシステムの安定性が保たれるための十分条件は, $w_1(t)$ から $z_1(t)$ への伝達関

数 $T_1(s)$ の H_∞ ノルムが

$$\|T_1(s)\|_\infty < 1 \tag{4.227}$$

を満たすことであることが知られている．そして，式 (4.227) を満たしつつ，過渡応答の整形を目的として $w_0(t)$ から $z_0(t)$ への伝達関数 $T_0(s)$ の H_2 ノルム

$$\gamma_2 = \|T_0(s)\|_2 \tag{4.228}$$

を最小化する制御器 $K(s)$ を求めたい．

上記の問題に逐次 LMI 化法を適用する．あとで述べるように，4 次の動的制御器を求める．まず，4.4.1 項で説明した方法により，$\mathcal{K} = \begin{bmatrix} A_k & B_k \\ C_k & D_k \end{bmatrix}$ を定数フィードバックゲインとする定数出力フィードバック問題に変換して考える．式 (4.164) と同様に，制御器の次数分拡大された行列は，すべて "˜" を付けて表すことにする．繰り返し設計を想定して

$$\|T_0(s)\|_2 < \gamma_{2a}, \quad \|T_1(s)\|_\infty < \gamma_\infty = 1 \tag{4.229}$$

を満たす動的制御器の状態空間表現の暫定値 $\hat{\mathcal{K}}$ が与えられていて，さらに，それぞれのノルム条件に対応する**定理 4.5, 4.9** の条件を満たすリアプノフ行列 $\hat{P}_2, \hat{P}_\infty$ も得られているとする．

前節の基本的なアイディアを適用して，これから設計する制御器 $\mathcal{K}$ を式 (4.225a)〜(4.225d) に接続した閉ループ系を，以下のようにディスクリプタシステムとして表現する．

$$\tilde{E}\frac{d}{dt}\tilde{x}(t) = \tilde{A}\tilde{x}(t) + \tilde{B}\tilde{w}(t) \tag{4.230a}$$

$$\tilde{y}(t) = \tilde{C}\tilde{x}(t) + \tilde{D}\tilde{w}(t) \tag{4.230b}$$

ただし

$$\tilde{E} := \mathrm{diag}\{I, O\} \tag{4.230c}$$

$$\left[\begin{array}{c|c}\tilde{A} & \tilde{B} \\ \hline \tilde{C} & \tilde{D}\end{array}\right] := \left[\begin{array}{c|cc}\tilde{A} & \tilde{B}_0 & \tilde{B}_1 \\ \hline \tilde{C}_0 & O & O \\ \tilde{C}_1 & O & \tilde{D}_{11}\end{array}\right]$$

$$= \left[\begin{array}{cc|cc}\bar{A} & \bar{B}_2 & \bar{B}_0 & \bar{B}_1 \\ O & -I & O & O \\ \hline \bar{C}_0 & O & O & O \\ \bar{C}_1 & O & O & \bar{D}_{11}\end{array}\right] + \left\{\left[\begin{array}{c}\bar{B}_2 \\ O \\ \hline \bar{D}_{02} \\ \bar{D}_{12}\end{array}\right]\hat{\mathcal{K}} + \left[\begin{array}{c}O \\ I \\ \hline \bar{D}_{02} \\ \bar{D}_{12}\end{array}\right](\mathcal{K}-\hat{\mathcal{K}})\right\}$$

$$\times \left[\begin{array}{cc|cc}\bar{C}_2 & O & \bar{D}_{20} & \bar{D}_{21}\end{array}\right] \qquad (4.230\text{d})$$

$$\tilde{x} = \left[\begin{array}{c}x_k \\ x \\ u\end{array}\right], \quad \tilde{w} = \left[\begin{array}{c}w_0 \\ w_1\end{array}\right], \quad \tilde{y} = \left[\begin{array}{c}y_0 \\ y_1\end{array}\right] \qquad (4.230\text{e})$$

であり，ここで x_k は制御器の状態を表す．これにより，前述の H_2/H_∞ 制御問題は，対称行列 P_2, P_∞, Q と行列 $\mathcal{K}, G_{21}, G_{22}, G_{\infty 1}, G_{\infty 2}$ を決定変数とする以下の最適化問題として記述できる．

$$\min \operatorname{tr}(Q) \qquad (4.231\text{a})$$

$$\text{s.t.} \quad \left[\begin{array}{cc}\operatorname{He}(\tilde{P}_2\tilde{A}) & \tilde{P}_2\tilde{B}_0 \\ \blacklozenge & -I\end{array}\right] \prec O \qquad (4.231\text{b})$$

$$\left[\begin{array}{cc}Q & \bar{C}_0+\bar{D}_{02}\mathcal{K}\bar{C}_2 \\ \blacklozenge & P_2\end{array}\right] \succ O \qquad (4.231\text{c})$$

$$\left[\begin{array}{ccc}\operatorname{He}(\tilde{P}_\infty\tilde{A}) & \tilde{P}_\infty\tilde{B}_1 & \blacklozenge \\ \blacklozenge & -\gamma_\infty I & \blacklozenge \\ \tilde{C}_1 & \tilde{D}_{11} & -\gamma_\infty I\end{array}\right] \prec O \qquad (4.231\text{d})$$

$$\tilde{P}_2 = \left[\begin{array}{cc}P_2 & G_{21} \\ O & G_{22}\end{array}\right], \quad \tilde{P}_\infty = \left[\begin{array}{cc}P_\infty & G_{\infty 1} \\ O & G_{\infty 2}\end{array}\right], \quad P_\infty \succ O \qquad (4.231\text{e})$$

このままでは，式 (4.231b), (4.231d) には変数 $\mathcal{K}$ と G_{ij} $(i=2,\infty,\ j=1,2)$ の積が存在し，双線形行列不等式制約であるので，変数の固定による制約条件

の線形化を行う.暫定制御器変数 $\hat{K}$ を用いて H_2, H_∞ ノルムを評価したときに得られるリアプノフ行列 $\hat{P}_2, \hat{P}_\infty$ を使って,$G_{21}, G_{\infty 1}$ を

$$G_{21} = \hat{P}_2 B_2, \qquad G_{\infty 1} = \hat{P}_\infty B_2 \tag{4.232}$$

と固定し,$G_{22}, G_{\infty 2}$ は式 (4.215) を満たす任意の行列(例えば単位行列.共通である必要はない)に固定する.このようにすることで制約条件がすべて線形行列不等式条件となり,4.5.3 項で述べた逐次 LMI 化法が適用できる.

初期制御器 $K^{(0)}$ としては,文献22)にあるように,$P_2 = P_\infty$ として変数変換法を適用して得られた制御器

$$\left[\begin{array}{c|c} A_k & B_k \\ \hline C_k & D_k \end{array}\right] = \left[\begin{array}{cccc|c} -0.6434 & 0.8808 & 0.4445 & -0.0293 & -1.1816 \\ -7.7217 & 0.2027 & 0.2398 & -0.2033 & -17.2304 \\ -9.6207 & 0.0825 & -1.3514 & 0.9307 & -22.0262 \\ -15.8507 & 1.2653 & -4.3137 & -1.8643 & -36.2088 \\ \hline 0.1104 & 0.1513 & -0.4851 & 0.4345 & 0 \end{array}\right]$$

を用いた.この制御器は H_2 性能 $\gamma_2 = 3.4751$ を達成している(本来不要な $P_2 = P_\infty$ という制約を追加することで制約条件が線形化される.その一方で,追加した制約があるために最適な制御性能は達成し得ない).停止条件を H_2 ノルムの更新量が 10^{-5} 以下になることとして逐次 LMI 化法を適用したところ,27 回の反復後に停止した.最終的に得られた制御器は

$$\left[\begin{array}{c|c} A_k & B_k \\ \hline C_k & D_k \end{array}\right] = \left[\begin{array}{cccc|c} -0.8370 & 0.8532 & 0.5021 & -0.0427 & -1.5752 \\ -7.2332 & 0.1068 & 0.2531 & 0.0074 & -16.1312 \\ -7.7456 & -0.0249 & -0.7676 & 0.9700 & -17.7390 \\ -9.7861 & 0.9648 & -3.0536 & -0.8123 & -22.2775 \\ \hline 0.1617 & 0.2233 & -0.2539 & 0.3717 & 0 \end{array}\right]$$

であり,H_2 性能 $\gamma_2 = 2.3347$ を達成している.$K^{(0)}$ に比べて約 33% もの性能向上が達成され,逐次 LMI 化法の有効性を確認できた.収束の様子を図 **4.6** に示す.

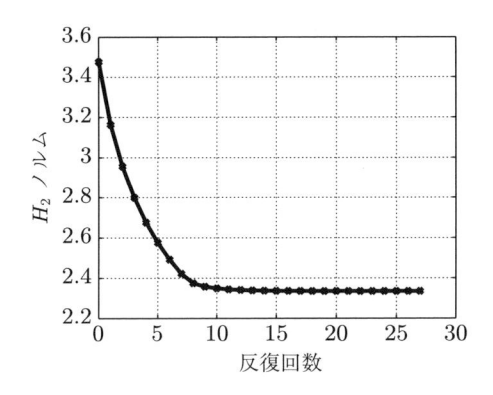

図 4.6 逐次 LMI 化法による H_2 性能改善

********** 演 習 問 題 **********

【1】 **定理 4.3** に基づいて，連続時間システム (4.28) の安定性条件（安定であるための必要十分条件）を求めよ．また，離散時間システム

$$x(k+1) = Ax(k)$$

の安定性条件（必要十分条件）を求めよ．

【2】 式 (4.29) は，$R_{22} \succeq O$ の場合にはシュールの補題（**定理 A.3**）を用いて LMI 領域（つまり $R_{22} = O$ となる別の表現）として記述することが可能であることを示せ．

【3】 極の存在領域を等号付きの条件に直せないことを示せ．そのために，システム (4.28) において，A が虚軸上（例えば 0）に重複した固有値を持つ場合

$$PA + A^{\mathrm{T}}P \preceq O, \quad P \succ O \tag{4.233}$$

を満たす P が存在しない場合があることを示せ．

【4】 シュールの補題（**定理 A.4**）を用いて，**定理 4.7** から**定理 4.9** を導け．

【5】 H_∞ ノルムを求める二つの最適化問題 (4.119), (4.120) が，たがいに双対の関係であることを示せ．

【6】 **定理 4.10** の証明において，式 (4.174) を満たしているとき X^{-1} が存在すること，さらに，式 (4.175) を満たしているとき $Y - X^{-1}$ のランクは n_k 以下であることを示せ．

【7】 決定変数 $L, R \in \mathbf{R}^{m \times n}$ に関する双線形行列不等式

$$Q + \mathrm{He}(LR^{\mathrm{T}}) \prec O$$

を考える．左辺に半正定値行列を加えた

$$Q + \mathrm{He}(LR^{\mathrm{T}}) + \frac{1}{2}\mathrm{Sq}((L - \hat{L}) - (R - \hat{R})) \prec O$$

は，元の不等式が成立するための十分条件となる．ただし，$\mathrm{Sq}(M) = MM^{\mathrm{T}}$ とし，$\hat{L}, \hat{R} \in \mathbf{R}^{m \times n}$ は任意の行列である．このとき，後者の条件は変数 L, R について線形行列不等式として表されることを示せ．

5

平方和最適化

　本章では，平方和多項式を定義し，与えられた多項式が平方和多項式となるための必要十分条件が半正定値計画問題として定式化できることを示す．そして，多項式計画問題を近似的に解くための SOS 緩和と SDP 緩和について説明し，それらの緩和問題が半正定値計画問題に帰着できることを示す．一般に多項式計画問題は NP 困難であり，数値的にも解を求めることが難しい．それに対して，半正定値計画問題は数値的な解を求めることができるため，これらの緩和を用いることにより，多項式計画問題に対して（近似的な）数値解を得ることが可能となる．

5.1 平方和多項式と平方和行列

5.1.1 平方和多項式とは

まず，多項式の定義を思い出そう．n 変数

$$x = \begin{bmatrix} x_1 & \cdots & x_n \end{bmatrix}^\mathrm{T} \in \mathbf{R}^n \tag{5.1}$$

の N 次実係数多項式 $f(x)$ は，**単項式**（monomial）

$$x_1^{a_1} x_2^{a_2} \cdots x_n^{a_n} \tag{5.2}$$

を用いて

$$f(x) = \sum_{a_1 + \cdots + a_n \leqq N} c_{a_1 a_2 \cdots a_n} x_1^{a_1} x_2^{a_2} \cdots x_n^{a_n} \quad (c_{a_1 a_2 \cdots a_n} \in \mathbf{R}) \tag{5.3}$$

と表せる。ただし、a_i $(i=1,\cdots,n)$ は非負整数であり、和の記号は $a_1+\cdots+a_n \leqq N$ を満たすすべての a_i の組合せについて和をとることを表す。また、N 次であることは、$a_1+\cdots+a_n = N$ を満たす a_i の組合せのうちで、少なくとも一つは $c_{a_1 a_2 \cdots a_n} \neq 0$ であることを示す。例えば、$n=2$, $N=2$ の場合

$$(a_1, a_2) = (0,0), (1,0), (0,1), (1,1), (2,0), (0,2) \tag{5.4}$$

の組合せがあり

$$f(x) = c_{00} + c_{10}x_1 + c_{01}x_2 + c_{11}x_1 x_2 + c_{20}x_1^2 + c_{02}x_2^2 \tag{5.5}$$

となる。この多項式が 2 次であることは、c_{11}, c_{20}, c_{02} のうち、少なくとも一つが非零であることを表す。

一般に、記号の簡単化のため、単項式 (5.2) は $a := (a_1, \cdots, a_n)$ を用いて x^a と表す。つまり

$$x^a := x_1^{a_1} x_2^{a_2} \cdots x_n^{a_n} \tag{5.6}$$

である。同様に、式 (5.3) における係数 $c_{a_1 a_2 \cdots a_n}$ を c_a と表し、$|a| := a_1+\cdots+a_n$ と記号を定義すると、式 (5.3) は簡単に

$$f(x) = \sum_{|a| \leqq N} c_a x^a \tag{5.7}$$

と表現できる。そして、多項式 $f(x)$ の次数を $\deg(f)$ で表すことにすると、この場合 $\deg(f) = N$ である。また、変数 x の実係数多項式のすべての集合を $\mathbf{R}[x]$ で表すこととする。

【定義 5.1】 多項式 $f(x) \in \mathbf{R}[x]$ が、いくつかの多項式の平方和（2 乗和）で表されるとき、すなわち

$$f(x) = \sum_{i=1}^{M} g_i^2(x) \tag{5.8}$$

となるような多項式 $g_i(x) \in \mathbf{R}[x]$ $(i = 1, \cdots, M)$ が存在するとき，$f(x)$ を**平方和多項式**（あるいは，**2 乗和多項式**，**SOS 多項式**）と呼ぶ．SOS 多項式は，英語の Sum of Squares polynomial を略した SOS polynomial を日本語にしたものである．本書では，変数 x の平方和多項式すべての集合を $\Sigma[x]$ で表し，その中で N 次以下のものの集合を $\Sigma_N[x]$ で表すこととする．

また，与えられた多項式 $f(x) \in \mathbf{R}[x]$ が任意の $x \in \mathbf{R}^n$ に対して非負，すなわち $f(x) \geqq 0$ であるとき，$f(x)$ は**非負多項式**（non-negative polynomial）であるという．本書では，非負多項式すべての集合を $\mathbf{R}_+[x]$ で表すこととする．

上記の定義より，明らかに平方和多項式は非負多項式である．後の節で説明するが，平方和多項式のこの性質が多くの応用につながるのである．

では，与えられた多項式が平方和多項式となるための必要十分条件を調べよう．まず，$x \in \mathbf{R}$ のときの 1 変数多項式 $f(x) \in \mathbf{R}[x]$ の場合を考える．このとき，$f(x)$ の次数が奇数である場合は明らかに平方和多項式とはならないので，$f(x)$ の次数を $2d$ 次とする（d は自然数）．この $2d$ 次の 1 変数多項式 $f(x)$ が平方和多項式であるための必要十分条件は，$f(x)$ を 2 次形式で

$$f(x) = z^\mathrm{T} Q z, \quad z = \begin{bmatrix} 1 & x & \cdots & x^d \end{bmatrix}^\mathrm{T}, \quad Q = Q^\mathrm{T} \in \mathbf{R}^{d \times d} \quad (5.9)$$

と表したときの行列 Q で半正定値行列となるものが存在することである．必要性の証明は省略するが，十分性はつぎのように簡単に示すことができる．すなわち，行列 Q が半正定値であるので，$r := \mathrm{rank}\, Q$ としたとき

$$Q = R^\mathrm{T} R \quad (R \in \mathbf{R}^{r \times d},\ \mathrm{rank}\, R = r) \quad (5.10)$$

を満たす行列 R が存在する（例えば Q の特異値分解やコレスキー分解で求めることができる）．よって

$$f(x) = z^\mathrm{T} R^\mathrm{T} R z = (Rz)^\mathrm{T}(Rz) = \sum_{i=1}^{r} (R_i z)^2 \geqq 0 \quad (5.11)$$

となり，$f(x)$ は平方和として表せる．ここで，R_i は行列 R の第 i 行ベクトルを表す．

例えば，つぎの 2 次関数を考える．

$$f(x) = ax^2 + 2bx + 1 \tag{5.12}$$

ただし，$a, b \in \mathbf{R}$ である．この $f(x)$ は，$a - b^2 \geqq 0$ のとき

$$\begin{aligned}
f(x) &= \begin{bmatrix} 1 & x \end{bmatrix} \begin{bmatrix} 1 & b \\ b & a \end{bmatrix} \begin{bmatrix} 1 \\ x \end{bmatrix} \\
&= \begin{bmatrix} 1 & x \end{bmatrix} \begin{bmatrix} 1 & 0 \\ b & \sqrt{a-b^2} \end{bmatrix} \begin{bmatrix} 1 & b \\ 0 & \sqrt{a-b^2} \end{bmatrix} \begin{bmatrix} 1 \\ x \end{bmatrix} \\
&= \begin{bmatrix} 1+bx & (\sqrt{a-b^2})x \end{bmatrix} \begin{bmatrix} 1+bx \\ (\sqrt{a-b^2})x \end{bmatrix} \\
&= (1+bx)^2 + \{(\sqrt{a-b^2})x\}^2
\end{aligned} \tag{5.13}$$

と平方和として表せる．一方，行列

$$Q := \begin{bmatrix} 1 & b \\ b & a \end{bmatrix} \tag{5.14}$$

の固有値は

$$(\lambda - 1)(\lambda - a) - b^2 = \lambda^2 - (1+a)\lambda + a - b^2 = 0 \tag{5.15}$$

の解であるので，条件 $a - b^2 \geqq 0$ は両方の固有値が非負であることを示している．すなわち，行列 Q が半正定値行列であるとき，$f(x)$ は平方和として表せる．

つぎに，式 (5.3) の n 変数多項式 $f(x)$ の場合を考える．ここで，d を自然数として $f(x)$ は $N = 2d$ 次の n 変数多項式であるとし，$f(x)$ が平方和多項式となるための必要十分条件を考える．このとき，d 次以下のすべての単項式を要素として並べたベクトルを z とすると，多項式 $f(x)$ は

$$f(x) = z^{\mathrm{T}} Q z \tag{5.16}$$

と表すことができる.ここで,z の要素数は $n_z := {}_{n+d}\mathrm{C}_d$ ($1, x_1, \cdots, x_n$ の $n+1$ 個から d 個を選ぶ重複組合せの数)であり,Q は $n_z \times n_z$ の実対称行列である.ただし,後の例で見るように,Q は一意には決まらないことに注意しよう.なお,d 次以下のすべての単項式を要素として並べたベクトル $z \in \mathbf{R}[x]^{n_z}$ を,本書では d 次の**単項式ベクトル**(monomial vector)と呼ぶことにする.例えば,$n=2$,$d=2$ の場合,${}_4\mathrm{C}_2 = 6$ であり,2 変数の 2 次単項式ベクトルは

$$z = \begin{bmatrix} 1 & x_1 & x_2 & x_1 x_2 & x_1^2 & x_2^2 \end{bmatrix}^{\mathrm{T}} \tag{5.17}$$

となり,Q は 6×6 の実対称行列である.

【定理 5.1】 $2d$ 次の n 変数多項式 $f(x)$ が平方和多項式となるための必要十分条件は,式 (5.16) を満たす半正定値行列 Q が存在すること,すなわち

$$Q \succeq O \tag{5.18}$$

である実対称行列 $Q \in \mathbf{R}^{n_z \times n_z}$ が存在することである.ただし,$n_z = {}_{n+d}\mathrm{C}_d$ である.

証明 (必要性)$f(x)$ が平方和多項式であるとする.すなわち

$$f(x) = \sum_{i=1}^{M} g_i^2(x) \tag{5.19}$$

を満たす $g_i(x) \in \mathbf{R}[x]$ ($i = 1, \cdots, M$) が存在したとする.このとき,$g_i(x)$ の次数は高々 d なので

$$g_i(x) = r_i^{\mathrm{T}} z \quad (r_i \in \mathbf{R}^{n_z}) \tag{5.20}$$

と表せる.よって

$$f(x) = \sum_{i=1}^{M} z^{\mathrm{T}} r_i r_i^{\mathrm{T}} z = z^{\mathrm{T}} Q z, \quad Q := \sum_{i=1}^{M} r_i r_i^{\mathrm{T}} \succeq O \tag{5.21}$$

となり，必要性がいえる．

（十分性）行列 Q が半正定値行列ならば

$$Q = R^{\mathrm{T}} R \quad (\mathrm{rank}\, R = \mathrm{rank}\, Q) \tag{5.22}$$

を満たす行列 $R \in \mathbf{R}^{r \times n_z}$（ただし，$r := \mathrm{rank}\, Q$）が存在するので

$$f(x) = z^{\mathrm{T}} R^{\mathrm{T}} R z = \sum_{i=1}^{r} (R_i z)^2 \tag{5.23}$$

のように平方和として表すことができる．ただし，R_i は R の第 i 行ベクトルを表す．　　　　　　　　　　　　　　　　　　　　　　　　　　　　△

この結果により，与えられた偶数次の多項式 $f(x)$ が平方和多項式であるかどうかは，式 (5.16) を満たす半正定値行列 Q が存在するかどうかを調べれば判定できることになる．つぎの項では，それを調べる問題を，半正定値計画問題 (SDP 問題) として表せることを説明する．ここで重要なことは，4 章でも述べたとおり，半正定値計画問題に対しては，効率的な数値解法が知られており，それを解くソフトウェアが提供されていることである．ただし，式 (5.22) の分解は一意ではなく，直交行列分の自由度があるので，$f(x)$ の平方和としての表現は一意ではないことに注意が必要である．実際，$Q = R^{\mathrm{T}} R$ を満たす R が与えられたとき，（適当な大きさの）任意の直交行列 U に対して $Q = (UR)^{\mathrm{T}}(UR)$ が成立する．例えば，式 (5.14) の $a = 5, b = 1$ の場合

$$R := \begin{bmatrix} 1 & 1 \\ 0 & 2 \end{bmatrix}, \quad U := \begin{bmatrix} \dfrac{1}{2} & -\dfrac{\sqrt{3}}{2} \\ \dfrac{\sqrt{3}}{2} & \dfrac{1}{2} \end{bmatrix} \tag{5.24}$$

とすると

$$UR = \begin{bmatrix} \dfrac{1}{2} & \dfrac{1 - 2\sqrt{3}}{2} \\ \dfrac{\sqrt{3}}{2} & \dfrac{2 + \sqrt{3}}{2} \end{bmatrix} \tag{5.25}$$

であり，$Q = R^\mathrm{T} R = (UR)^\mathrm{T}(UR)$ に対する $f(x)$ の平方和表現は，それぞれ

$$f(x) = (1+x)^2 + (2x)^2 \tag{5.26}$$

$$= \left\{\frac{1}{2} + \frac{(1-2\sqrt{3})x}{2}\right\}^2 + \left\{\frac{\sqrt{3}}{2} + \frac{(2+\sqrt{3})x}{2}\right\}^2 \tag{5.27}$$

のように，違った平方和表現となる．次項の例で扱う $f(x)$ も

$$f(x) = 9 + 6x + 5x^2 - 4x^3 + 2x^4 \tag{5.28}$$

$$= (3+x)^2 + (2x-x^2)^2 + (x^2)^2$$

$$= (\sqrt{6})^2 + (\sqrt{3}+\sqrt{3}x)^2 + (\sqrt{2}x - \sqrt{2}x^2)^2$$

$$= (3+x-x^2)^2 + (3x)^2 + (x-x^2)^2 \tag{5.29}$$

などの無数の平方和表現が存在する．

つぎに，平方和多項式と多項式の非負性との関係について述べる．与えられた多項式が平方和多項式ならば，それが非負多項式であることは，定義より明らかである．では，逆に，非負多項式は多項式の平方和となるであろうか．その答えは，一般には否である．両者が等しい，つまり非負多項式が必ず平方和多項式の形で表されるのは，つぎの 3 通りの場合に限られることが，ヒルベルト（Hilbert）により示されている．

- $n = 1$ の場合，つまり 1 変数の場合
- $N = 2$ の場合，つまり 2 次多項式の場合
- $n = 2$, $N = 4$ の場合，つまり 2 変数 4 次多項式の場合

平方和多項式として表せない非負多項式として，**モツキン多項式**（Motzkin polynomial）

$$M(x_1, x_2) = x_1^2 x_2^4 + x_1^4 x_2^2 + 1 - 3x_1^2 x_2^2 \tag{5.30}$$

がよく知られている．

また，任意の非負多項式は平方和多項式の有理式として表せることが，アルティン（Artin）により示されている．つまり，多項式 $f(x)$ が非負多項式であ

り，$f(x)$ 自身が平方和多項式として表せない場合でも，$g(x) := f(x)h(x)$ が平方和多項式となるような平方和多項式 $h(x)$ が存在することが知られている．この場合，$f(x)$ は $f(x) = \dfrac{g(x)}{h(x)}$ となり，平方和多項式の有理式として表されることになる．例えば，モツキン多項式の場合

$$\begin{aligned}(x_1^2 + x_2^2 + 1)M(x_1, x_2) = &(x_1^2 x_2 - x_2)^2 + (x_1 x_2^2 - x_1)^2 \\ &+ (x_1^2 x_2^2 - 1)^2 + \frac{1}{4}(x_1 x_2^3 - x_1^3 x_2)^2 \\ &+ \frac{3}{4}(x_1 x_2^3 + x_1^3 x_2 - 2x_1 x_2)^2 \end{aligned} \quad (5.31)$$

のように平方和多項式 $x_1^2 + x_2^2 + 1$ を乗じることにより，平方和多項式として表すことができる．

与えられた多項式 $f(x)$ が非負多項式であるかどうかを調べる問題，すなわち

$$\min_{x \in \mathbf{R}^n} f(x) \geqq 0 \quad (5.32)$$

であるかどうかを調べる多項式計画問題は，$f(x)$ の次数が 4 以上のときには NP 困難であることが知られている．それに対して，平方和多項式は明らかに非負多項式であり，しかも，与えられた多項式が平方和多項式であるかどうかは，数値的に解くことができる半正定値計画問題に帰着できる．つまり，一般的には NP 困難として実際に解を求めることは困難であると扱われてきたものが，（一般には近似的にであるとはいえ）平方和最適化問題として数値的に解けるようになるということであり，このことは多くの応用に画期的な成果をもたらすものと期待される．

5.1.2 平方和多項式性の半正定値計画問題への変換

ここでは，与えられた多項式 $f(x)$ が平方和多項式であるかどうかを，半正定値計画問題に帰着して判定する方法を説明する．

まず，つぎの例を考える．

$$f(x) = 9 + 6x + 5x^2 - 4x^3 + 2x^4 \quad (5.33)$$

この $f(x)$ は 4 次であるので，2 次の単項式ベクトル

$$z = \begin{bmatrix} 1 & x & x^2 \end{bmatrix}^{\mathrm{T}} \tag{5.34}$$

を用いて

$$f(x) = z^{\mathrm{T}} Q z, \quad Q := \begin{bmatrix} q_{11} & q_{12} & q_{13} \\ q_{12} & q_{22} & q_{23} \\ q_{13} & q_{23} & q_{33} \end{bmatrix} \tag{5.35}$$

と表すことができる．このとき，式 (5.35) を展開すると

$$f(x) = q_{11} + 2q_{12}x + (q_{22} + 2q_{13})x^2 + 2q_{23}x^3 + q_{33}x^4 \tag{5.36}$$

となるので，式 (5.33) との係数比較を行うことにより

$$q_{11} = 9, \ 2q_{12} = 6, \ q_{22} + 2q_{13} = 5, \ 2q_{23} = -4, \ q_{33} = 2 \tag{5.37}$$

の関係を得る．この場合，$q_{11}, q_{12}, q_{23}, q_{33}$ は

$$q_{11} = 9, \ q_{12} = 3, \ q_{23} = -2, \ q_{33} = 2 \tag{5.38}$$

と一意に値が決まるが，q_{22} と q_{13} は $q_{22} + 2q_{13} = 5$ の関係があるだけで，一意には決まらない．ここで気をつけなければならないのは，$f(x)$ が平方和多項式であるとしても，$q_{22} + 2q_{13} = 5$ を満たすすべての q_{22} と q_{13} の組合せに対して Q が半正定値となるわけではないことである．実際

$$q_{22} = 5, \ q_{13} = 0 \tag{5.39}$$

の場合には Q は半正定値になるが

$$q_{22} = 1, \ q_{13} = 2 \tag{5.40}$$

の場合には Q は半正定値にならない．つまり，$f(x)$ が平方和多項式となるための必要十分条件は，$f(x) = z^{\mathrm{T}} Q z$ となる任意の Q に対して $Q \succeq O$ が成立することではなく，$Q \succeq O$ となる Q が存在することである．

なお，式 (5.39) の場合

$$Q = \begin{bmatrix} 9 & 3 & 0 \\ 3 & 5 & -2 \\ 0 & -2 & 2 \end{bmatrix} = \begin{bmatrix} 3 & 1 & 0 \\ 0 & 2 & -1 \\ 0 & 0 & 1 \end{bmatrix}^{\mathrm{T}} \begin{bmatrix} 3 & 1 & 0 \\ 0 & 2 & -1 \\ 0 & 0 & 1 \end{bmatrix} \quad (5.41)$$

と，コレスキー分解することができ

$$f(x) = \begin{bmatrix} 1 & x & x^2 \end{bmatrix} \begin{bmatrix} 3 & 0 & 0 \\ 1 & 2 & 0 \\ 0 & -1 & 1 \end{bmatrix} \begin{bmatrix} 3 & 1 & 0 \\ 0 & 2 & -1 \\ 0 & 0 & 1 \end{bmatrix} \begin{bmatrix} 1 \\ x \\ x^2 \end{bmatrix}$$

$$= \begin{bmatrix} 3+x & 2x-x^2 & x^2 \end{bmatrix} \begin{bmatrix} 3+x \\ 2x-x^2 \\ x^2 \end{bmatrix}$$

$$= (3+x)^2 + (2x-x^2)^2 + (x^2)^2 \quad (5.42)$$

のように，$f(x)$ を平方和として表せることがわかる。

上記の例を半正定値計画問題とするには，いくつかの方法がある。例えば，式 (5.37) の関係をそのまま制約条件として表現する方法である。

$$A_1 = \begin{bmatrix} 1 & 0 & 0 \\ 0 & 0 & 0 \\ 0 & 0 & 0 \end{bmatrix}, \; A_2 = \begin{bmatrix} 0 & 1 & 0 \\ 1 & 0 & 0 \\ 0 & 0 & 0 \end{bmatrix}, \; A_3 = \begin{bmatrix} 0 & 0 & 1 \\ 0 & 1 & 0 \\ 1 & 0 & 0 \end{bmatrix},$$

$$A_4 = \begin{bmatrix} 0 & 0 & 0 \\ 0 & 0 & 1 \\ 0 & 1 & 0 \end{bmatrix}, \; A_5 = \begin{bmatrix} 0 & 0 & 0 \\ 0 & 0 & 0 \\ 0 & 0 & 1 \end{bmatrix},$$

$$b_1 = 9, \; b_2 = 6, \; b_3 = 5, \; b_4 = -4, \; b_5 = 2 \quad (5.43)$$

とすれば，式 (5.37) の関係式は

$$\mathrm{tr}(QA_i) = b_i \quad (i = 1, \cdots, 5) \quad (5.44)$$

と表せる。行列 A_i は，トレース $\mathrm{tr}(\cdot)$ と組み合わせて Q の適当な位置の要素を取り出すためのものであり，$\mathrm{tr}(QA_i)$ によって，A_i の 1 である要素に対応

する Q の要素を取り出すことができる．したがって，式 (5.33) の $f(x)$ が平方和多項式であるかを判定する問題は，制約条件 (5.44) のもとで，式 (5.35) の行列 Q が半正定値行列になるようなものを探す半正定値可解問題，すなわち

$$\text{find} \quad Q \succeq O \quad \text{s.t.} \quad \text{tr}(QA_i) = b_i \quad (i = 1, \cdots, 5) \tag{5.45}$$

という可解問題となる．この場合，行列 Q の要素がすべて変数となるので，変数は 6 個となる．

別の方法としては，自由度分だけの変数を用いる方法もある．例えば q_{13} を変数（ここでは α とする）とすると，$q_{22} = 5 - 2\alpha$ と表せるので

$$\text{find} \quad \alpha \quad \text{s.t.} \quad \begin{bmatrix} 9 & 3 & \alpha \\ 3 & 5-2\alpha & -2 \\ \alpha & -2 & 2 \end{bmatrix} \succeq O \tag{5.46}$$

という可解問題を考えればよい．この場合は，変数が 1 個となる．なお，Q が半正定値となる α の範囲を数値的に調べると，だいたい -4.2 から 0.7 の範囲のときに Q が半正定値となることがわかる．

4 章で扱った半正定値計画問題は，最適化問題として主問題 (4.1)，双対問題 (4.3) と表されている．上で示した可解問題を最適化問題として定式化する方法を，式 (5.33) の $f(x)$ の例で引き続き考える．

まず，式 (5.45) の可解問題を主問題 (4.1) に変換する．このためには，なんらかの目的関数を設定すればよい．例えば

$$\tilde{A}_i := \begin{bmatrix} 0 & O_{1\times 3} \\ O_{3\times 1} & A_i \end{bmatrix}, \quad \tilde{b}_i := \begin{bmatrix} 0 \\ b_i \end{bmatrix} \tag{5.47}$$

と拡張し，変数を一つ増やして（ここでは q とする）

$$C := \begin{bmatrix} 1 & O_{1\times 3} \\ O_{3\times 1} & O_{3\times 3} \end{bmatrix}, \quad X := \begin{bmatrix} q & O_{1\times 3} \\ O_{3\times 1} & Q \end{bmatrix} \tag{5.48}$$

とすることにより

$$\min_X \ \mathrm{tr}(CX) \quad \text{s.t.} \ \mathrm{tr}(\tilde{A}_i X) = \tilde{b}_i, \ X \succeq O \tag{5.49}$$

のように主問題として表すことができる。ここで，$O_{i \times j}$ は大きさ $i \times j$ の零行列を表す。この場合の目的関数は $\mathrm{tr}(CX) = q$ であり，問題 (5.49) が解を持つ場合，最適値として $q = 0$ が求まる。そして，問題 (5.49) が可解であるとき問題 (5.45) も可解であり，求められた最適解 $X^\star$ から半正定値行列 Q が求まる。

つぎに，式 (5.46) の可解問題を双対問題 (4.3) に変換する。この場合も，変数を一つ増やして（ここでは β とする）

$$\max \begin{bmatrix} 0 & 1 \end{bmatrix} \begin{bmatrix} \alpha \\ \beta \end{bmatrix} \tag{5.50a}$$

$$\text{s.t.} \ Z + \alpha \begin{bmatrix} 0 & 0 & -1 \\ 0 & 2 & 0 \\ -1 & 0 & 0 \end{bmatrix} + \beta I_3 = \begin{bmatrix} 9 & 3 & 0 \\ 3 & 5 & -2 \\ 0 & -2 & 2 \end{bmatrix} \tag{5.50b}$$

$$Z \succeq O \tag{5.50c}$$

という双対問題を定義して，解を求めることができる。式 (5.50b), (5.50c) は

$$\begin{bmatrix} 9 & 3 & \alpha \\ 3 & 5-2\alpha & -2 \\ \alpha & -2 & 2 \end{bmatrix} \succeq \beta I_3 \tag{5.51}$$

と等価であるので，問題 (5.50) の最適解 $\beta^\star$ が非負であれば，問題 (5.46) は可解であることがいえる。

5.1.3 平方和行列

ここでは，各要素が $x \in \mathbf{R}^n$ の多項式である $r \times r$ の多項式行列 $F(x) \in \mathbf{R}[x]^{r \times r}$ を考える。次数 N の多項式行列 $F(x)$ は，多項式 (5.7) と同様に

$$F(x) = \sum_{|a| \leqq N} C_a x^a \quad (C_a \in \mathbf{R}^{r \times r}) \tag{5.52}$$

と表せる。つまり，多項式行列の次数は，各要素の多項式としての次数の最大値として定義される。

【定義 5.2】 与えられた多項式行列 $F(x) \in \mathbf{R}[x]^{r \times r}$ に対し

$$F(x) = L(x)^{\mathrm{T}} L(x) \tag{5.53}$$

を満たす多項式行列 $L(x) \in \mathbf{R}[x]^{p \times r}$ が存在するとき，$F(x)$ は**平方和多項式行列**（SOS polynomial matrix）あるいは単に**平方和行列**または **SOS 行列**（SOS matrix）であるという。本書では，変数 x の大きさ $r \times r$ の平方和行列全体の集合を $\Sigma[x]^{r \times r}$ と記すことにする。

次数 $N = 2d$ の多項式行列 $F(x)$ は，一般に，d 次単項式ベクトル z を用いて

$$F(x) = (z \otimes I_r)^{\mathrm{T}} Q (z \otimes I_r) \tag{5.54}$$

と表すことができる。ただし，$\otimes$ はクロネッカー積（**定義 A.6**）を表し，Q は $n_z r \times n_z r$ （ただし $n_z := {}_{n+d}\mathrm{C}_d$）の実対称行列である。つぎの定理は，**定理 5.1** と同様に示すことができる（証明は**演習問題 【1】**）。

【定理 5.2】 $2d$ 次の n 変数多項式行列 $F(x)$ が平方和多項式行列となるための必要十分条件は，式 (5.54) を満たす半正定値行列 Q が存在すること，すなわち

$$Q \succeq O \tag{5.55}$$

である実対称行列 $Q \in \mathbf{R}^{n_z r \times n_z r}$ が存在することである。ただし $n_z := {}_{n+d}\mathrm{C}_d$ である。

この定理により，平方和多項式の場合と同様に，与えられた多項式行列が平方和行列になるかどうかは，半正定値計画問題として定式化することができ，

数値的に判定することが可能となる。また，平方和行列は変数を一つ増やして平方和多項式にすることができることが，つぎのように知られている。

【定理 5.3】 （スカラー化（scalarization））与えられた多項式行列 $F(x) \in \mathbf{R}[x]^{r \times r}$ に対して，変数を一つ増やして得られる多項式

$$f_e(x_e) := w^{\mathrm{T}} F(x) w \tag{5.56}$$

を考える。ただし

$$w := \begin{bmatrix} 1 & x_{n+1} & \cdots & x_{n+1}^{r-1} \end{bmatrix}^{\mathrm{T}} \tag{5.57}$$

$$x_e := \begin{bmatrix} x_1 & \cdots & x_n & x_{n+1} \end{bmatrix}^{\mathrm{T}} \in \mathbf{R}^{n+1} \tag{5.58}$$

とする。このとき，$F(x)$ が平方和行列であるための必要十分条件は，$f_e(x_e)$ が平方和多項式となることである。

証明は**演習問題【2】**とする。

5.1.4　決定変数を含む場合

上記では，与えられた多項式が SOS 多項式になるかどうかを考えたが，多項式の中に決定変数を含む場合を考える。例えば，決定変数 $p \in \mathbf{R}$ が入った多項式

$$f(x,p) = 9 + p + (6+2p)x + (5-p)x^2 - (4+p)x^3 + 2x^4 \tag{5.59}$$

を考える。これは p に関してアファインな関数[†]であり，p についてまとめると

$$f(x,p) = 9 + 6x + 5x^2 - 4x^3 + 2x^4 + (1 + 2x - x^2 - x^3)p \tag{5.60}$$

と表せる。この $f(x,p)$ に対して，$f(x,p) \in \Sigma[x]$ となる p が存在するかどう

[†] 1 次関数のことをアファイン関数ともいう。また，「p に関してアファイン」とは「p に関して 1 次」であることを表す。

かという問題を考える．これを上記と同じ手順で半正定値計画問題に帰着させると

$$\text{find } (p, \alpha) \quad \text{s.t.} \quad \begin{bmatrix} 9+p & 3+p & \alpha \\ 3+p & 5-p-2\alpha & -2-\dfrac{p}{2} \\ \alpha & -2-\dfrac{p}{2} & 2 \end{bmatrix} \succeq O \quad (5.61)$$

という，二つの変数 p と α を含む半正定値可解問題となる．このように半正定値可解問題に帰着できることは，決定変数が複数あるときも同様であり，多項式の中に決定変数がアファインな形で入っている場合は，半正定値可解問題とすることができる．

具体的には，m 変数 $p = [p_1 \cdots p_m]^T \in \mathbf{R}^m$ をアファインな形で含む $2d$ 次の多項式 $f(x, p) \in \mathbf{R}[x]$ （ただし $x \in \mathbf{R}^n$）が平方和多項式となるような p を見つける問題は

$$f(x, p) = z^T Q z \tag{5.62}$$

と表したときの係数比較により半正定値可解問題に帰着することができる．ただし，z は x の d 次の単項式ベクトルである．実際，$f(x, p)$ は p に関してアファインな x の多項式なので

$$f(x, p) = f_1(x)\, p_1 + f_2(x)\, p_2 + \cdots + f_m(x)\, p_m$$
$$(f_i(x) \in \mathbf{R}[x],\ \deg(f_i) \leqq 2d,\ i = 1, \cdots, m) \tag{5.63}$$

と表せるが，これを式 (5.6) の単項式 x^a を用いた表現で

$$f(x, p) = \sum_{|a| \leqq 2d} b_a(p) x^a, \quad z z^T = \sum_{|a| \leqq 2d} A_a x^a \tag{5.64}$$

と表したとすると，$b_a(p)$ は p に関してアファインである．このとき

$$z^T Q z = \operatorname{tr}(z^T Q z) = \operatorname{tr}(Q z z^T) = \sum_{|a| \leqq 2d} \operatorname{tr}(Q A_a)\, x^a \tag{5.65}$$

となるので,式 (5.62) の両辺を比較して

$$b_a(p) = \mathrm{tr}(QA_a) \quad (|a| \leqq 2d) \tag{5.66}$$

を得る。よって,p と対称行列 Q を変数とする半正定値可解問題

$$\mathrm{find} \ (p,Q) \quad \mathrm{s.t.} \ Q \succeq O, \ \mathrm{tr}(QA_a) = b_a(p) \quad (|a| \leqq 2d) \tag{5.67}$$

として定式化することができる。

5.2 多項式計画問題に対する SOS 緩和と SDP 緩和

5.2.1 制約なし多項式計画問題に対する SOS 緩和と SDP 緩和

多項式 $f(x) \in \mathbf{R}[x]$ に対して,制約条件のない多項式計画問題

$$\zeta_1^\star := \min_{x \in \mathbf{R}^n} f(x) \tag{5.68}$$

を考える。ただし,ここでは最適化問題 (5.68) は有限の最小値を持つとし,$\zeta_1^\star$ をその最小値としている。$f(x)$ が奇数次であれば有限の最小値を持たないので,$f(x)$ は偶数次とし,$\deg(f) = 2d \ (d \geqq 1)$ とする。また,最適解には影響しないので,$f(x)$ の定数項は 0 とする ($f(0) = 0$)。この問題は制約がない多項式最適化問題であり,制約がない多項式計画問題とも呼ばれる。多項式計画問題は一般に非凸計画問題であり,NP 困難な問題である。

最適化問題 (5.68) は,変数 $p \in \mathbf{R}$ を導入し

$$\zeta_2^\star := \max \ p \quad \mathrm{s.t.} \ f(x) - p \geqq 0 \quad (\forall x \in \mathbf{R}^n) \tag{5.69}$$

と表すことができる。そして,この $f(x) - p$ が非負値であることを平方和多項式であることに変更する。

$$\zeta_3^\star := \max \ p \quad \mathrm{s.t.} \ f(x) - p \in \Sigma[x] \tag{5.70}$$

5.1 節で説明したように,$\mathbf{R}_+[x] \supset \Sigma[x]$ であるので,$\zeta_2^\star \geqq \zeta_3^\star$ が成立し,最適値間の関係は

$$\zeta_1^\star = \zeta_2^\star \geqq \zeta_3^\star \tag{5.71}$$

となる．この関係より，問題 (5.70) の最適値 $\zeta_3^\star$ が元の問題 (5.68) の最適値 $\zeta_1^\star$ の下界値を与えるという意味で，問題 (5.70) は問題 (5.68) の緩和問題になっているといえる．このため，問題 (5.70) は問題 (5.68) の **SOS 緩和問題**（SOS relaxed problem）と呼ばれる．非負多項式であるという条件を SOS 多項式であるという条件に置き換えることを，一般に **SOS 緩和**（SOS relaxation）という．

最適化問題 (5.70) は，以下に示すように半正定値計画問題として解くことができ，$\zeta_3^\star$ を求めることができる．理論的には，$n=1$（変数が一つ）および $d=1$（$f(x)$ が 2 次の多項式）の場合には $\zeta_3^\star = \zeta_2^\star$ が保証され，他の場合は一般に，$\zeta_3^\star$ は $\zeta_2^\star$ の下界を与える．

では，具体的に問題 (5.70) を半正定値計画問題に帰着させることを考える．制約条件 $f(x) - p \in \Sigma[x]$ は，$\deg(f) = 2d$ とすると

$$f(x) - p = z_d^\mathrm{T} Q z_d \tag{5.72}$$

を満たす半正定値行列 Q が存在することと等価である．ただし，z_d は d 次の単項式ベクトルとする．ここで，多項式行列 $M_d(x)$ を $M_d(x) := z_d z_d^\mathrm{T}$ で定義し，式 (5.6) の単項式 x^a の表現を用いて

$$M_d(x) = \sum_{|a| \leqq 2d} A_a x^a \quad (A_a \in \mathbf{R}^{n_z \times n_z},\ n_z := {}_{n+d}\mathrm{C}_d) \tag{5.73}$$

$$f(x) = \sum_{0 < |a| \leqq 2d} b_a x^a \quad (b_a \in \mathbf{R}) \tag{5.74}$$

と表すと

$$z_d^\mathrm{T} Q z_d = \mathrm{tr}(z_d^\mathrm{T} Q z_d) = \mathrm{tr}(Q z_d z_d^\mathrm{T}) = \mathrm{tr}(Q M_d(x)) = \sum_{|a| \leqq 2d} \mathrm{tr}(Q A_a) x^a \tag{5.75}$$

となるので，式 (5.72) は

$$\sum_{0<|a|\leqq 2d} b_a x^a - p = \sum_{|a|\leqq 2d} \operatorname{tr}(QA_a)x^a \tag{5.76}$$

と表せる。両辺の係数を比較すると、この恒等式は

$$-p = \operatorname{tr}(QA_0), \quad b_a = \operatorname{tr}(QA_a) \quad (0 < |a| \leqq 2d) \tag{5.77}$$

と等価である。これは行列 Q に対する線形制約式であり、SOS 緩和問題 (5.70) は、半正定値計画問題

$$\max_Q \; -\operatorname{tr}(QA_0) \quad \text{s.t.} \; Q \succeq O, \, \operatorname{tr}(QA_a) = b_a \; (0 < |a| \leqq 2d) \tag{5.78}$$

に帰着される。

以上では SOS 緩和について考えたが、つぎに SDP 緩和について考える。まず、一般に、$M_d(x)$ の定義より

$$M_d(x) \succeq O \quad (\forall x \in \mathbf{R}^n) \tag{5.79}$$

が成立するので、最適化問題 (5.68) に冗長な条件 $M_d(x) \succeq O$ を付加した最適化問題

$$\min_{x \in \mathbf{R}^n} f(x) \quad \text{s.t.} \; M_d(x) \succeq O \tag{5.80}$$

は元の問題 (5.68) と等価である。ここで、単項式 x^a を独立な変数 $y_a \in \mathbf{R}$ で置き換えることによる緩和を考える†。この $M_d(x)$ を式 (5.73) のように表現すると、条件 $M_d(x) \succeq O$ は

$$A_0 + \sum_{0<|a|\leqq 2d} A_a y_a \succeq O, \; y_a = x^a \tag{5.81}$$

と等価となる。よって、最適化問題

$$\min_y f(y) \quad \text{s.t.} \sum_{0<|a|\leqq 2d} (-A_a)y_a \preceq A_0 \tag{5.82}$$

---

† 例えば $y_{10} = x_1$, $y_{20} = x_1^2$ であり、本来 y_{10} と y_{20} の間には関係があるが、それを無視して独立な変数と見なすということ。

5.2 多項式計画問題に対する SOS 緩和と SDP 緩和

は，元の問題 (5.80) から条件 $y_a = x^a$ を取り除いた問題になることから，問題 (5.80) すなわち問題 (5.68) の緩和問題となる．ここで，y は y_a をすべての a ($|a| \leq 2d$) について並べたベクトルとする．ただし，x^0 は 1 に対応させ，y は $y_0 = 1$ を要素とはしないこととする．例えば，2 変数で $d = 1$ の場合

$$y = \begin{bmatrix} y_{10} & y_{01} & y_{11} & y_{20} & y_{02} \end{bmatrix}^T \tag{5.83}$$

である．さらに，$f(x)$ を式 (5.74) のように表現すると，問題 (5.82) は

$$\min_{y_a} \sum_{0 < |a| \leq 2d} b_a y_a \quad \text{s.t.} \quad \sum_{0 < |a| \leq 2d} (-A_a) y_a \preceq A_0 \tag{5.84}$$

と表せる．この問題は半正定値計画問題（SDP problem）となっており，元の問題 (5.68) に対する **SDP 緩和問題**（SDP relaxed problem）と呼ばれる．このように，単項式を独立な変数に置き換えて半正定値計画問題に帰着することを **SDP 緩和**（SDP relaxation）という．

ところで，この SDP 緩和問題は SOS 緩和問題 (5.78) の双対問題となっていることがわかる（**演習問題【3】**）．よって，SOS 緩和問題 (5.78) の最適値を $\zeta_3^\star$ とし，SDP 緩和問題 (5.84) の最適値を $\zeta_4^\star$ とすると，一般に $\zeta_4^\star \geqq \zeta_3^\star$ であるが，4 章で見たように，特別な場合（問題 (5.78) あるいは問題 (5.84) の**内点実行可能解**が存在しない場合）を除いて $\zeta_4^\star = \zeta_3^\star$ である．このとき，$\zeta_1^\star \geqq \zeta_4^\star = \zeta_3^\star$ であり，前に述べたように，理論的には，$n = 1$（変数が一つ）および $d = 1$（$f(x)$ が 2 次の多項式）の場合には $\zeta_1^\star = \zeta_4^\star = \zeta_3^\star$ が保証され，他の場合は $\zeta_4^\star$ と $\zeta_3^\star$ は下界を与える．最適値 $\zeta_3^\star$ や $\zeta_4^\star$ は，SOS 緩和問題 (5.78) や SDP 緩和問題 (5.84) が半正定値計画問題であるので，数値的に求めることができる．

そして，SDP 緩和問題 (5.84)（SOS 緩和問題を解いたときにはその双対問題）の解が存在し，その最適解 $y^\star$ が得られたとき，その x に対応する部分を元の問題 (5.68) の最適解 $x^\star$ の候補とする．つまり

$$x^\star = \begin{bmatrix} y_{10\cdots0}^\star & y_{01\cdots0}^\star & \cdots & y_{0\cdots01}^\star \end{bmatrix}^T \tag{5.85}$$

とする．

SDP 緩和における x^a と y_a の関係の例を考えると，例えば

$$f(x) = 2x_1^4 x_2 - 7x_2^3 + 3x_1^2 x_2^2 - x_1^2 x_2 + 4x_2 \tag{5.86}$$

の場合

$$f(y) = 2y_{41} - 7y_{03} + 3y_{22} - y_{21} + 4y_{01} \tag{5.87}$$

となる．また，この場合は $n=2$, $d=2$ であるので

$$M_2(x) = \left[\begin{array}{c|cc|ccc}
1 & x_1 & x_2 & x_1^2 & x_1 x_2 & x_2^2 \\ \hline
x_1 & x_1^2 & x_1 x_2 & x_1^3 & x_1^2 x_2 & x_1 x_2^2 \\
x_2 & x_1 x_2 & x_2^2 & x_1^2 x_2 & x_1 x_2^2 & x_2^3 \\ \hline
x_1^2 & x_1^3 & x_1^2 x_2 & x_1^4 & x_1^3 x_2 & x_1^2 x_2^2 \\
x_1 x_2 & x_1^2 x_2 & x_1 x_2^2 & x_1^3 x_2 & x_1^2 x_2^2 & x_1 x_2^3 \\
x_2^2 & x_1 x_2^2 & x_2^3 & x_1^2 x_2^2 & x_1 x_2^3 & x_2^4
\end{array}\right] \tag{5.88}$$

であり

$$M_2(y) = \left[\begin{array}{c|cc|ccc}
1 & y_{10} & y_{01} & y_{20} & y_{11} & y_{02} \\ \hline
y_{10} & y_{20} & y_{11} & y_{30} & y_{21} & y_{12} \\
y_{01} & y_{11} & y_{02} & y_{21} & y_{12} & y_{03} \\ \hline
y_{20} & y_{30} & y_{21} & y_{40} & y_{31} & y_{22} \\
y_{11} & y_{21} & y_{12} & y_{31} & y_{22} & y_{13} \\
y_{02} & y_{12} & y_{03} & y_{22} & y_{13} & y_{04}
\end{array}\right] \tag{5.89}$$

となる．

5.2.2 制約あり多項式計画問題に対する SOS 緩和と SDP 緩和

制約条件のある場合の多項式計画問題

$$\eta_1^\star := \min_{x \in \mathbf{R}^n} f_0(x) \quad \text{s.t.} \ f_i(x) \geqq 0 \quad (i = 1, \cdots, r) \tag{5.90}$$

を考える．ただし，$f_i(x) \in \mathbf{R}[x]$ $(i = 0, \cdots, r)$ である．最適解には影響しな

いので，$f_0(x)$ の定数項は 0 であるとする（$f_0(0) = 0$）。また，この $f_0(x)$ の次数は奇数でもよい。この多項式計画問題は，特別な場合を除いて NP 困難であるので，そのままでは数値的にも解くことが困難である。ここでは，制約なし多項式計画問題の場合と同様に，近似的に半正定値計画問題に帰着させて解く SOS 緩和と SDP 緩和を説明する。

問題 (5.90) は，実行可能領域を $\mathcal{S} := \{x \in \mathbf{R}^n | f_i(x) \geq 0,\ i = 1, \cdots, r\}$ とすると，つぎの問題と等価である。

$$\eta_2^\star := \max_{p \in \mathbf{R}}\ p \quad \text{s.t.}\ f_0(x) - p \geq 0 \quad (\forall x \in \mathcal{S}) \tag{5.91}$$

この制約条件

$$f_0(x) - p \geq 0 \quad (\forall x \in \mathcal{S}) \tag{5.92}$$

を，SOS 多項式を用いた条件

$$f_0(x) - p \in \Gamma \tag{5.93}$$

に置き換えるのが，この場合の **SOS 緩和**であり，問題

$$\eta_3^\star := \max_{p \in \mathbf{R}}\ p \quad \text{s.t.}\ f_0(x) - p \in \Gamma \tag{5.94}$$

を問題 (5.91) に対する **SOS 緩和問題**という。ただし

$$\Gamma := \left\{ \phi_0(x) + \sum_{i=1}^r f_i(x)\phi_i(x) \;\middle|\; \phi_0(x) \in \Sigma[x],\ \phi_i(x) \in \Sigma[x] \right\} \tag{5.95}$$

である。ここで，実際に問題を解く場合には次数を決める必要があるので，次数を明記することにする。具体的には，$\deg(f_i) = 2d_i$ としたとき，d は $d \geq \max_{1 \leq i \leq r} d_i$ かつ $2d \geq \deg(f_0)$ を満たす整数として，$N := 2d$ とおき

$$\Gamma_N := \left\{ \phi_0(x) + \sum_{i=1}^r f_i(x)\phi_i(x) \;\middle|\; \phi_0(x) \in \Sigma_N[x],\ \phi_i(x) \in \Sigma_{N-2d_i}[x] \right\} \tag{5.96}$$

とする．このとき，Γ_N に含まれる多項式は高々 N 次の多項式となる．そして，問題 (5.94) の Γ に含まれる多項式の次数を N 次に限った問題を

$$\eta^\star_{3N} := \max_{p \in \mathbf{R}} \ p \quad \text{s.t.} \ f_0(x) - p \in \Gamma_N \tag{5.97}$$

とする．容易にわかるように，任意の $x \in \mathbf{R}^n$ に対して $\phi_i(x) \geqq 0 \ (i = 0, \cdots, r)$ であるので，p が $f_0(x) - p \in \Gamma_N$ を満たせば条件 (5.92) を満たす．このことより，最適値の関係は $\eta^\star_1 = \eta^\star_2 \geqq \eta^\star_{3N}$ であることがいえる．

問題 (5.97) は，制約条件がない場合と同様に，つぎのように半正定値計画問題に帰着させることができる．$\phi_0(x) \in \Sigma_N[x]$ と $\phi_i(x) \in \Sigma_{N-2d_i}[x]$ より，条件 $f_0(x) - p \in \Gamma_N$ は，適当な大きさの実対称正定値行列 $Q_0 \succeq O$, $Q_i \succeq O$ を用いて

$$f_0(x) - p = z_d^\mathrm{T} Q_0 z_d + \sum_{i=1}^{r} f_i(x) z_{d-d_i}^\mathrm{T} Q_i z_{d-d_i} \tag{5.98}$$

と表せる．ここで，$M_d(x) := z_d z_d^\mathrm{T}$, $M_{d-d_i}(x) := z_{d-d_i} z_{d-d_i}^\mathrm{T}$ とすると，$f_i(x) M_{d-d_i}(x)$ の次数は N を超えないので

$$M_d(x) = \sum_{|a| \leqq N} A_a x^a, \quad f_i(x) M_{d-d_i}(x) = \sum_{|a| \leqq N} D_{ia} x^a \tag{5.99}$$

(ただし，A_a, D_{ia} は適当な大きさの実正方行列) と表すことができ，したがって

$$z_d^\mathrm{T} Q_0 z_d = \mathrm{tr}(Q_0 M_d(x)) = \sum_{|a| \leqq N} \mathrm{tr}(Q_0 A_a) \, x^a \tag{5.100}$$

$$f_i(x) z_{d-d_i}^\mathrm{T} Q_i z_{d-d_i} = \mathrm{tr}(Q_i f_i(x) M_{d-d_i}(x)) = \sum_{|a| \leqq N} \mathrm{tr}(Q_i D_{ia}) \, x^a \tag{5.101}$$

となる．そして，$f_0(x) = \displaystyle\sum_{0 < |a| \leqq N} b_a x^a$ と表現すると，式 (5.98) の両辺の係数比較をすることにより，式 (5.98) と等価な条件

$$-p = \mathrm{tr}(Q_0 A_0) + \sum_{i=1}^{r} \mathrm{tr}(Q_i D_{i0}) \tag{5.102}$$

5.2 多項式計画問題に対する SOS 緩和と SDP 緩和

$$b_a = \operatorname{tr}(Q_0 A_a) + \sum_{i=1}^{r} \operatorname{tr}(Q_i D_{ia}) \quad (0 < |a| \leqq N) \tag{5.103}$$

が得られる．これを用いると，SOS 緩和問題 (5.97) は，$Q_0, \cdots, Q_r$ を変数とするつぎの半正定値計画問題と等価となる．

$$\eta_{4N}^\star := \max_{Q_0,\cdots,Q_r} -\operatorname{tr}(Q_0 A_0) - \sum_{i=1}^{r} \operatorname{tr}(Q_i D_{i0}) \tag{5.104a}$$

$$\text{s.t.} \quad \operatorname{tr}(Q_0 A_a) + \sum_{i=1}^{r} \operatorname{tr}(Q_i D_{ia}) = b_a \quad (0 < |a| \leqq N) \tag{5.104b}$$

$$Q_0 \succeq O, \cdots, Q_r \succeq O \tag{5.104c}$$

つぎに SDP 緩和を考える．まず，任意の $x \in \mathbf{R}^n$ に対して $M_{d-d_i}(x) \succeq O$ であるので

$$\{x \in \mathbf{R}^n \mid f_i(x) \geqq 0\} = \{x \in \mathbf{R}^n \mid f_i(x) M_{d-d_i}(x) \succeq O\} \tag{5.105}$$

である．これを考慮し，さらに冗長な条件 $M_d(x) \succeq O$ を加えた最適化問題

$$\min_{x \in \mathbf{R}^n} f_0(x) \quad \text{s.t.} \quad M_d(x) \succeq O \tag{5.106a}$$

$$f_i(x) M_{d-d_i}(x) \succeq O \quad (i = 1, \cdots, r) \tag{5.106b}$$

は，元の最適化問題 (5.90) と等価である．ここで，$M_d(x)$ や $f_i(x) M_{d-d_i}(x)$ を式 (5.99) のように表し，制約条件がない多項式計画問題と同様に，x^a を y_a に置き換えた最適化問題

$$\eta_{5N}^\star := \min_y f_0(y) = \sum_{0 < |a| \leqq N} b_a y_a \tag{5.107a}$$

$$\text{s.t.} \quad A_0 + \sum_{0 < |a| \leqq N} A_a y_a \succeq O \tag{5.107b}$$

$$D_{i0} + \sum_{0 < |a| \leqq N} D_{ia} y_a \succeq O \quad (i = 1, \cdots, r) \tag{5.107c}$$

は，条件 $y_a = x^a$ を付加すると元の問題 (5.90) になることから，元の問題 (5.90) の緩和問題となっている．このような緩和がこの場合の **SDP 緩和**であり，半正定値計画問題 (5.107) が問題 (5.90) の **SDP 緩和問題**である．

SDP 緩和問題 (5.107) は SOS 緩和問題 (5.104) の双対問題になっており，一般的に $\eta_1^\star \geqq \eta_{5N}^\star \geqq \eta_{4N}^\star$ が成立する（特別な場合を除けば，$\eta_{4N}^\star = \eta_{5N}^\star$ が成立する）．また，問題 (5.90) の実行可能解 $\mathcal{S}$ が有界であり，かつ，ある仮定を満たすと

$$\eta_1^\star = \lim_{N \to \infty} \eta_{5N}^\star \tag{5.108}$$

が成立する．つまり，次数 N を大きくすれば，SOS 緩和問題や SDP 緩和問題の最適値は元の問題の最適値に近づくことがいえる．ただし，この場合，次数 N が大きくなると，半正定値計画問題としての問題のサイズが極端に大きくなり，数値的に解くことが難しくなってしまうので，多項式の疎性や対称性を利用して導出される半正定値計画問題のサイズを小さくする試みも研究されている．

5.2.3 一般化ラグランジュ関数を用いた緩和

本項では，問題 (5.90) に対して平方和多項式をラグランジュ乗数として用いた一般化ラグランジュ関数を考え，それをもとにしたラグランジュ双対問題の観点から，前項で求めた制約のある多項式計画問題の SOS 緩和問題が導出できることを示す．

問題 (5.90) に対する**一般化ラグランジュ関数**は

$$L(x, \phi) := f_0(x) - \sum_{i=1}^{r} f_i(x) \phi_i(x) \tag{5.109}$$

で定義される．ただし

$$\phi(x) := \begin{bmatrix} \phi_1(x) \\ \vdots \\ \phi_r(x) \end{bmatrix}, \quad \phi_i(x) \in \Sigma[x] \tag{5.110}$$

である。ここで「一般化」といっているのは，実数のラグランジュ乗数の代わりに平方和多項式 $\phi_i(x)$ を用いていることによる[†]。この場合，**一般化ラグランジュ双対問題**は

$$\max_{\phi \in \Sigma[x]^r} \min_{x \in \mathbf{R}^n} L(x, \phi) \tag{5.111}$$

である。ここで，$\phi(x)$ を固定した

$$\min_{x \in \mathbf{R}^n} L(x, \phi) \tag{5.112}$$

に対して，制約なし問題に対する SOS 緩和を適用した最適化問題

$$\max_{p \in \mathbf{R}} p \quad \text{s.t.} \quad L(x, \phi) - p \in \Sigma[x] \tag{5.113}$$

を考える。さらに，ϕ について最大化を行うと

$$\max_{\phi \in \Sigma[x]^r} \left\{ \max_{p \in \mathbf{R}} p \quad \text{s.t.} \quad L(x, \phi) - p \in \Sigma[x] \right\} \tag{5.114}$$

となり，目的関数 p は ϕ を含まないので，max をまとめて

$$\max_{\phi \in \Sigma[x]^r, p \in \mathbf{R}} p \quad \text{s.t.} \quad L(x, \phi) - p \in \Sigma[x] \tag{5.115}$$

とすることができる。条件 $L(x, \phi) - p \in \Sigma[x]$ は $L(x, \phi) - p = \phi_0(x)$ となる $\phi_0(x) \in \Sigma[x]$ が存在するという条件と等価であり，$L(x, \phi) - p = \phi_0(x)$ は

$$f_0(x) - p = \phi_0(x) + \sum_{i=1}^{r} f_i(x) \phi_i(x) \tag{5.116}$$

と表せるので，最適化問題 (5.115) は前項で考えた SOS 緩和問題 (5.94) と一致する。

[†] 1.2.4 項では，不等式制約がある最適化問題に対する「一般化ラグランジュ関数」を単に「ラグランジュ関数」と呼ぶことが多いと書いたが，本項で用いるラグランジュ関数は，その場合とは異なり，実数ではなく平方和多項式をラグランジュ乗数に用いるという意味で「一般化ラグランジュ関数」と呼ばれている。

5.3 平方和最適化

前節では，x 以外に決定変数を含まない多項式計画問題を説明したが，制御理論で現れる多項式は，x 以外の決定変数を含む場合が多い．そこで，本節では，x 以外に決定変数を含むような多項式計画問題を考え，それらに SOS 緩和を適用して得られる平方和最適化問題について説明し，制約条件への決定変数の含まれ方により，それらが半正定値計画問題に帰着できる場合とできない場合があることを説明する．

5.3.1 平方和最適化問題とは

一般に，ある多項式が平方和多項式であるという制約条件のもとで目的関数を最小化(あるいは最大化)する最適化問題を**平方和最適化問題**（SOS optimization problem）と呼ぶ．特に，目的関数がなく，ある多項式が平方和多項式となるような決定変数を見つける問題を**平方和可解問題**（SOS feasibility problem）と呼ぶ．平方和最適化問題と平方和可解問題を，それぞれ簡単に **SOS 最適化問題**と **SOS 可解問題**とも呼ぶ．また，これらは，それぞれ **2 乗和最適化問題**と **2 乗和可解問題**とも呼ばれる．

本書では，つぎの四つの多項式計画問題を取り上げる．

【可解問題】

(F1) 変数 x の範囲に制約がない場合

$$\text{find } p \quad \text{s.t. } f(x,p) \geqq 0 \quad (\forall x \in \mathbf{R}^n) \tag{5.117}$$

(F2) 変数 x の範囲に制約がある場合

$$\text{find } p \quad \text{s.t. } f_0(x,p) \geqq 0 \quad (\forall x \in \mathcal{S}) \tag{5.118a}$$

$$\mathcal{S} := \{x \in \mathbf{R}^n \mid f_i(x,p) \geqq 0, \ i=1,\cdots,r\} \tag{5.118b}$$

【最適化問題】

(O1) 変数 x の範囲に制約がない場合

$$\min_{p} \ c^{\mathrm{T}}p \quad \text{s.t.} \ f(x,p) \geqq 0 \quad (\forall x \in \mathbf{R}^n) \tag{5.119}$$

(O2) 変数 x の範囲に制約がある場合

$$\min_{p} \ c^{\mathrm{T}}p \quad \text{s.t.} \ f_0(x,p) \geqq 0 \quad (\forall x \in \mathcal{S}) \tag{5.120a}$$

$$\mathcal{S} := \{x \in \mathbf{R}^n \mid f_i(x,p) \geqq 0, \ i = 1, \cdots, r\} \tag{5.120b}$$

ただし，$c \in \mathbf{R}^m$ は定数ベクトルとし，$f(x,p)$, $f_i(x,p)$ $(i=0,1,\cdots,r)$ は x に対して多項式であり，決定変数 $p \in \mathbf{R}^m$ がアフィンな形で含まれるものとする．以下では，これらの問題に対して SOS 緩和を適用して SOS 可解問題や SOS 最適化問題を導き，それらを半正定値計画問題に帰着させる方法について説明する．そこでわかることは，(F1) と (O1) は半正定値計画問題に帰着できるが，(F2) と (O2) は，制約条件の中の $f_i(x,p)$ に決定変数 p が含まれない場合は半正定値計画問題に帰着でき，p が含まれる場合には一般的には半正定値計画問題には帰着できないということである．

また，決定変数が行列の場合で，上記の制約条件に加えて決定変数に関する線形行列不等式で表される制約条件がある場合も扱うことができる．そのような場合，例えば対称行列 $P = P^{\mathrm{T}} \in \mathbf{R}^{l \times l}$ が決定変数の場合，その要素を

$$P = \begin{bmatrix} p_{11} & \cdots & p_{1l} \\ \vdots & \ddots & \vdots \\ p_{1l} & \cdots & p_{ll} \end{bmatrix} \tag{5.121}$$

とすると，すべての要素を重複なく 1 列に並べて決定変数 p を

$$p = \begin{bmatrix} p_{11} & \cdots & p_{1l} & p_{22} & \cdots & p_{2l} & p_{33} & \cdots & p_{ll} \end{bmatrix}^{\mathrm{T}} \in \mathbf{R}^m \tag{5.122}$$

とする．ただし $m := \dfrac{l(l+1)}{2}$ である．そして，さらに $P \succeq O$ や P に関する線形行列不等式の制約条件がある場合は，SOS 緩和を行って導かれた半正定値

計画問題にそれらの制約条件をあわせて考えれば，やはり半正定値計画問題に帰着されることになる．

以下では，$f(x,p), f_i(x,p)$ $(i=0,1,\cdots,r)$ は x に対して多項式であり，決定変数 $p \in \mathbf{R}^m$ がアファインな形で含まれるものとする．

5.3.2 平方和可解問題

ここでは，式 (5.117), (5.118) の可解問題 (F1), (F2) を考える．まず，可解問題 (F1) について，前項で行ったように，SOS 緩和として多項式の非負の条件を SOS 条件に変えた SOS 可解問題

(SF1) 変数 x の範囲に制約のない SOS 可解問題

$$\text{find} \quad p \quad \text{s.t.} \quad f(x,p) \in \Sigma[x] \tag{5.123}$$

を考える．平方和可解問題 (SF1) の解が存在すれば問題 (F1) の解が存在するが，その逆は必ずしも成立しない．ここで，$\deg(f) = 2d$ としたとき，p を固定すると，$f(x,p) \in \Sigma[x]$ は $f(x,p) = z_d^{\mathrm{T}} Q z_d$ となる行列 $Q \succeq O$ が存在することと等しいので，単項式表現 (5.6) を用いて

$$f(x,p) = \sum_{|a| \leqq 2d} b_a(p) x^a, \quad M_d(x) := z_d z_d^{\mathrm{T}} = \sum_{|a| \leqq 2d} A_a x^a \tag{5.124}$$

と表したとき，$f(x,p) = z_d^{\mathrm{T}} Q z_d$ の係数比較をすると，問題 (SF1) は

$$\text{find} \quad (p, Q) \quad \text{s.t.} \quad Q \succeq O, \ \mathrm{tr}(Q A_a) = b_a(p) \quad (|a| \leqq 2d) \tag{5.125}$$

と等価になる．これは半正定値計画問題の可解問題となり，数値的に解くことができる．なお，可解問題 (5.125) を最適化問題として解く方法はさまざまにあるが，例えば，変数（q とする）を一つ増やした最適化問題

$$\min_{p,Q,q} q \quad \text{s.t.} \quad Q + qI \succeq O, \ \mathrm{tr}(Q A_a) = b_a(p) \quad (|a| \leqq 2d) \tag{5.126}$$

を考えればよい．この場合，その最適値 $q^\star$ が 0 以下なら (SF1) の解が存在し，そうでないなら (SF1) には解が存在しないと判定できる．

つぎに，可解問題 (F2) を考える．可解問題 (F2) に対して p を固定した最適化問題

$$\min_x f_0(x,p) \quad \text{s.t.} \quad f_i(x,p) \geqq 0 \quad (i=1,\cdots,r) \tag{5.127}$$

を考え，その一般化ラグランジュ関数

$$L(x,p,\phi) := f_0(x,p) - \sum_{i=1}^r f_i(x,p)\phi_i(x) \quad (\phi_i(x) \in \Sigma[x]) \tag{5.128}$$

を考える（ただし $\phi(x) = [\phi_1(x) \ \cdots \ \phi_r(x)]^{\mathrm{T}}$）．このとき，$p$ を固定すると，任意の x に対して $\phi_i(x) \geqq 0$ が成立し，かつ $x \in \mathcal{S}$ に対して $f_i(x,p) \geqq 0$ なので

$$L(x,p,\phi) \leqq f_0(x,p) \quad (x \in \mathcal{S}) \tag{5.129}$$

が成立する．このことより

$$L(x,p,\phi) \geqq 0 \quad (\forall x \in \mathbf{R}^n) \tag{5.130}$$

であれば，$f_0(x,p) \geqq 0 \ (x \in \mathcal{S})$ がいえる．よって，条件 (5.130) に対して条件 $L(x,p,\phi) \in \Sigma[x]$ は十分条件となるので，つぎの SOS 可解問題が導かれる．

(SF2) 変数 x の範囲に制約のある SOS 可解問題

$$\text{find} \ (p,\phi) \quad \text{s.t.} \ L(x,p,\phi) \in \Sigma[x] \tag{5.131}$$

この SOS 可解問題が解を持てば (F2) も解を持つことがいえるが，その逆は必ずしもいえない．

ここで，$f_i \ (i=1,\cdots,r)$ は偶数次とし（f_0 は奇数次でもよい），$\deg(f_i) = 2d_i$ $(i=1,\cdots,r)$ とする．そして，d を $d \geqq \max_{1 \leqq i \leqq r} d_i$ かつ $2d \geqq \deg(f_0)$ を満たす整数として選び，$N := 2d$ とする．さらに，$\phi_0(x) \in \Sigma_N[x]$, $\phi_i(x) \in \Sigma_{N-2d_i}[x]$ $(i=1,\cdots,r)$ と選び，$L(x,p,\phi) = \phi_0(x)$ となるような ϕ_0 と ϕ を探すことを考える．ここで，適当な大きさの実対称行列 $Q_i \succeq O \ (i=0,\cdots,r)$ を用いて

$$\phi_0(x) = z_d^{\mathrm{T}} Q_0 z_d, \quad \phi_i(x) = z_{d-d_i}^{\mathrm{T}} Q_i z_{d-d_i} \tag{5.132}$$

と表せるので，単項式表現 (5.6) を用いて

$$f_0(x,p) = \sum_{|a|\leqq N} b_a(p) x^a, \quad M_d(x) = z_d z_d^{\mathrm{T}} = \sum_{|a|\leqq N} A_a x^a \tag{5.133}$$

$$f_i(x,p) M_{d-d_i}(x) = f_i(x,p) z_{d-d_i} z_{d-d_i}^{\mathrm{T}} = \sum_{|a|\leqq N} D_{ia}(p) x^a \tag{5.134}$$

と表し，$L(x,p,\phi) = \phi_0(x)$ の両辺の係数比較をすると

$$b_a(p) - \sum_{i=1}^{r} \mathrm{tr}(Q_i D_{ia}(p)) = \mathrm{tr}(Q_0 A_a) \tag{5.135}$$

を得る．よって，SOS 可解問題 (SF2) は問題

$$\text{find } (p, Q_0, \cdots, Q_r) \tag{5.136a}$$

$$\text{s.t. } b_a(p) - \sum_{i=1}^{r} \mathrm{tr}(Q_i D_{ia}(p)) = \mathrm{tr}(Q_0 A_a) \quad (|a| \leqq N) \tag{5.136b}$$

$$Q_0 \succeq O, \cdots, Q_r \succeq O \tag{5.136c}$$

と等価となる．ここで注意が必要なのは，決定変数 p と Q_i の乗算を含む項 $\mathrm{tr}(Q_i D_{ia}(p))$ を制約条件に含むことより，双線形行列不等式問題となっていることである．特別な場合として，f_i $(i=1,\cdots,r)$ が p を含まない場合は D_{ia} も p を含まないので，式 (5.136) は半正定値計画問題の可解問題となることがわかる．この場合，変数（q とする）を一つ増やして最適化問題

$$\min_{p, Q_0, \cdots, Q_r, q} q \tag{5.137a}$$

$$\text{s.t. } b_a(p) - \sum_{i=1}^{r} \mathrm{tr}(Q_i D_{ia}) = \mathrm{tr}(Q_0 A_a) \quad (|a| \leqq N) \tag{5.137b}$$

$$Q_0 + qI \succeq O, \cdots, Q_r + qI \succeq O \tag{5.137c}$$

とし，その最適解 $q^\star$ が 0 以下であれば可解であると判断できる．

また，f_i $(i=1,\cdots,r)$ のいずれかに p を含み，半正定値計画問題とならない場合，p と Q_i を交互に固定しながら最適化を繰り返すなどの方法が考えられるが，そのような方法は近似的な解法となるので，可解であることが示せた場合はよいが，そうでない場合は，可解であるかどうかの判断はできないことになる．

5.3.3 平方和最適化問題

つぎに，目的関数も持った式 (5.119), (5.120) の最適化問題 (O1), (O2) を考える．まず，最適化問題 (O1) について可解問題 (F1) と同様に考えると，問題 (O1) の制約条件を SOS 多項式に置き換えた SOS 最適化問題

(SO1) 変数 x の範囲に制約のない SOS 最適化問題

$$\min_{p} \; c^{\mathrm{T}}p \quad \text{s.t.} \quad f(x,p) \in \Sigma[x] \tag{5.138}$$

は，つぎの問題と等価となる（ただし式 (5.124) の記号を用いている）．

$$\min_{p,Q} \; c^{\mathrm{T}}p \quad \text{s.t.} \quad Q \succeq O,\; \mathrm{tr}(QA_a) = b_a(p) \quad (|a| \leqq \deg(f)) \tag{5.139}$$

これは半正定値計画問題であり，数値的に解を求めることができる．

つぎに，最適化問題 (O2) を考える．可解問題 (F2) と同様に考えると，問題 (O2) 制約条件を SOS 多項式に置き換えた SOS 最適化問題

(SO2) 変数 x の範囲に制約のある SOS 最適化問題

$$\min_{p,\phi} \; c^{\mathrm{T}}p \quad \text{s.t.} \quad L(x,p,\phi) \in \Sigma[x] \tag{5.140}$$

は，最適化問題

$$\min_{p,Q_0,\cdots,Q_r} \; c^{\mathrm{T}}p \tag{5.141a}$$

$$\text{s.t.} \quad b_a(p) - \sum_{i=1}^{r} \mathrm{tr}(Q_i D_{ia}(p)) = \mathrm{tr}(Q_0 A_a) \quad (|a| \leqq N) \tag{5.141b}$$

$$Q_0 \succeq O, \cdots, Q_r \succeq O \tag{5.141c}$$

と等価となる（ただし，式 (5.133), (5.134) の記号を用いている）。可解問題 (SF2) のときに述べたように，$f_i\ (i=1,\cdots,r)$ が p を含まない場合は半正定値計画問題となり，数値的に解くことができる。そうでない場合は，双線形行列不等式問題となるので，一般に最適解を求めることは難しい。

元の問題 (O1) と (O2) の最適解をそれぞれ $p_{O1}^\star$ と $p_{O2}^\star$ とし，SOS 緩和した SOS 最適化問題 (SO1) と (SO2) の最適解をそれぞれ $p_{SO1}^\star$ と $p_{SO2}^\star$ とすると

$$c^T p_{SO1}^\star \geqq c^T p_{O1}^\star, \quad c^T p_{SO2}^\star \geqq c^T p_{O2}^\star \tag{5.142}$$

を満たすが，それぞれギャップがどれくらいあるかは，一般的にはわからない。

これまでは，一般化ラグランジュ関数が

$$L(x,p,\phi) := f_0(x) - \sum_{i=1}^r f_i(x,p)\phi_i(x) \in \Sigma[x] \tag{5.143}$$

となるような $\phi_i(x) \in \Sigma[x]$ が存在するかどうかで置き換える場合について，f_i が偶数次であるとしてきた。これは，平方和多項式 $\phi_i(x)$ が偶数次であるので，$L(x,p,\phi)$ が平方和多項式となるためには，f_i も偶数次でなければならないからである。しかし，元の問題で f_i が奇数次の場合にこの方法が使えないわけではなく

$$\mathcal{S} := \{x \in \mathbf{R}^n \mid f_i(x,p) \geqq 0,\ i=1,\cdots,r\} \tag{5.144}$$

に対して，f_i をなんらかの方法で偶数次に拡張した $\tilde{f}_i$ を用いて

$$\mathcal{S} = \{x \in \mathbf{R}^n \mid \tilde{f}_i(x,p) \geqq 0,\ i=1,\cdots,r\} \tag{5.145}$$

とすることができれば，この方法を適用できることになる。例えば，1 変数 ($x \in \mathbf{R}$) の場合で $\mathcal{S}$ が有界であるとき，十分大きな正の定数 α に対して

$$\mathcal{S} \subset \{x \in \mathbf{R} \mid |x| \leqq \alpha\} \tag{5.146}$$

が成立する．このとき，$x \in S$ に対して $g(x) \geqq 0$ となる 1 次関数 $g(x)$ を用い，奇数次の f_i に対して $g(x)$ を乗じて

$$\tilde{f}_i(x,p) := f_i(x,p)g(x) \tag{5.147}$$

を偶数次とし，偶数次の f_i についてはそのまま $\tilde{f}_i(x,p) = f_i(x,p)$ とすればよい．具体的には，$g(x)$ として $g(x) = \beta(x+\alpha)$ や $g(x) = -\beta(x-\alpha)$ （ただし β は定数）などを用いればよい．同様のことは，多変数の場合でも $\mathcal{S}$ が有界であれば行うことができる．

例 5.1 簡単のため，決定変数がない場合を考え

$$f_1(x) = -3x(x-2), \quad f_2(x) = 2x - 1 \tag{5.148}$$

とし，$\mathcal{S} := \{x \in \mathbf{R} \mid f_1(x) \geqq 0, f_2(x) \geqq 0\}$ とすると，$\mathcal{S} = \{x \in \mathbf{R} \mid 0.5 \leqq x \leqq 2\}$ である．この $\mathcal{S}$ に対して大きめに $\alpha = 10$ ととり，$g(x) = -0.1(x-10)$ として，$\tilde{f}_2(x) := f_2(x)g(x)$ とすると，$\tilde{f}_2$ は 2 次であり，$\mathcal{S} = \{x \in \mathbf{R} \mid \tilde{f}_1(x) \geqq 0, \tilde{f}_2(x) \geqq 0\}$ が成立する（図 **5.1**）．ただし，f_1 は 2 次なので，そのまま $\tilde{f}_1(x) := f_1(x)$ とする．

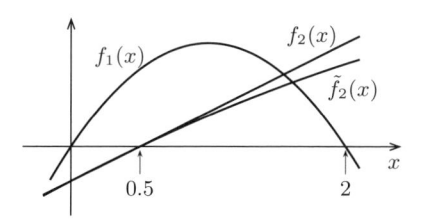

図 5.1 $f_i(x)$ が奇数次の場合の SOS 緩和の適用例

5.3.4 平方和行列最適化問題

制御系設計の場合，行列不等式を制約条件にする問題が多く，平方和行列を用いた最適化問題として定式化すると扱いやすい場合がある。ここでは，x の範囲に制約のある最適化問題 (O2) に対応するつぎの行列制約がある最適化問題を考える。

(MO) 行列制約のある最適化問題

$$\min_{p} \; c^{\mathrm{T}} p \quad \text{s.t.} \;\; F_0(x,p) \succeq O \quad (\forall x \in \mathcal{S}) \tag{5.149a}$$

$$\mathcal{S} := \{ x \in \mathbf{R}^n \mid F_1(x,p) \succeq O \} \tag{5.149b}$$

ただし，$F_0(x,p)$ と $F_1(x,p)$ はそれぞれ大きさ $k \times k$ と $l \times l$ の x の多項式行列とし，決定変数 p に関してアフィンであるとする。

ここで，行列 $A \in \mathbf{R}^{kl \times kl}$，$B \in \mathbf{R}^{l \times l}$ に対して

$$(A,B)_k := \mathrm{tr}_k \bigl(A^{\mathrm{T}} (I_k \otimes B) \bigr) \tag{5.150}$$

を定義する。ただし，$A_{ij} \in \mathbf{R}^{l \times l}$ $(i,j = 1, \cdots, k)$ であり

$$\mathrm{tr}_k(A) := \begin{bmatrix} \mathrm{tr}(A_{11}) & \cdots & \mathrm{tr}(A_{1k}) \\ \vdots & \ddots & \vdots \\ \mathrm{tr}(A_{k1}) & \cdots & \mathrm{tr}(A_{kk}) \end{bmatrix} \in \mathbf{R}^{k \times k} \tag{5.151}$$

である。つまり，この定義より

$$(A,B)_k = \begin{bmatrix} \mathrm{tr}(A_{11}^{\mathrm{T}} B) & \cdots & \mathrm{tr}(A_{k1}^{\mathrm{T}} B) \\ \vdots & \ddots & \vdots \\ \mathrm{tr}(A_{1k}^{\mathrm{T}} B) & \cdots & \mathrm{tr}(A_{kk}^{\mathrm{T}} B) \end{bmatrix} \in \mathbf{R}^{k \times k} \tag{5.152}$$

である。一般に

$$\mathrm{tr}_k \bigl(A^{\mathrm{T}} (I_k \otimes B) \bigr) = \mathrm{tr}_k \bigl((I_k \otimes B) A^{\mathrm{T}} \bigr) \tag{5.153}$$

が成立し

$$A \succeq O \text{ かつ } B \succeq O \text{ ならば } (A,B)_k \succeq O \tag{5.154}$$

であることがいえる（証明は省略）．

最適化問題 (MO) に対して，(O2) の場合と同じように，平方和行列条件を用いたつぎの**平方和行列最適化問題**（あるいは単に **SOS 行列最適化問題**とも呼ぶ）(SOS matrix optimization problem) を考える．

(SMO) 平方和行列最適化問題

$$\min_{p,\Phi_1} c^\mathrm{T} p \quad \text{s.t.} \quad L(x,p,\Phi_1) \in \Sigma[x]^{k \times k} \tag{5.155}$$

ただし

$$L(x,p,\Phi_1) := F_0(x,p) - \bigl(\Phi_1(x), F_1(x,p)\bigr)_k, \quad \Phi_1(x) \in \Sigma[x]^{kl \times kl} \tag{5.156}$$

である．$L(x,p,\Phi_1) \in \Sigma[x]^{k \times k}$ であれば

$$L(x,p,\Phi_1) \succeq O \quad (\forall x \in \mathbf{R}^n) \tag{5.157}$$

であるので

$$F_0(x,p) \succeq \bigl(\Phi_1(x), F_1(x,p)\bigr)_k \quad (\forall x \in \mathbf{R}^n) \tag{5.158}$$

となる．そして，任意の $x \in \mathbf{R}^n$ に対して $\Phi_1(x) \succeq O$ なので，式 (5.154) より

$$F_0(x,p) \succeq O \quad (\forall x \in \mathcal{S}) \tag{5.159}$$

が成立する．つまり，問題 (SMO) の実行可能解は問題 (MO) の実行可能解となり，それらの最適解をそれぞれ $p^\star_{\mathrm{SMO}}, p^\star_{\mathrm{MO}}$ とすると，$c^\mathrm{T} p^\star_{\mathrm{SMO}} \geq c^\mathrm{T} p^\star_{\mathrm{MO}}$ の関係があることになる（ある条件のもとで等号が成立することが知られている）．

問題 (SMO) は，つぎのように半正定値計画問題に帰着することができる．まず，$F_1(x)$ の次数を $2d_1$ として，$d \geq d_1$ かつ $2d \geq \deg(F_0)$ となる d を選び，$N := 2d$ とする．そして

186   5. 平方和最適化

$$\Phi_0(x) = (z_d \otimes I_k)^\mathrm{T} Q_0 (z_d \otimes I_k) \tag{5.160}$$

$$\Phi_1(x) = (z_{d-d_1} \otimes I_{kl})^\mathrm{T} Q_1 (z_{d-d_1} \otimes I_{kl}) \tag{5.161}$$

とすると，$\Phi_0(x) \in \Sigma_N[x]^{k \times k}$，$\Phi_1(x) \in \Sigma_{N-2d_1}[x]^{kl \times kl}$ となる．ただし，z_d は x の d 次の単項式ベクトルであり，Q_0, Q_1 は適当な大きさの半正定値行列である．ここで，$L(x, p, \Phi_1)$ の次数を N と限定し，$L(x, p, \Phi_1) \in \Sigma_N[x]^{k \times k}$ とすると

$$F_0(x, p) - \bigl(\Phi_1(x), F_1(x, p)\bigr)_k = \Phi_0(x) \tag{5.162}$$

と表せる．そして，単項式表現 (5.6) を用いて

$$F_0(x, p) = \sum_{|a| \leqq N} B_a(p) x^a, \quad z_d z_d^\mathrm{T} = \sum_{|a| \leqq N} A_a x^a \tag{5.163}$$

$$(I_{kl} \otimes z_{d-d_1}) F_1(x, p)(I_{kl} \otimes z_{d-d_1}^\mathrm{T}) = \sum_{|a| \leqq N} D_a(p) x^a \tag{5.164}$$

とする．このとき，P_0 を，$z_d \otimes I_k = P_0 (I_k \otimes z_d)$ となるように行を交換する定数行列とすると

$$\begin{aligned}
(z_d \otimes I_k)^\mathrm{T} Q_0 (z_d \otimes I_k) &= \mathrm{tr}_k \bigl((I_k \otimes z_d^\mathrm{T}) P_0^\mathrm{T} Q_0 P_0 (I_k \otimes z_d)\bigr) \\
&= \mathrm{tr}_k \bigl(P_0^\mathrm{T} Q_0 P_0 (I_k \otimes z_d)(I_k \otimes z_d^\mathrm{T})\bigr) \\
&= \mathrm{tr}_k \bigl(P_0^\mathrm{T} Q_0 P_0 (I_k \otimes z_d z_d^\mathrm{T})\bigr) \\
&= \sum_{|a| \leqq N} (P_0^\mathrm{T} Q_0 P_0, A_a)_k x^a
\end{aligned} \tag{5.165}$$

を得る．さらに，P_1 を，P_0 と同様に $z_{d-d_1} \otimes I_{kl} = P_1 (I_{kl} \otimes z_{d-d_1})$ となるように行を交換する定数行列とすると

$$\begin{aligned}
&\bigl(\Phi_1(x), F_1(x, p)\bigr)_k \\
&= \mathrm{tr}_k \bigl((I_k \otimes I_l \otimes z_{d-d_1}^\mathrm{T}) P_1^\mathrm{T} Q_1 P_1 (I_k \otimes I_l \otimes z_{d-d_1})(I_k \otimes F_1(x, p))\bigr) \\
&= \mathrm{tr}_k \bigl(P_1^\mathrm{T} Q_1 P_1 (I_k \otimes I_l \otimes z_{d-d_1})(I_k \otimes F_1(x, p))(I_k \otimes I_l \otimes z_{d-d_1}^\mathrm{T})\bigr)
\end{aligned}$$

$$= \mathrm{tr}_k\bigl(P_1^\mathrm{T} Q_1 P_1[I_k \otimes \{(I_l \otimes z_{d-d_1}) F_1(x,p)(I_l \otimes z_{d-d_1}^\mathrm{T})\}]\bigr)$$

$$= \sum_{|a| \leqq N} \mathrm{tr}_k\bigl(P_1^\mathrm{T} Q_1 P_1[I_k \otimes D_a(p)]\bigr) x^a$$

$$= \sum_{|a| \leqq N} \bigl(P_1^\mathrm{T} Q_1 P_1, D_a(p)\bigr)_k x^a \tag{5.166}$$

を得る．ここで，式 (5.165), (5.166) を計算するにあたり

$$A = \mathrm{tr}_k(A) \quad (A \in \mathbf{R}^{k \times k}) \tag{5.167}$$

$$\mathrm{tr}_k\bigl((I_k \otimes z_d^\mathrm{T})M\bigr) = \mathrm{tr}_k\bigl(M(I_k \otimes z_d^\mathrm{T})\bigr) \tag{5.168}$$

$$(I_k \otimes z_d)^\mathrm{T} = I_k \otimes z_d^\mathrm{T} \tag{5.169}$$

$$(I_k \otimes z_d)(I_k \otimes z_d^\mathrm{T}) = I_k \otimes z_d z_d^\mathrm{T} \tag{5.170}$$

などの性質を用いた．これらを用いて式 (5.162) の両辺の係数比較を行うと，一般化ラグランジュ関数 L の次数を N とした場合の SOS 最適化問題 (SMO) は，つぎの最適化問題に帰着される．

$$\min_{p, Q_0, Q_1} c^\mathrm{T} p \tag{5.171a}$$

$$\text{s.t.} \quad B_a(p) - \bigl(P_1^\mathrm{T} Q_1 P_1, D_a(p)\bigr)_k = (P_0^\mathrm{T} Q_0 P_0, A_a)_k \quad (|a| \leqq N) \tag{5.171b}$$

このままでは，変数 Q_1 と p の積が入っているため双線形最適化問題となるが，特に F_1 が変数 p を含まない場合，すなわち D_a が定数行列の場合は変数同士の積は含まれなくなり，半正定値計画問題となる．

5.3.5 制御問題への適用例

ここでは，SOS 可解問題を非線形システムの安定性の判別に利用する例を紹介する．

つぎの非線形システムを考える．

$$\frac{d}{dt} x(t) = f(x(t)) \tag{5.172}$$

ただし，$x(t) \in \mathbf{R}^n$, $f : \mathbf{R}^n \to \mathbf{R}^n$ で，$f(0) = 0$ とする．このとき，リアプノフ関数 $V(x(t))$（ただし $V(0) = 0$）として

$$V(x(t)) \geqq \varepsilon \|x(t)\|^2 \tag{5.173}$$

$$\frac{d}{dt} V(x(t)) = (\nabla_x V(x))^\mathrm{T} \frac{d}{dt} x(t) = (\nabla_x V(x))^\mathrm{T} f(x) \leqq 0 \tag{5.174}$$

を満たすものが存在すれば，平衡点 $x = 0$ は安定であることがいえる．ただし $\varepsilon > 0$ である．

ここで，特に $f(x)$ が x の多項式で表される場合，すなわち $f(x) \in \mathbf{R}[x]^n$ である場合を考える．このとき，リアプノフ関数 $V(x)$ として，$V(0) = 0$ であるような x の多項式 $V(x) \in \mathbf{R}[x]$ として選び

$$V(x) - \varepsilon \|x\|^2 \in \Sigma[x] \tag{5.175}$$

$$-(\nabla_x V(x))^\mathrm{T} f(x) \in \Sigma[x] \tag{5.176}$$

を満たすものが見つけられれば，$V(x)$ は条件 (5.173), (5.174) を満たすことがいえ，非線形システム (5.172) の平衡点 $x = 0$ が安定であることがいえる．条件 (5.173), (5.174) を満たすような多項式 $V(x)$ を見つける問題は，SOS 可解問題である．

例 5.2 （文献 42) の例）

つぎの非線形システムを考える．

$$\frac{d}{dt} \begin{bmatrix} x_1 \\ x_2 \end{bmatrix} = \begin{bmatrix} -x_1 - 2x_2^2 \\ -x_2 - x_1 x_2 - 2x_2^3 \end{bmatrix} \tag{5.177}$$

このシステムに対して，$V(x)$ として 2 次の多項式（ただし $V(0) = 0$）を候補として考える．$V(0) = 0$ なので，$V(x)$ は

$$V(x) = \begin{bmatrix} 1 \\ x_1 \\ x_2 \end{bmatrix}^\mathrm{T} \begin{bmatrix} 0 & p_1 & p_2 \\ p_1 & p_3 & p_4 \\ p_2 & p_4 & p_5 \end{bmatrix} \begin{bmatrix} 1 \\ x_1 \\ x_2 \end{bmatrix} \tag{5.178}$$

と表現できる。$p := [p_1 \cdots p_5]^T$ はここでの決定変数となる。このとき

$$V(x) - \varepsilon\|x\|^2 = 2p_1 x_1 + 2p_2 x_2 + 2p_4 x_1 x_2$$
$$+ (p_3 - \varepsilon)x_1^2 + (p_5 - \varepsilon)x_2^2 \qquad (5.179)$$

$$\left(\nabla_x V(x)\right)^T f(x) = -2p_1 x_1 - 2p_2 x_2 - 2(p_2 + 2p_4)x_1 x_2 - 2p_3 x_1^2$$
$$- 2(2p_1 + p_5)x_2^2 - 2p_4 x_1^2 x_2 - 2(2p_3 + p_5)x_1 x_2^2$$
$$- 4(p_2 + p_4)x_2^3 - 4p_4 x_1 x_2^3 - 4p_5 x_2^4 \qquad (5.180)$$

であるので,$V(x) - \varepsilon\|x\|^2$ と $-\left(\nabla_x V(x)\right)^T f(x)$ は,決定変数 p についてアファインな x の多項式となる。よって,条件 (5.173), (5.174) を満たす p を求める問題は,SOS 可解問題となる。これを $\varepsilon = 1$ に対して実際に解くと,$\varepsilon = 1$ の場合の一つの解として

$$p = \begin{bmatrix} 0 & 0 & 1 & 0 & 2 \end{bmatrix} \qquad (5.181)$$

が得られる。これは

$$V(x) = x_1^2 + 2x_2^2 \qquad (5.182)$$

を表し,実際に条件 (5.173), (5.174) を満たすことが

$$V(x) - \|x\|^2 = x_2^2 \geqq 0 \qquad (5.183)$$

$$\frac{d}{dt}V(x) = (2x_1)(-x_1 - 2x_2^2) + (4x_2)(-x_2 - x_1 x_2 - 2x_2^3)$$
$$= -4x_2^2 - 2(x_1 + 2x_2^2)^2 \leqq 0 \qquad (5.184)$$

として確認でき,システム (5.177) の平衡点 $x = 0$ は安定であることがいえる。

例 5.3 (文献 45) の例)

つぎの非線形システムを考える。

$$\frac{d}{dt}\begin{bmatrix} x_1 \\ x_2 \\ x_3 \end{bmatrix} = \begin{bmatrix} -x_1^3 - x_1 x_3^2 \\ -x_2 - x_1^2 x_2 \\ -x_3 - \dfrac{3x_3}{x_3^2 + 1} + 3x_1^2 x_3 \end{bmatrix} \tag{5.185}$$

このシステムに対して，式 (5.173), (5.174) を満たす多項式のリアプノフ関数 $V(x)$ を構成できればよいが，このシステムは x_3 に関する有理式になっているので，条件 (5.174) の $\dfrac{d}{dt}V(x)$ は x の多項式とはならなくなり，そのままでは条件 (5.176) に置き換えることができない．そこで，$x_3^2 + 1 > 0$ $(\forall x_3 \in \mathbf{R})$ であることを用いると，式 (5.174) は

$$(x_3^2 + 1)\frac{d}{dt}V(x) \leqq 0 \tag{5.186}$$

と等価になるので，式 (5.176) の代わりに

$$-(x_3^2 + 1)\bigl(\nabla_x V(x)\bigr)^{\mathrm{T}} f(x) \in \Sigma[x] \tag{5.187}$$

を条件として用いることとする．そして，リアプノフ関数 $V(x)$（ただし $V(0) = 0$）を 2 次の多項式とすると

$$V(x) = \begin{bmatrix} 1 \\ x_1 \\ x_2 \\ x_3 \end{bmatrix}^{\mathrm{T}} \begin{bmatrix} 0 & p_1 & p_2 & p_3 \\ p_1 & p_4 & p_5 & p_6 \\ p_2 & p_5 & p_7 & p_8 \\ p_3 & p_6 & p_8 & p_9 \end{bmatrix} \begin{bmatrix} 1 \\ x_1 \\ x_2 \\ x_3 \end{bmatrix} \tag{5.188}$$

と表すことができ

$$p := \begin{bmatrix} p_1 & p_2 & \cdots & p_9 \end{bmatrix}^{\mathrm{T}} \tag{5.189}$$

が決定変数となる．例 **5.2** と同じように，式 (5.175) と式 (5.176) を満たすような p を求める SOS 可解問題として p を求めると，一つの解として

$$V(x) = 5.5489\, x_1^2 + 4.1068\, x_2^2 + 1.7945\, x_3^2 \tag{5.190}$$

が得られ，システム (5.185) の平衡点 $x=0$ は安定であることがいえる．

なお，**例 5.2** において，式 (5.178) の右辺に現れる行列は半正定値であることが必要である．この行列のように，一部の対角要素が 0 である正方行列が半正定値となるためには，対角要素が 0 である行と列の非対角要素もすべて 0 でなければならない[†]．このことより，p_1, p_2 は 0 になることが理論的にわかる．

同様に，**例 5.3** においても，p_1, p_2, p_3 は 0 になることがわかる．これらの例のように，決定変数の一部が 0 となることがあらかじめわかる場合には，それらを除外して決定変数の数を減らした上で最適化計算を行うことが数値計算上は好ましい．

ここでは，最も簡単な例として安定性の判別だけを紹介したが，制御器の設計や他のさまざまな応用例が知られている．

********** 演 習 問 題 **********

【1】 定理 5.2 を証明せよ．

【2】 定理 5.3 を証明せよ．

【3】 SDP 緩和問題 (5.84) が SOS 緩和問題 (5.78) の双対問題となっていることを示せ．

[†] シルベスターの判別法（**定理 A.5**）の (ii) において，0 である対角要素を含む 2×2 の主小行列式が非負であることから示すことができる．

6 確率的手法を用いた最適化

　乱択アルゴリズム (randomized algorithm) とは，無作為抽出を含むアルゴリズムのことである。基本的な考え方は，解析的には解けない，あるいは解くことが（計算量的に）非常に難しい問題に乱択を導入することで，確定的な（100 % 正しい）解を得ることをあきらめ，確率的な（間違っているかもしれない）解を得る方法である。確定的な解を得ることをあきらめる代わりに，現実的な計算時間で解を得ようという考え方である。また，乱択アルゴリズムに共通する特徴として，ある精度を保証するために必要な乱択の回数が，問題の複雑さや難しさに依存せずに決まる点が挙げられる。さらに，アルゴリズムの実装，並列化も容易である。

6.1 モンテカルロ法

　モンテカルロ法 (Monte Carlo method) とは，乱数を用いた数学的な問題の解法である。モンテカルロ法の適用範囲は必ずしも確率的な問題だけではなく，確定的な問題にも適用可能である。

　確定的な問題への簡単な適用例として，円周率 π（確定的なもの）をモンテカルロ法で求めることを考えよう。

例 6.1 $x_i \in [\,0\ 1\,]$, $y_i \in [\,0\ 1\,]$ をそれぞれ一様乱数とし，N 組のサンプル (x_i, y_i) に対して

$$x_i^2 + y_i^2 \leqq 1 \tag{6.1}$$

を満たす組の数を S とする.式 (6.1) を満たす確率は,図 **6.1** に示す半径 1 の $\dfrac{1}{4}$ 円と 1 辺の長さが 1 の正方形の面積比 $\dfrac{\pi}{4}$ に比例するはずであるから,円周率 π の近似値は

$$\pi \approx \frac{4S}{N} \tag{6.2}$$

と求められる.

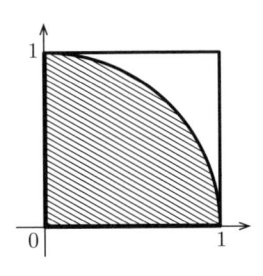

図 6.1 半径 1 の $\dfrac{1}{4}$ 円と 1 辺の長さが 1 の正方形

このような乱数を用いた方法の妥当性について述べておこう.直感的に,試行回数 (サンプル数) を多くするに従って式 (6.2) の近似精度は上がっていくと予想される.この直感の数学的な妥当性を保証するのが,以下の二つの定理である.

【定理 6.1】 (大数の弱法則 (weak law of large numbers))
確率変数 $X_1, X_2, \cdots, X_N$ が独立であって,平均 $\mathrm{E}(X_k) = \mu$ $(\forall k)$,かつ,一定の定数 σ に対して,分散 $\mathrm{V}(X_k) \leqq \sigma^2$ $(\forall k)$ であるならば,N が十分大きくなると $\bar{X} := \dfrac{1}{N} \displaystyle\sum_{k=1}^{N} X_k$ は μ に確率収束する.つまり,任意に与えられた正数 $\varepsilon > 0$ に対して,次式が成立する.

$$\lim_{N \to \infty} P\left(|\bar{X} - \mu| < \varepsilon\right) = 1 \tag{6.3}$$

この**定理 6.1** によって，試行回数を大きくすれば，近似値が真値に近づくことが保証される。さらに，近似の精度を見積もるためには，つぎの定理が重要である。

【定理 6.2】（中心極限定理（central limit theorem））

$X_1, \cdots, X_N$ は平均 μ，分散 σ^2 の独立同分布の確率変数とする。N が十分大きければ $\bar{X} := \dfrac{1}{N}\sum_{k=1}^{N} X_k$ は平均 μ，分散 $\dfrac{\sigma^2}{N}$ の正規分布に従う。つまり，任意の x に対して，つぎの式が成立する。

$$\lim_{N \to \infty} P\left(\frac{\bar{X} - \mu}{\sigma/\sqrt{N}} \leq x \right) = \int_{-\infty}^{x} \frac{1}{\sqrt{2\pi}} \exp\left(-\frac{t^2}{2} \right) dt \qquad (6.4)$$

この中心極限定理を用いて，円周率の近似値 (6.2) の近似精度を見積もってみよう。確率変数 X_k は，k 回目の試行で条件 (6.1) を満たす場合に 1，満たさない場合に 0 をとるものとする。このようにすると，$\bar{X}$ は相対度数 $\dfrac{S}{N}$ に等しくなる。また，X_k の平均 $\mathrm{E}(X_k)$ と分散 $\mathrm{V}(X_k)$ は，真の確率を $I\left(=\dfrac{\pi}{4}\right)$ とすると

$$\mathrm{E}(X_k) = I, \quad \mathrm{V}(X_k) = I(1-I)^2 + (1-I)(0-I)^2 = I(1-I) \qquad (6.5)$$

である。これらと中心極限定理より，$\bar{X}$ の平均と分散は

$$\mathrm{E}(\bar{X}) = I, \quad \mathrm{V}(\bar{X}) = \frac{1}{N}I(1-I) \qquad (6.6)$$

となる。円周率を求める**例 6.1** の場合，信頼度 99％ で真の値は

$$\frac{S}{N} \pm \frac{2.575\,8}{4} \sqrt{\frac{\pi(4-\pi)}{N}} \qquad (6.7)$$

の区間に含まれる[†]。10 000 回の試行で信頼区間はおよそ $\dfrac{S}{N} \pm 0.01$ となる。また，信頼区間の幅を $\dfrac{1}{10}$ 倍にするためには，試行回数 N を 100 倍にする必要があることがわかる。

[†] 2.575 8 は，信頼度 99％ に対応した標準正規分布の信頼区間の値。

上記のように，信頼区間の幅を小さくするためには，多くの試行回数が必要となる．一方，上記の信頼区間と試行回数の関係は，問題の難しさに依存しない．例えば，図 6.2 のような複雑な図形の面積を求める問題でも，円周率を求める図 6.1 の場合と同じ試行回数で同じ精度が得られる．これがモンテカルロ法の大きな利点である．このようなモンテカルロ法の性質は，特に多重積分による多次元体積の求解問題において力を発揮する．

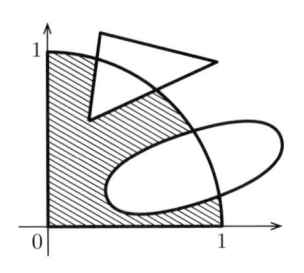

図 6.2 複雑な図形の面積

6.2 パーティクルフィルタ

前節の例は，円周率を求めるという確定的な問題へのモンテカルロ法の適用であった．モンテカルロ法の重要な適用分野としては，確率的な問題を実際に数値実験するモンテカルロシミュレーションがある．本節は，モンテカルロシミュレーションと関連が深いパーティクルフィルタについて，カルマンフィルタと比較して説明する．

6.2.1 問題設定

以下の離散時間システムを考える．

$$x_{t+1} = F_t(x_t, v_t), \quad y_t = H_t(x_t, w_t) \tag{6.8}$$

添字 $t = 0, 1, 2, \cdots$ は時刻を表し，$x_t \in \mathbf{R}^n$, $y_t \in \mathbf{R}^l$ はそれぞれシステムの状態と観測出力を表す．また，$v_t \in \mathbf{R}^m$, $w_t \in \mathbf{R}^k$ はそれぞれシステム雑

音，観測雑音であり，白色雑音と仮定し，確率密度関数はそれぞれ $q(v_t)$, $r(w_t)$ で与えられるものとする．また，状態 x_t と観測値 y_t が与えられると観測雑音 w_t は一意に定まると仮定し，w_t は y_t に関して微分可能な関数 G_t を用いて

$$w_t = G_t(y_t, x_t) \tag{6.9}$$

で与えられるものと仮定する．これは，あとで述べる尤度の計算が可能であることを保証する．$\hat{x}_{t+k|t}$ は，時刻 t までの観測値 $Y_t := \{y_1, \cdots, y_t\}$ を用いた時刻 $t+k$ の状態 x_{t+k} の推定値を表すものとする．つまり，条件付き期待値 $\mathrm{E}[\cdot|\cdot]$ を用いて表すと，$\hat{x}_{t+k|t} = \mathrm{E}[x_{t+k}|Y_t]$ である．そして，ここでは推定誤差の 2 乗の期待値 $\mathrm{E}[\|\hat{x}_{t|t} - x_t\|^2]$ を最小にする推定値 $\hat{x}_{t|t}$ を求める問題を考える．

カルマンフィルタやパーティクルフィルタは，時間更新と観測更新と呼ばれる二つのステップから構成される．Y_t を観測したという条件下の x_{t+k} の条件付き確率密度関数を，$p(x_{t+k}|Y_t)$ で表すことにする．

時間更新： 事前に得られた状態の確率密度関数 $p(x_t|Y_t)$ とシステム雑音の分布 $q(v_t)$ から，1 時刻先の状態の確率密度関数 $p(x_{t+1}|Y_t)$ を求める．

観測更新： $p(x_{t+1}|Y_t)$ と観測雑音の分布 $r(w_{t+1})$, 新たな観測値 y_{t+1} から，状態の確率密度関数 $p(x_{t+1}|Y_{t+1})$ を求める．

これら二つのステップは，いずれも推定値の条件付き確率密度関数を逐次的に更新する手続きである．つまり，カルマンフィルタ，パーティクルフィルタとも，条件付き確率密度関数を推定，更新するアルゴリズムである．

6.2.2 カルマンフィルタ

まず，線形システムに対する**カルマンフィルタ**（Kalman filter）について簡単に説明しよう．式 (6.8) のシステムにおいて

$$F_t(x_t, v_t) = A_t x_t + B_t v_t, \quad H_t(x_t, w_t) = C_t x_t + w_t \tag{6.10}$$

と仮定し，システム雑音 v_t，観測雑音 w_t は平均 0，共分散行列がそれぞれ Q_t，R_t で与えられる正規分布に従うものとする。また，システムの状態 x_t は，システム雑音 v_t，観測雑音 w_t とは相関がないものと仮定する。

時刻 t までの観測値 Y_t を用いて，状態の条件付き確率密度関数 $p(x_t|Y_t)$ が平均 $\hat{x}_{t|t}$，共分散 $P_{t|t}$ の正規分布として得られているものとする。カルマンフィルタにおける時間更新則は，システムの線形性から

$$\hat{x}_{t+1|t} = A_t \hat{x}_{t|t} \tag{6.11}$$

$$P_{t+1|t} = A_t P_{t|t} A_t^{\mathrm{T}} + B_t Q_t B_t^{\mathrm{T}} \tag{6.12}$$

と得られる。観測更新則は

$$\hat{x}_{t+1|t+1} = \hat{x}_{t+1|t} + K_{t+1}(y_{t+1} - C_{t+1}\hat{x}_{t+1|t}) \tag{6.13}$$

$$P_{t+1|t+1} = P_{t+1|t} - K_{t+1} C_{t+1} P_{t+1|t} \tag{6.14}$$

ただし

$$K_{t+1} = P_{t+1|t} C_{t+1}^{\mathrm{T}} (C_{t+1} P_{t+1|t} C_{t+1}^{\mathrm{T}} + R_{t+1})^{-1} \tag{6.15}$$

で与えられる。この観測更新は，以下の定理に基づいている。

【定理 6.3】 二つの確率変数ベクトル X，Y があって，$\begin{bmatrix} X \\ Y \end{bmatrix}$ が平均 $\begin{bmatrix} \bar{x} \\ \bar{y} \end{bmatrix}$，共分散行列 $\begin{bmatrix} \Sigma_{xx} & \Sigma_{xy} \\ \Sigma_{yx} & \Sigma_{yy} \end{bmatrix}$ の正規分布に従うものとする。このとき，$Y = y$ という条件のもとでの X の条件付き分布 $p(X|Y=y)$ は，平均 $\bar{x} + \Sigma_{xy}\Sigma_{yy}^{-1}(y - \bar{y})$，共分散行列 $\Sigma_{xx} - \Sigma_{xy}\Sigma_{yy}^{-1}\Sigma_{yx}$ の正規分布となる。

定理 6.3 で得られた推定値は，最小 2 乗推定値を与えることが知られており，最尤推定値にも一致する。

6.2.3 パーティクルフィルタ

非線形システムに対するカルマンフィルタとしては，非線形関数 F_t, H_t を推定値まわりで線形化し，線形化したシステムに対してカルマンフィルタを適用する拡張カルマンフィルタ（extended Kalman filter）が提案されている．しかし，システムの非線形性によって確率密度関数の正規性が崩れたり，あるいは雑音の分布がそもそも正規分布ではない一般の分布の場合には，必ずしも良い推定を与えない．システムの非線形性や一般の雑音分布に対応する一つの方法として，乱択アルゴリズムの一種であるパーティクルフィルタが提案された．以下，パーティクルフィルタの考え方を紹介しよう．

カルマンフィルタでは，状態と雑音の分布を正規分布と仮定している．正規分布でない場合には，その分布の確率密度関数を近似することが考えられてきた．例えば，複数の正規分布の和として近似するガウス和フィルタなどである．これに対して，**パーティクルフィルタ**（particle filter）では，確率密度関数を δ 関数の和として近似する．具体的には，状態 x_t と雑音 v_t の（条件付き）確率密度関数を高さの同じ δ 関数の和として

$$p(x_t|Y_t) \approx \frac{1}{N} \sum_{i=1}^{N} \delta(x_t - x_{t|t}^{(i)}) \tag{6.16}$$

$$q(v_t) \approx \frac{1}{N} \sum_{i=1}^{N} \delta(v_t - v_t^{(i)}) \tag{6.17}$$

と近似することである．ここで，$x_{t+k|t}^{(i)}$, $v_t^{(i)}$ の下付き添字は，それぞれ $p(x_{t+k}|Y_t)$，$q(v_t)$ を近似することを表し，上付き添字 (i) は N 個のうちの i 番目の δ 関数であることを表している．この一つひとつの δ 関数をパーティクルと呼ぶので，パーティクルフィルタと呼ばれている．

図 6.3 に近似の様子を示す．ただし，δ 関数の高さは有限として描いている．図 (a) では，パーティクルのばらつき具合 $\{x_{t|t}^{(i)}\}$ によって，確率密度関数の値を近似している．確率密度関数の近似としては，形がまったく似ていない．しかし，図 (b) において累積分布関数の近似としてとらえると，高さ $\frac{1}{N}$ の段が

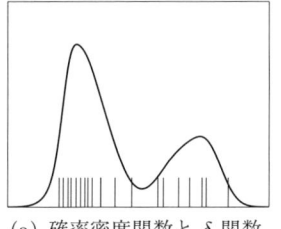

(a) 確率密度関数と δ 関数 によるその近似 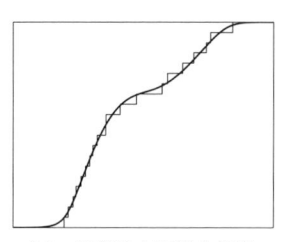   (b) 累積分布関数と階段関数によるその近似

図 6.3 確率密度関数と累積分布関数の近似

不等間隔で現れる階段関数で累積分布関数を近似できていることがわかる．状態や雑音の確率密度関数がどのような形であったとしても，N の数を十分に大きくすれば，累積分布関数を精度良く近似することができる．

式 (6.16), (6.17) の近似において，x_t と v_t が独立であることに注意すると，同時確率密度関数は

$$p(x_t|Y_t)\, q(v_t) \approx \frac{1}{N} \sum_{i=1}^{N} \delta(x_t - x_{t|t}^{(i)}) \cdot \delta(v_t - v_t^{(i)}) \tag{6.18}$$

と近似されることに注意しよう．

改めて図 **6.4** (a) のように $p(x_t|Y_t)$ とその近似が与えられたとする．これに対して x_t の確率密度関数の 1 時刻先の予測を計算すると，定義から

$$\begin{aligned} p(x_{t+1}|Y_t) &= \int_{\mathbf{R}^n} p(x_{t+1}|x_t)\, p(x_t|Y_t)\, dx_t \\ &= \int_{\mathbf{R}^n} \left[\int_{\mathbf{R}^m} p(x_{t+1}|x_t, v_t)\, q(v_t)\, dv_t \right] p(x_t|Y_t)\, dx_t \\ &= \int_{\mathbf{R}^n} \int_{\mathbf{R}^m} p(x_{t+1}|x_t, v_t)\, p(x_t|Y_t)\, q(v_t)\, dx_t\, dv_t \end{aligned} \tag{6.19}$$

であり，この式に式 (6.18) を代入すると

$$\begin{aligned} &p(x_{t+1}|Y_t) \\ &\approx \int_{\mathbf{R}^n} \int_{\mathbf{R}^m} p(x_{t+1}|x_t, v_t) \frac{1}{N} \sum_{i=1}^{N} \delta(x_t - x_{t|t}^{(i)})\, \delta(v_t - v_t^{(i)})\, dx_t\, dv_t \end{aligned}$$

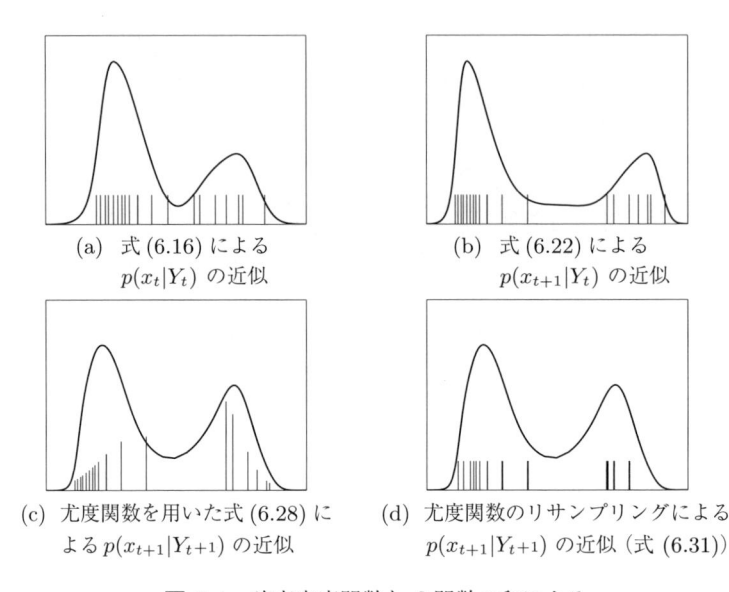

(a) 式 (6.16) による
$p(x_t|Y_t)$ の近似

(b) 式 (6.22) による
$p(x_{t+1}|Y_t)$ の近似

(c) 尤度関数を用いた式 (6.28) による $p(x_{t+1}|Y_{t+1})$ の近似

(d) 尤度関数のリサンプリングによる $p(x_{t+1}|Y_{t+1})$ の近似 (式 (6.31))

図 6.4 確率密度関数と δ 関数の和による近似の時間更新, 観測更新

$$= \frac{1}{N} \sum_{i=1}^{N} p\left(x_{t+1}|x_{t|t}^{(i)}, v_t^{(i)}\right)$$

$$= \frac{1}{N} \sum_{i=1}^{N} \delta\left(x_{t+1} - F_t(x_{t|t}^{(i)}, v_t^{(i)})\right) \tag{6.20}$$

と近似できる。ここで, $F_t(x_{t|t}^{(i)}, v_t^{(i)})$ は各パーティクルに対応した状態の 1 時刻予測である。この予測値は

$$x_{t+1|t}^{(i)} = F_t(x_{t|t}^{(i)}, v_t^{(i)}) \tag{6.21}$$

と表すことができるので, 1 時刻先の状態の予測分布 $p(x_{t+1}|Y_t)$ は

$$p(x_{t+1}|Y_t) \approx \frac{1}{N} \sum_{i=1}^{N} \delta\left(x_{t+1} - x_{t+1|t}^{(i)}\right) \tag{6.22}$$

と近似され, δ 関数の和による近似が得られる (図 **6.4** (b))。関数 F_t については, 非線形であっても, あるいは不連続で導関数が存在しなくても, 状態予

測分布の近似が得られる．つまり，分布の形状，関数 F_t の性質によらず，状態予測分布の近似が得られるのが特徴である．

ここまでは，多数のサンプルの時間的変化を追跡して分布の変化を予測するモンテカルロシミュレーションの基本的な考え方と同じである．これに対して，パーティクルフィルタは，カルマンフィルタと同様にシステムの観測値を用いて予測分布を修正する観測更新を行う．予測分布 $p(x_{t+1}|Y_t)$ と新たな観測値 y_{t+1} を用いて実際に $p(x_{t+1}|Y_{t+1})$ を求めてみよう．ベイズの定理から観測値 y_{t+1} を得た後の条件付き確率密度関数は，つぎのように与えられる．

$$p(x_{t+1}|Y_{t+1}) = \frac{p(y_{t+1}|x_{t+1})\,p(x_{t+1}|Y_t)}{p(y_{t+1}|Y_t)}$$
$$= \frac{p(x_{t+1}|Y_t)\,p(y_{t+1}|x_{t+1})}{\int_{\mathbf{R}^n} p(x_{t+1}|Y_t)\,p(y_{t+1}|x_{t+1})\,dx_{t+1}} \quad (6.23)$$

式 (6.22) を代入すると，式 (6.23) の分子，分母はそれぞれ以下のように計算される．

$$p(x_{t+1}|Y_t)\,p(y_{t+1}|x_{t+1}) \approx \frac{1}{N}\sum_{i=1}^{N} p(y_{t+1}|x_{t+1|t}^{(i)})\,\delta(x_{t+1} - x_{t+1|t}^{(i)})$$
$$(6.24)$$

$$\int_{\mathbf{R}^n} p(x_{t+1}|Y_t)\,p(y_{t+1}|x_{t+1})\,dx_{t+1}$$
$$\approx \int_{\mathbf{R}^n} \frac{1}{N}\sum_{i=1}^{N} p(y_{t+1}|x_{t+1|t}^{(i)})\,\delta(x_{t+1} - x_{t+1|t}^{(i)})\,dx_{t+1}$$
$$= \frac{1}{N}\sum_{i=1}^{N} p(y_{t+1}|x_{t+1|t}^{(i)}) \quad (6.25)$$

式 (6.24), (6.25) に現れる $p(y_{t+1}|x_{t+1|t}^{(i)})$ は，観測値 y_{t+1} が得られたときの各パーティクルの状態予測 $x_{t+1|t}^{(i)}$ の尤度である．この尤度は，観測値 y_{t+1} と状態予測 $x_{t+1|t}^{(i)}$ から加わった（と推定される）観測雑音 $w_t^{(i)}$ を求め，求めた $w_t^{(i)}$ が事前に与えられた分布 $r(w_t)$ にどれくらい当てはまるかで計算することができる．$w_t^{(i)}$ は式 (6.9) を用いて計算できるので，尤度は

$$p(y_{t+1}|x_{t+1|t}^{(i)}) = r(G_{t+1}(y_{t+1}, x_{t+1|t}^{(i)})) \left| \frac{\partial G_{t+1}}{\partial y_{t+1}} \right| \tag{6.26}$$

と計算できる．ここで

$$\beta_{t+1}^{(i)} = \frac{p(y_{t+1}|x_{t+1|t}^{(i)})}{\displaystyle\sum_{i=1}^{N} p(y_{t+1}|x_{t+1|t}^{(i)})} \tag{6.27}$$

と定義すると，観測値 y_{t+1} が得られた後の確率密度関数は

$$p(x_{t+1}|Y_{t+1}) \approx \sum_{i=1}^{N} \beta_{t+1}^{(i)} \delta(x_{t+1} - x_{t+1|t}^{(i)}) \tag{6.28}$$

と近似できる．これは尤度に比例した高さを持つ δ 関数の和として確率密度関数を近似していることに相当する（図 **6.4** (c)）．

最後に，δ 関数の高さを揃えるために，リサンプリングと呼ばれる近似を行う．$N\beta_{t+1}^{(i)}$ を整数 $m_{t+1}^{(i)}$ に

$$m_{t+1}^{(i)} \approx N\beta_{t+1}^{(i)} \quad \left(\text{ただし，} \sum_{i=1}^{N} m_t^{(i)} = N; m_t^{(i)} \geqq 0 \right) \tag{6.29}$$

と近似できたとすると

$$p(x_{t+1}|Y_{t+1}) \approx \frac{1}{N} \sum_{i=1}^{N} m_{t+1}^{(i)} \delta(x_{t+1} - x_{t+1|t}^{(i)}) \tag{6.30}$$

と近似できる．これを $x_{t+1|t}^{(i)}$ の複製がそれぞれ $m_{t+1}^{(i)}$ 個ずつ含まれる新たな N 個のパーティクル $\{x_{t+1|t+1}^{(i)}\}$ と見なすことで，時刻 $t+1$ での確率密度関数が

$$p(x_{t+1}|Y_{t+1}) \approx \frac{1}{N} \sum_{i=1}^{N} \delta(x_{t+1} - x_{t+1|t+1}^{(i)}) \tag{6.31}$$

と近似されていると見なすことができる．このような手続きをリサンプリングという．これにより観測値 Y_{t+1} が得られたときの状態 x_{t+1} の条件付き確率密度関数の近似が得られる（図 **6.4** (d)）．この近似は，式 (6.16) と同じ形をして

いて，上記の手順を繰り返し実行できるようになっている．なお，新しいパーティクルの組 $\{x_{t+1|t+1}^{(i)}\}$ には，いくつか重複したものが含まれており，確率密度関数の近似として妥当かどうか疑問に思われるかもしれない．しかし，重複したパーティクルに対して確率密度関数 $q(v_{t+1})$ に従ってサンプル $v_{t+1}^{(i)}$ が生成されるので，同時確率密度関数の近似としては別なパーティクルとなるのである．

手順をアルゴリズムとしてまとめておく．

アルゴリズム 6.1 （パーティクルフィルタ）

Step 0 （初期化）$t=0$ における初期分布 $p(x_0|Y_0)$ を近似するパーティクル $\{x_{0|0}^{(i)}\}$ を生成する．

Step 1 （時間更新）

(a) 分布 $q(v_t)$ を近似する $\{v_t^{(i)}\}$ を生成する．

(b) 時間更新 $x_{t+1|t}^{(i)} = F_t(x_{t|t}^{(i)}, v_t^{(i)})$ を計算する．

Step 2 （観測更新）

(a) 式 (6.26) に従って，各パーティクルの尤度 $p(y_{t+1}|x_{t+1|t}^{(i)})$ を計算する．

(b) 相対的な尤度 (6.27) から $m_{t+1}^{(i)}$ を決めるリサンプリングを行って，新たなパーティクル $\{x_{t+1|t+1}^{(i)}\}$ を得る．

Step 3 $t \leftarrow t+1$ として，Step 1 へ戻る．

6.3 制御系設計のための確率的手法

不確かさを含む制御系の性能解析問題や制御系設計問題は，ロバスト制御性能問題と呼ばれていて，実用上非常に重要な問題である．しかし，制御系が不確かさの集合に属するすべての制御対象に対して，事前に与えられたある制御

性能を満たすかどうかを判定するロバスト性能検証問題などは，不確かさの集合に含まれる無数の不確かさを扱う必要があり，確定的手法が適用できる問題として定式化することは難しい．たとえ定式化ができたとしても，現実的な計算時間で厳密な解を得ることが困難な場合が多い．そのようなロバスト制御性能問題に対して，確率的な（誤りである可能性が残っている）結果しか得られないものの，現実的な計算時間で解を求める，乱択を使う方法が提案された[51]．本節では，その基本的なアイディアを説明する．

6.3.1 ロバスト性能検証問題

閉ループ系には不確かさ Δ が存在し，そのとりうる範囲は $\mathcal{D}$ で与えられているものとする．閉ループ系の性能を評価関数 $J(\Delta)$ で評価することを考える．**ロバスト性能検証問題**（robust performance verification problem）は，与えられた目標性能 γ に対して閉ループ系が

$$J(\Delta) \leqq \gamma \qquad (\forall \Delta \in \mathcal{D}) \tag{6.32}$$

を満たすかどうかを判定する問題として定式化できる．

一般に，Δ が定まれば，評価関数 $J(\Delta)$ によって閉ループ系の性能を評価することはできる．しかし，集合 $\mathcal{D}$ に含まれるすべての Δ について $J(\Delta)$ を評価することは非常に難しく，式 (6.32) が確定的に成立するかどうかを判定することは難しい．そこで，式 (6.32) を以下の乱択アルゴリズムを用いて判定することを考える．

集合 $\mathcal{D}$ に含まれる不確かさ Δ は，確率測度 $\mathcal{P}_\Delta$ に従うものと仮定する．そして，すべての Δ のうち条件を満たすものがどれくらいの割合で存在するかを，$\mathcal{P}_\Delta\{\text{条件}\}$ で表すものとする．また，最大試行回数 N を前もって決めておく．

アルゴリズム 6.2 （確率的ロバスト性能検証）
 Step 0 ループカウンタを $k = 1$ と初期化する．

Step 1 確率測度 $\mathcal{P}_\Delta$ に従って，$\Delta^{(k)}$ を生成する．
Step 2 もし $J(\Delta^{(k)}) > \gamma$ なら，式 (6.32) は成立しないと判定する．その証拠として $\Delta^{(k)}$ を出力し，終了する．
Step 3 もし $k = N$ なら，式 (6.32) は成立すると判定し，終了する．
Step 4 ループカウンタを $k \leftarrow k+1$ として，Step 1 へ戻る．

アルゴリズム 6.2 において，「式 (6.32) は成立しない」という判定は正しい結果であり，出力 $\Delta^{(k)}$ は成立しない証拠を与える．一方，「式 (6.32) は成立する」という判定は，すべての Δ について調べたわけではないので，誤っている確率は 0 ではなく，必ずしも正しくはない．ただし，試行回数 N を大きくすれば，正しい判断に近づくであろうことが期待できる．これを厳密に定式化しよう．

精度 $\varepsilon \in (0, 1)$ を導入し

$$\mathcal{P}_\Delta\{\Delta \in \mathcal{D} \,|\, J(\Delta) \leqq \gamma\} > 1 - \varepsilon \tag{6.33}$$

を考える．式 (6.33) は，「ほとんどすべての ($1-\varepsilon$ より大きい確率で) $\Delta \in \mathcal{D}$ に対して $J(\Delta) \leqq \gamma$ が成立する」ことを意味する．**アルゴリズム 6.2** が「式 (6.32) は成立すると判定」したとき，式 (6.33) が成立することを保証するようにしたい．

式 (6.33) が成立しないとすると，ある 1 個のサンプル $\Delta^{(k)}$ に対して $J(\Delta^{(k)}) \leqq \gamma$ が成立する確率は高々 $1 - \varepsilon$ である．**アルゴリズム 6.2** では，N 個のすべてのサンプルに対して $J(\Delta) \leqq \gamma$ が成立したときに「式 (6.32) は成立する」と判定している．そのため，式 (6.33) が成立しない確率は高々 $(1-\varepsilon)^N$ である．この確率も 0 にすることはできない．そこで，信頼度 $1 - \delta$ ($\delta \in (0, 1)$) を導入して，式 (6.33) が成立しないにもかかわらず「式 (6.32) は成立する」と判定するリスクを δ 以下に抑える．つまり，リスクを

$$(1-\varepsilon)^N \leqq \delta \tag{6.34}$$

として評価する．このリスク評価を満たすように，サンプル数 N を決めることにする．

【定理 6.4】　（確率的ロバスト性能検証）

アルゴリズム 6.2 において，サンプル数 N を

$$N \geqq \frac{\log(1/\delta)}{\log(1/(1-\varepsilon))} \tag{6.35}$$

を満たすように選べば，「式 (6.32) は成立する」と判定し，かつ，式 (6.33) が成立する確率は $1-\delta$ より大きいことがいえる．

証明は**演習問題【3】**とする．

定理 6.4 によれば，式 (6.33) の判定を確率的な意味で保証するために必要なサンプル数 N は，アルゴリズムの実行に先立って決めることができる．また，N は精度 ε と信頼度 $1-\delta$ のみによって決まり，不確かさ Δ の次元や評価関数 $J(\Delta)$ には依存しない．また，ε や δ の値を小さくしても，それによる N の増加は緩やかである．

6.3.2　ロバスト性能解析問題

前項の検証問題では，目標性能 γ は与えられていた．しかし，実際にはロバスト性能

$$\max_{\Delta \in \mathcal{D}} J(\Delta) \tag{6.36}$$

を求める**ロバスト性能解析問題**（robust performance analysis problem）を解きたいことが多い．ところが，無限個の Δ に対して式 (6.36) の値を求めることは非常に難しい．そこで，N 個の不確かさのサンプル $\Delta^{(k)}$ ($k=1,\cdots,N$) に対して経験最大値を

$$\gamma_{\text{est}} := \max_{k} J(\Delta^{(k)}) \tag{6.37}$$

とし，この経験最大値を式 (6.36) の近似値として用いることを考える。

6.3.1 項のロバスト性能検証問題における式 (6.32) の目標性能 γ をこの経験最大値 γ_{est} に置き換えても，**定理 6.4** と同様の結果が成立することは明らかである。これに基づくと，確率的ロバスト性能解析が行える。

【定理 6.5】 （確率的ロバスト性能解析）

精度 $\varepsilon \in (0, 1)$ と信頼度 $1 - \delta \in (0, 1)$ を与える。サンプル数 N を

$$N \geq \frac{\log(1/\delta)}{\log(1/(1-\varepsilon))} \tag{6.38}$$

を満たすように選べば，式 (6.37) の経験最大値 γ_{est} について

$$P\{J(\Delta) \leq \gamma_{\text{est}}\} > 1 - \varepsilon \tag{6.39}$$

が成立する確率は $1 - \delta$ より大きいことがいえる。

6.3.3 ロバスト性能設計問題

つぎに，制御系設計に乱択アルゴリズムを適用することを考えよう。設計する制御器のパラメータ $\theta \in \Theta$ と制御系の不確かさ $\Delta \in \mathcal{D}$ を考える。ただし，制御器のパラメータの探索空間 Θ は，あらかじめ与えられているものとする。制御系の評価関数は $J(\theta, \Delta)$ とし，目標性能を γ とする。考える**ロバスト性能設計問題**（robust performance synthesis problem）は，以下のように定式化できる。

問題 目標性能 γ はあらかじめ与えられているものとする。すべての不確かさ $\Delta \in \mathcal{D}$ に対して

$$J(\theta, \Delta) \leq \gamma \tag{6.40}$$

を満たす制御器 $\theta \in \Theta$ が存在するかどうかを判定せよ。存在する場合には，制御器変数を一つ求めよ。

まず，この問題を解く基本的なアイディアを示そう．制御器変数の 1 個のサンプル $\theta^{(\ell)}$ が与えられたとすると，設計問題は

$$J(\theta^{(\ell)}, \Delta) \leqq \gamma \quad (\forall \Delta \in \mathcal{D}) \tag{6.41}$$

が成立するかどうかを検証する問題となり，**アルゴリズム 6.2** を適用することができる．そこで，式 (6.40) を満たす制御器変数 θ を求めるために，制御器変数 $\theta^{(\ell)}$ $(\ell = 1, \cdots, N_\theta)$ を，あらかじめ決めておいた確率測度 $\mathcal{P}_\theta$ に従って次々と生成し，それぞれの $\theta^{(\ell)}$ に対して**アルゴリズム 6.2** を適用する，以下のような二重ループのアルゴリズムを考えることができる．

アルゴリズム 6.3 （確率的ロバスト性能設計）

Step 0 ループカウンタを $\ell = 1$ と初期化する．

Step 1 $\mathcal{P}_\theta$ に従って $\theta^{(\ell)}$ を生成する．

Step 2 式 (6.41) を検証するために，**アルゴリズム 6.2** を適用する．

Step 3 もし式 (6.41) が成立すると判定したら，式 (6.40) を満たす制御器が存在すると判定し，$\theta^{(\ell)}$ を制御器として出力し，終了する．

Step 4 もし $\ell = N_\theta$ なら，式 (6.40) を満たす制御器は存在しないと判定し，終了する．

Step 5 ループカウンタを $\ell \leftarrow \ell + 1$ として，Step 1 へ戻る．

なお，Step 2 の**アルゴリズム 6.2** における不確かさ Δ の試行回数は，N_Δ とする．

アルゴリズム 6.3 では，Step 2 の性能検証に乱択アルゴリズムを用いているため，確定的に「すべての不確かさに対して」制御器が存在するとは保証できない．さらに，Step 1 において，制御器変数 $\theta^{(\ell)}$ も乱択しているため，「制御器が存在しない」ということも確定的には保証できなくなる．これを精度と信頼度を導入して定式化すると，以下の定理としてまとめられる．

【定理 6.6】 （確率的ロバスト制御性能設計）

与えられた精度 $\varepsilon_\theta, \varepsilon_\Delta \in (0,1)$ と信頼度 $1-\delta_\theta, 1-\delta_\Delta \in (0,1)$ に対して，**アルゴリズム 6.3** で制御器のサンプル数 N_θ，不確かさのサンプル数 N_Δ を

$$N_\theta \geqq \frac{\log(1/\delta_\theta)}{\log(1/(1-\varepsilon_\theta))} \tag{6.42}$$

$$N_\Delta \geqq \frac{\log(N_\theta/\delta_\Delta)}{\log(1/(1-\varepsilon_\Delta))} \tag{6.43}$$

を満たすように選べば，アルゴリズムの出力について，以下の性質が成立する．

(i) Step 3 で出力される制御器変数 $\theta^{(\ell)}$ について

$$\mathcal{P}_\Delta\{\Delta \in \mathcal{D} \mid J(\theta^{(\ell)}, \Delta) \leqq \gamma\} > 1 - \varepsilon_\Delta \tag{6.44}$$

が成立する確率は，$1-\delta_\Delta$ より大きい．

(ii) Step 4 で「制御器が存在しない」と判定されたとき

$$\mathcal{P}_\theta\{\theta \in \Theta \mid \exists \Delta \in \mathcal{D}, J(\theta, \Delta) > \gamma\} > 1 - \varepsilon_\theta \tag{6.45}$$

が成立する確率は，$1-\delta_\theta$ より大きい．

証明　まず (ii) の制御器が存在しないと判定される場合について考えよう．Step 2 で用いられる**アルゴリズム 6.2** は，式 (6.41) が成立しないことについては確定的に正しい答えを返す．ある 1 個の $\theta^{(\ell)}$ に対して式 (6.45) が成立しない確率は，高々 $(1-\varepsilon_\theta)$ である．したがって N_θ 個のすべてのサンプルに対して式 (6.45) が成立しない確率は，高々 $(1-\varepsilon_\theta)^{N_\theta}$ である．この確率が δ_θ 以下であればよいので

$$(1-\varepsilon_\theta)^{N_\theta} \leqq \delta_\theta \tag{6.46}$$

が成立すればよい．これを N_θ について解くと，式 (6.42) が得られる．

つぎに，(i) の制御器変数が出力される場合について考えよう．ある 1 個の $\theta^{(\ell)}$ について式 (6.44) が成立しない確率は，高々 $(1-\varepsilon_\Delta)^{N_\Delta}$ である．N_θ 個の候補

となるすべての $\theta^{(\ell)}$ について式 (6.44) が成立しない確率は，すべてが背反だとしても，高々 $N_\theta (1-\varepsilon_\Delta)^{N_\Delta}$ である．この確率が δ_Δ 以下であればよいので

$$N_\theta (1-\varepsilon_\Delta)^{N_\Delta} \leqq \delta_\Delta \tag{6.47}$$

となればよい．これを N_Δ について解くと，式 (6.43) が得られる． △

6.3.4 凸性による効率化

6.3.3 項で示した**アルゴリズム 6.3** は，評価関数 $J(\theta, \Delta)$ がどのようなものでもよかった．本項では，$J(\theta, \Delta)$ が θ に関して凸であるような問題について考えていく．そのような制御系設計問題は多く，例えば，4.4 節で扱った線形行列不等式制約付き最適化問題として表現できる設計問題において，制御対象が不確かさを含むような問題がこのクラスに属する．

この項で紹介する設計法は，$J(\theta, \Delta)$ が θ について凸の場合には，凸性を活かして θ の探索範囲を逐次的に狭めていき，θ については乱択を行わずに，より効率的に設計問題の解を求める（あるいは解が存在しないことを判定する）というアイディアに基づく．

領域を狭めるためには，**アルゴリズム 6.3** の Step 2 において「$\theta^{(\ell)}$ は目標性能 γ を達成しない」と判断した証拠である $\Delta^{(k)}$ を用いる．例えば，$J(\theta^{(\ell)}, \Delta^{(k)})$ の $\theta^{(\ell)}$ における θ の（劣）勾配 h_ℓ が求まれば，$h_\ell^{\mathrm{T}}(\theta - \theta^{(\ell)}) \geqq 0$ を満たす θ は，凸性から $J(\theta, \Delta^{(k)}) \geqq \gamma$ となるので，探索する必要がない．この部分を除くように探索範囲を狭めていくことができれば，効率の良い探索アルゴリズムを構成することができる．

まとめると，アルゴリズムは以下のようになる．

アルゴリズム 6.4 （凸性を考慮した確率的ロバスト性能設計）

Step 0 ループカウンタを $\ell = 1$ と初期化する．初期探索範囲 $\Theta^{(1)}$ と初期候補 $\theta^{(1)} \in \Theta^{(1)}$ を設定する．

Step 1 式 (6.41) を検証するために，**アルゴリズム 6.2** を適用する．

Step 2 Step 1 において

(a) もし式 (6.41) が成立すると判定したら，式 (6.40) を満たす制御器が存在すると判定し，$\theta^{(\ell)}$ を制御器として出力し，終了する．

(b) もし式 (6.41) が成立しないと判定したら，解ではない証拠として出力された $\Delta^{(k)}$ を用いて，探索範囲を $\Theta^{(\ell+1)}$ に，候補を $\theta^{(\ell+1)} \in \Theta^{(\ell+1)}$ に更新する．

Step 3 もし $\ell = N_\theta$ なら式 (6.40) を満たす制御器は存在しないと判定し，終了する．

Step 4 ループカウンタを $\ell \leftarrow \ell+1$ として，Step 1 へ戻る．

なお，Step 1 の**アルゴリズム 6.2** における不確かさ Δ の試行回数は，N_Δ とする．

Step 2 (b) における制御器変数の更新方法としては，**楕円体法**（2.3 節），**切除平面法**（2.4 節）を用いることができる．それぞれの方法を用いたとき，制御器変数の更新回数 N_θ は，以下を満たすものとする．

$$N_\theta \geqq \begin{cases} 2(n+1)\log\dfrac{\mathrm{vol}(E^{(0)})}{\mu} & （楕円体法） \\ \max\left\{50n, 13.87n^2, 8n^2\left(\dfrac{R}{r}\right)^{2.1}\right\} & （切除平面法） \end{cases} \quad (6.48)$$

ただし，右辺に現れる変数の意味は以下のとおりである．楕円体法における $\mathrm{vol}(E^{(0)})$ は探索範囲の初期楕円体 $E^{(0)}$ の体積であり，μ はアルゴリズム終了時の解の存在範囲の許容体積である．切除平面法における R はパラメータ存在範囲を表す超立方体の 1 辺の長さであり，r は許容誤差を表す球の半径である．このように，N_θ は確定的な各手法の終了条件に対応して決められる．

【定理 6.7】 （凸性を考慮した確率的ロバスト制御性能設計）

与えられた精度 $\varepsilon \in (0,1)$，信頼度 $1-\delta \in (0,1)$ に対して，不確かさのサンプル数 N_Δ を

$$N_\Delta \geqq \frac{\log(N_\theta/\delta)}{\log(1/(1-\varepsilon))} \tag{6.49}$$

を満たすように選べば，Step 2 で出力される制御器変数 $\theta^{(\ell)}$ について

$$\mathcal{P}_\Delta\{\Delta \in \mathcal{D} \,|\, J(\theta^{(\ell)}, \Delta) \leqq \gamma\} > 1-\varepsilon \tag{6.50}$$

が成立する確率は $1-\delta$ より大きいことがいえる．

アルゴリズム 6.4 では，目標性能 γ はあらかじめ与えられていた．制御性能の最適化も，アルゴリズム 6.4 を少し修正することで行える[55]．

アルゴリズム 6.5　（凸性を考慮した確率的最適ロバスト性能設計）

Step 0　ループカウンタを $\ell=1$ と初期化する．初期探索範囲 $\Theta^{(1)}$ と初期候補 $\theta^{(1)} \in \Theta^{(1)}$，初期要求性能 $\hat{\gamma}$ を設定する．

Step 1　$\gamma=\hat{\gamma}$ としてアルゴリズム 6.2 を適用する．

Step 2　Step 1 において

(a) もし式 (6.41) が成立すると判定したら，制御器変数を $\hat{\theta} = \theta^{(\ell)}$ とし，また，そのときの経験最大値を用いて制御性能を $\hat{\gamma} = \max_k J(\theta^{(\ell)}, \Delta^{(k)})$ とする．探索範囲は更新せず $\Theta^{(\ell+1)} = \Theta^{(\ell)}$ とする．候補は $\theta^{(\ell+1)} \in \Theta^{(\ell+1)}$ に更新する．

(b) もし式 (6.41) が成立しないと判定したら，解ではない証拠として出力された $\Delta^{(k)}$ を用いて探索範囲を $\Theta^{(\ell+1)}$ に更新し，候補を $\theta^{(\ell+1)} \in \Theta^{(\ell+1)}$ に更新する．

Step 3　もし $\ell = N_\theta$ なら終了する．

Step 4　ループカウンタを $\ell \leftarrow \ell+1$ とし，Step 1 へ戻る．

6.4 制御系設計の例

4.6 節と同じ例を考えよう．ただし，4.6 節ではパラメータの不確かさに対するロバスト安定性を H_∞ ノルムを用いて保証したのに対し，ここでは，パラメータの不確かさを集合 $\mathcal{D}$ として扱い，最悪ケースの H_2 ノルムを最小化する制御器を，**アルゴリズム 6.3** を用いて求める．

まず，4.6 節で得られた制御器のロバスト H_2 性能を，**アルゴリズム 6.2** を用いて確率的に評価しておこう．精度を $\varepsilon = 10^{-4}$，信頼度を与えるパラメータを $\delta = 10^{-3}$ とすると，不確かさのサンプル数は $N = 69\,075$ となり，経験評価値として 2.571 1 という H_2 ノルムが得られる．参考までに，ばね定数が 1.5，入力の比例係数が 1.02 のとき，H_2 ノルムは 2.581 1 である．

4.6 節で得られた制御器を伝達関数表現すると

$$\frac{-7.633\,4s^3 + 5.822\,4s^2 - 26.079\,5s - 7.382\,7}{s^4 + 2.310\,1s^3 + 14.291\,5s^2 + 21.578\,3s + 26.955\,7} \tag{6.51}$$

となる．この制御器の近傍に，ロバスト H_2 性能の意味でより高い性能を実現する制御器が存在するかどうかを，分母，分子の s^4 以外のすべての係数について $\pm 10\%$ の範囲で探索して確かめることとする．制御器変数の確率測度 $\mathcal{P}_\theta$ としては，一様分布を考える．精度を $\varepsilon_\theta = 10^{-6}$，$\varepsilon_\Delta = 10^{-4}$，信頼度を与えるパラメータを $\delta_\theta = \delta_\Delta = 10^{-3}$ とすると，$N_\theta = 6\,907\,752$，$N_\Delta = 226\,548$ となる．目標性能を $\gamma = 2.38$ として**アルゴリズム 6.3** を適用した結果，以下の制御器が得られた（乱択を用いているので，つねに同じ結果が得られるわけではない）．

$$\frac{-8.184\,6s^3 + 5.297\,5s^2 - 28.150\,4s - 6.741\,3}{s^4 + 2.145\,7s^3 + 14.036\,0s^2 + 23.546\,6s + 24.915\,2} \tag{6.52}$$

そして，アルゴリズム中で求められた経験制御性能は 2.379 7 であった．

最初にも述べたとおり，4.6 節での問題設定と本節の問題設定とは微妙に異なることに注意しよう．4.6 節での問題設定では，H_∞ ノルムの条件より，得

られた閉ループ系の安定性はばね定数の不確かさと入力の不確かさが時間変化しても保証される。一方，H_2 性能は，ばね定数が 1.25，入力の不確かさがない場合についてのみ評価している。これに対して，**アルゴリズム 6.3** では，（ほとんど）すべての不確かさに対して H_2 ノルムを評価するものの，不確かさの時間変化に対しての安定性の保証はない。

**********　演　習　問　題　**********

【1】 カルマンフィルタの時間更新則 (6.11), (6.12) を導け。

【2】 定理 6.3 から，カルマンフィルタの観測更新則 (6.13)～(6.15) を導け。

【3】 式 (6.34) から式 (6.35) を導け。

付　録

A.1　行列の基礎

本書で用いる数学の基礎事項について，用語の定義と性質などについてまとめておく．詳しくは文献59) などを参照されたい．

A.1.1　特異値分解，擬似逆行列，直交補空間の基底からなる行列
〔1〕　特異値分解

【定義 A.1】　（特異値分解（singular value decomposition））
任意の行列 $A \in \mathbf{C}^{m \times n}$ に対して，rank $A = r$，A^*A の固有値を $\lambda_1 \geqq \lambda_2 \geqq \cdots \geqq \lambda_r > 0$，$\lambda_{r+1} = \cdots = \lambda_n = 0$ とする．このとき，行列 A は

$$A = U\Sigma V^* \tag{A.1}$$

と表すことができる．ただし，$U \in \mathbf{C}^{m \times m}$，$V \in \mathbf{C}^{n \times n}$，$\Sigma \in \mathbf{R}^{m \times n}$ は

$$U^*U = I, \quad V^*V = I \tag{A.2}$$

$$\Sigma = \begin{bmatrix} \Sigma_1 & O \\ O & O \end{bmatrix}, \quad \Sigma_1 = \mathrm{diag}\{\sqrt{\lambda_1}, \sqrt{\lambda_2}, \cdots, \sqrt{\lambda_r}\} \tag{A.3}$$

を満たす．式 (A.1) の分解を行列 A の特異値分解という．また，$\sigma_k := \sqrt{\lambda_k}$ を行列 A の**特異値**（singular value）という．特に σ_1 を**最大特異値**（maximum singular value）といい，$\bar{\sigma}(A)$ で表す．

$x \in \mathbf{C}^n$ に対して $y \in \mathbf{C}^m$ を $y = Ax$ で定義する．このとき，$\|x\|$ と $\|y\|$ の関係を示しておこう．ただし $\|x\| := \sqrt{x^*x}$ である．

$$\begin{aligned}\|y\|^2 &= y^*y = (U\Sigma V^*x)^*U\Sigma V^*x = x^*V\Sigma^*U^*U\Sigma V^*x \\ &= (V^*x)^*\Sigma^2 V^*x\end{aligned} \tag{A.4}$$

ここで

$$\|V^*x\|^2 = (V^*x)^*V^*x = x^*VV^*x = x^*x = \|x\|^2 \tag{A.5}$$

より

$$\|y\| \leqq \bar{\sigma}(A)\|x\| \tag{A.6}$$

が成立する．また，x として V の 1 列目を選ぶことにより，式 (A.6) の等号が成立する．つまり，最大特異値は

$$\bar{\sigma}(A) = \max_{x \neq 0} \frac{\|Ax\|}{\|x\|} \tag{A.7}$$

のように，ベクトルの長さの増幅率の最大値として特徴付けることができる．

〔2〕 擬似逆行列

【定義 A.2】 （擬似逆行列（pseudoinverse matrix））
任意の行列 $A \in \mathbf{C}^{m \times n}$ に対して，以下の四つの性質を満たす行列 A^+ は一意に定まる．この行列 A^+ を行列 A の擬似逆行列という．
(i) $AA^+A = A$
(ii) $A^+AA^+ = A^+$
(iii) $(AA^+)^* = AA^+$
(iv) $(A^+A)^* = A^+A$

擬似逆行列は，特異値分解 (A.1) を用いて以下のように求めることができる．

$$A^+ = V\tilde{\Sigma}U^* \tag{A.8}$$

$$\tilde{\Sigma} = \begin{bmatrix} \tilde{\Sigma}_1 & O \\ O & O \end{bmatrix}, \quad \tilde{\Sigma}_1 = \mathrm{diag}\left\{\frac{1}{\sigma_1}, \frac{1}{\sigma_2}, \cdots, \frac{1}{\sigma_r}\right\} \tag{A.9}$$

擬似逆行列を用いた連立 1 次方程式の解の特徴付けを行っておこう．$x \in \mathbf{C}^n$ に関する連立 1 次方程式

$$Ax = y \quad (A \in \mathbf{C}^{m \times n}, y \in \mathbf{C}^m) \tag{A.10}$$

を考える．このとき，以下の性質が成立する．

(i) $Ax = y$ が解を持つ場合
  (a) $Ax = y$ が解を持つ必要十分条件は，$AA^+y = y$ が成立することである．

(b) 任意のベクトル $z \in \mathbf{C}^m$ を用いて，任意の解は $x = A^+y + (I - A^+A)z$ で与えられる。

(c) A^+y は，解の中でユークリッドノルムが最小となる解である。

(ii) $Ax = y$ が解を持たない場合

(d) A^+y は，$\|Ax - y\|$ を最小とする最小2乗近似解の集合に含まれ，かつ，その集合の中でユークリッドノルムを最小とする解である。

〔3〕 直交補空間の基底からなる行列

【定義 A.3】 rank $A = r$ の行列 $A \in \mathbf{C}^{m \times n}$ に対して，$A^\perp \in \mathbf{C}^{m \times (m-r)}$ を

$$A^*A^\perp = O, \quad (A^\perp)^*A^\perp \succ O \tag{A.11}$$

を満たす行列と定める。つまり，$A^\perp$ は，A の各列ベクトルが張る空間の直交補空間の基底ベクトルを横に並べた行列である。また，rank $A = m$ の場合は $A^\perp$ は存在しないものとする。

与えられた行列 A に対して，$A^\perp$ は特異値分解を用いて以下のように与えることができる。A の特異値分解を

$$A = [U_1 \ U_2] \Sigma V^* \tag{A.12}$$

$$\Sigma = \begin{bmatrix} \Sigma_1 & O \\ O & O \end{bmatrix}, \quad \Sigma_1 = \mathrm{diag}\{\sigma_1, \sigma_2, \cdots, \sigma_r\} \tag{A.13}$$

とする。ただし，$U_1 \in \mathbf{C}^{m \times r}$，$U_2 \in \mathbf{C}^{m \times (n-r)}$ と分割しておく。$A^\perp$ はこれに対して

$$A^\perp = U_2 T \tag{A.14}$$

と与えられる。ただし，$T \in \mathbf{C}^{(m-r) \times (m-r)}$ は任意の正則な行列である。T が任意であることから，$A^\perp$ は一意に定まらないことがわかる。

A.1.2 行列の正定値性

〔1〕 行列の正定値性とその条件

行列の正定値性の定義と，関連する事項について述べる。

【定義 A.4】 エルミート行列 $A (= A^* \in \mathbf{R}^{n \times n})$ がすべての $x \in \mathbf{C}^n$ $(x \neq 0)$ に対して $x^*Ax > (\geqq) 0$ を満たすとき，行列 A は**正定値**（positive definite）（等号付きの場合は**半正定値**（positive semidefinite））であるといい

$$A \succ (\succeq) O \tag{A.15}$$

と表す．（半）正定値な行列を（半）正定値行列と呼ぶ．なお，「値」を省略して正定な行列，正定行列と呼ぶこともある．

また，行列 A が $-A \succ (\succeq) O$ を満たすとき，A を（半）**負定値**であるという．以下，行列 A が実行列の場合には，エルミート行列 → 対称行列，複素行列 → 実行列，と読み替えてよい．

エルミート行列の固有値は実数であり，固有ベクトルはたがいに直交する（固有値が重複する場合には，たがいに直交するように選べる）ことが知られている．

【定理 A.1】 エルミート行列 $A \in \mathbf{C}^{n \times n}$ と正則行列 $M \in \mathbf{C}^{n \times n}$ が与えられたとき，以下の二つの条件は等価である．
 (i) $A \succ (\succeq) O$
 (ii) $M^* A M \succ (\succeq) O$

証明 $x \in \mathbf{C}^n$ に対して $y = Mx$ と定めると，M が正則であるので

$$x^* M^* A M x > (\geqq) 0 \; (\forall x) \quad \Leftrightarrow \quad y^* A y > (\geqq) 0 \; (\forall y) \tag{A.16}$$

となる． △

なお，正則行列 M を用いて A に対して $M^* A M$ を得ることを，**合同変換**（congruent transformation）という．

【定理 A.2】 エルミート行列 $A \in \mathbf{C}^{n \times n}$ が正定値（半正定値）であるための必要十分条件は，A のすべての固有値が正（非負）となることである．

証明 行列 A の固有値を $\lambda_i \; (i = 1, \cdots, n)$ とし，それぞれの固有値に属する固有ベクトルを p_i とする．エルミート行列の固有値は実数となることと，固有ベクトルはたがいに直交するように選べることが知られている．そこで，$\{p_1, \cdots, p_n\}$ をたがいに直交する長さ 1 のベクトルの組（つまり正規直交系）として選ぶものとする．

$$p_i^* p_j = \delta_{ij} = \begin{cases} 1 & (i = j) \\ 0 & (i \neq j) \end{cases} \tag{A.17}$$

このとき，任意の x は，p_i の線形結合として以下のように一意に表される．

$$x = \sum_{k=1}^{n} c_k p_k \tag{A.18}$$

これを用いると

$$x^* A x = \left(\sum_{i=1}^{n} c_i p_i \right)^* A \left(\sum_{i=1}^{n} c_i p_i \right) = \left(\sum_{i=1}^{n} c_i p_i \right)^* \left(\sum_{i=1}^{n} c_i \lambda_i p_i \right)$$
$$= \sum_{i=1}^{n} c_i^2 \lambda_i \tag{A.19}$$

となる．式 (A.19) が任意の組 $\{c_i\}$ に対して正（非負）であるための必要十分条件は，すべての λ_i $(i=1,\cdots,n)$ が正（非負）であることである． $\triangle$

【定理 A.3】 （シューアの補題（半正定値版）（nonstrict Schur complement））
エルミート行列 $M \in \mathbf{C}^{(n_1+n_2) \times (n_1+n_2)}$ が与えられ，その分割が

$$M = \begin{bmatrix} M_{11} & M_{12} \\ M_{12}^* & M_{22} \end{bmatrix} \tag{A.20}$$

と与えられたとする（$M_{11} \in \mathbf{C}^{n_1 \times n_1}$, $M_{22} \in \mathbf{C}^{n_2 \times n_2}$）．このとき，以下の (i) ～(iii) は等価である．

(i) $M \succeq O$
(ii) $M_{11} \succeq O$, $M_{22} - M_{12}^* M_{11}^+ M_{12} \succeq O$, かつ $M_{12}^*(I - M_{11} M_{11}^+) = O$
(iii) $M_{22} \succeq O$, $M_{11} - M_{12} M_{22}^+ M_{12}^* \succeq O$, かつ $M_{12}(I - M_{22} M_{22}^+) = O$

証明 (i) と (iii) の等価性を示しておこう．M_{22} の特異値分解を

$$M_{22} = U \begin{bmatrix} \Sigma & O \\ O & O \end{bmatrix} U^* \tag{A.21}$$

とする．ただし，Σ は正の特異値からなる対角行列である．このとき，M_{22} の擬似逆行列 M_{22}^+ は

$$M_{22}^+ = U \begin{bmatrix} \Sigma^{-1} & O \\ O & O \end{bmatrix} U^* \tag{A.22}$$

で与えられる．U を用いて M を合同変換すると

$$\begin{bmatrix} I & O \\ O & U^* \end{bmatrix} \begin{bmatrix} M_{11} & M_{12} \\ M_{12}^* & M_{22} \end{bmatrix} \begin{bmatrix} I & O \\ O & U \end{bmatrix}$$

$$= \begin{bmatrix} M_{11} & M_{12}U \\ (M_{12}U)^* & U^*M_{22}U \end{bmatrix} = \begin{bmatrix} M_{11} & S_1 & S_2 \\ \hline S_1^* & \Sigma & O \\ S_2^* & O & O \end{bmatrix} \quad (A.23)$$

となる．ただし，$[S_1 \ S_2] := M_{12}U$ で，Σ の大きさに合わせて分割した．式 (A.23) が半正定値であるためには

$$\begin{bmatrix} M_{11} & S_1 \\ S_1^* & \Sigma \end{bmatrix} \succeq O, \quad S_2 = O \quad (A.24)$$

であることが必要十分である．

(a) $\begin{bmatrix} M_{11} & S_1 \\ S_1^* & \Sigma \end{bmatrix} \succeq O$ については

$$\begin{bmatrix} M_{11} & S_1 \\ S_1^* & \Sigma \end{bmatrix} = \begin{bmatrix} I & S_1\Sigma^{-1} \\ O & I \end{bmatrix} \begin{bmatrix} M_{11}-S_1\Sigma^{-1}S_1^* & O \\ O & \Sigma \end{bmatrix}$$
$$\times \begin{bmatrix} I & O \\ (S_1\Sigma^{-1})^* & I \end{bmatrix} \quad (A.25)$$

であるので，$M_{11}-S_1\Sigma^{-1}S_1^* \succeq O$ と等価である．さらに式 (A.22) に注意すると，$M_{11}-M_{12}M_{22}^+M_{12}^* \succeq O$ と等価である．

(b) $S_2 = O$ については

$$M_{12}(I - M_{22}M_{22}^+)$$
$$= [S_1 \ S_2]U^* \left(I - U \begin{bmatrix} \Sigma & O \\ O & O \end{bmatrix} U^*U \begin{bmatrix} \Sigma^{-1} & O \\ O & O \end{bmatrix} U^* \right)$$
$$= [S_1 \ S_2]U^*U \begin{bmatrix} O & O \\ O & I \end{bmatrix} U^* = [O \ S_2]U^* \quad (A.26)$$

であるので，$S_2 = O$ と $M_{12}(I - M_{22}M_{22}^+) = O$ が等価である．

$\triangle$

【定理 A.4】 （シュールの補題 (Schur complement)） エルミート行列 $M \in \mathbf{C}^{(n_1+n_2)\times(n_1+n_2)}$ が与えられ，その分割が

$$M = \begin{bmatrix} M_{11} & M_{12} \\ M_{12}^* & M_{22} \end{bmatrix} \quad (A.27)$$

と与えられたとする（$M_{11} \in \mathbf{C}^{n_1\times n_1}$, $M_{22} \in \mathbf{C}^{n_2\times n_2}$）．このとき，以下の (i)

～(iii) は等価である。
 (i) $M \succ O$
 (ii) $M_{11} \succ O$ かつ $M_{22} - M_{12}^* M_{11}^{-1} M_{12} \succ O$
 (iii) $M_{22} \succ O$ かつ $M_{11} - M_{12} M_{22}^{-1} M_{12}^* \succ O$

証明

$$M = \begin{bmatrix} I & O \\ (M_{11}^{-1}M_{12})^* & I \end{bmatrix} \begin{bmatrix} M_{11} & O \\ O & M_{22} - M_{12}^* M_{11}^{-1} M_{12} \end{bmatrix} \begin{bmatrix} I & M_{11}^{-1} M_{12} \\ O & I \end{bmatrix} \tag{A.28}$$

$$= \begin{bmatrix} I & M_{12} M_{22}^{-1} \\ O & I \end{bmatrix} \begin{bmatrix} M_{11} - M_{12} M_{22}^{-1} M_{12}^* & O \\ O & M_{22} \end{bmatrix} \begin{bmatrix} I & O \\ (M_{12} M_{22}^{-1})^* & I \end{bmatrix} \tag{A.29}$$

定理 **A.1** から (i)～(iii) は等価であることが示される。　　　△

　行列 A の $i_1, i_2, \cdots, i_p$ 行目, $j_1, j_2, \cdots, j_q$ 列目を抜き出した小行列を $A(i_1, i_2, \cdots, i_p; j_1, j_2, \cdots, j_q)$ で表すことにする。A の小行列のうち, 同じ行と列の要素を選んだ $A(i_1, i_2, \cdots, i_p; i_1, i_2, \cdots, i_p)$ を主小行列という。特に, $A(1, 2, \cdots, p; 1, 2, \cdots, p)$ を主座小行列という。主小行列の行列式を用いた正定値性の判別法を以下に示す。

【定理 A.5】 （シルベスターの判別法（Sylvester's criterion））
 (i) 行列 $A \in \mathbf{C}^{n \times n}$ が正定値であるための必要十分条件は, すべての主座小行列式が正となること, つまり, $p = 1, 2, \cdots, n$ に対して

$$\det A(1, 2, \cdots, p; 1, 2, \cdots, p) > 0 \tag{A.30}$$

となることである。

 (ii) 行列 $A \in \mathbf{C}^{n \times n}$ が半正定値であるための必要十分条件は, すべての主小行列式が非負となること, つまり, $1 \leqq i_1 < i_2 < \cdots < i_p \leqq n$ を満たすすべての添字列 $\{i_1, i_2, \cdots, i_p\}$ に対して

$$\det A(i_1, i_2, \cdots, i_p; i_1, i_2, \cdots, i_p) \geqq 0 \tag{A.31}$$

となることである（添字列は全部で $2^n - 1$ 個ある）。

証明　(i) についてのみ証明をしておく。

（必要性）定理 A.4 の (ii) において，M_{11} の大きさを $p \times p$ とすると，A が正定値であるためには，任意の $p\,(1 \leqq p \leqq n)$ に対して $M_{11} \succ O$ であること，つまり，すべての主座小行列が正定値であることが必要条件となる．定理 A.2 より，それぞれの主座小行列の固有値はすべて正であり，行列式は行列の固有値の積であることから，すべての主座小行列式が正であることが，A が正定値であるための必要条件となる．

（十分性）数学的帰納法で証明する．$n=1$ のとき，式 (A.30) は $a_{11} > 0$ を意味するので成立する．$n=k-1$ のとき，式 (A.30) が成立すると仮定する．$n=k$ のときに，式 (A.30) が成立すれば $A\,(\in \mathbf{C}^{k \times k}) \succ O$ となることを示せばよい．いま，A を以下のように分割する．

$$A = \begin{bmatrix} A_{k-1} & a_{k-1} \\ a_{k-1}^{*} & a_{kk} \end{bmatrix} \quad (A_{k-1} \in \mathbf{C}^{(k-1) \times (k-1)},\, a_{k-1} \in \mathbf{C}^{(k-1) \times 1}) \tag{A.32}$$

$n=k-1$ のときに式 (A.30) が成立するという仮定より，$A_{k-1} \succ O$ である．定理 A.4 と同様に変形すると

$$\begin{bmatrix} A_{k-1} & a_{k-1} \\ a_{k-1}^{*} & a_{kk} \end{bmatrix} = \begin{bmatrix} I & O \\ (A_{k-1}^{-1} a_{k-1})^{*} & I \end{bmatrix}$$
$$\times \begin{bmatrix} A_{k-1} & O \\ O & a_{kk} - a_{k-1}^{*} A_{k-1}^{-1} a_{k-1} \end{bmatrix} \begin{bmatrix} I & A_{k-1}^{-1} a_{k-1} \\ O & I \end{bmatrix} \tag{A.33}$$

となり，これの行列式を計算すると

$$\det A = (a_{kk} - a_{k-1}^{*} A_{k-1}^{-1} a_{k-1}) \det A_{k-1} \tag{A.34}$$

となる．条件より $\det A,\,\det A_{k-1}$ はともに正であるので，式 (A.34) より

$$a_{kk} - a_{k-1}^{*} A_{k-1}^{-1} a_{k-1} > 0 \tag{A.35}$$

を得る．上式と $A_{k-1} \succ O$ より式 (A.33) の右辺中央の行列は正定値となり，$A \succ O$ が示される． △

一般に固有値計算は代数方程式の求解を必要とするが，シルベスターの判別法は，四則演算のみで行列の（半）正定値性を判定できることを示している．

〔2〕 正定値性に関連した性質

【定義 A.5】 半正定値エルミート行列 $A \in \mathbf{C}^{n \times n}$ が与えられたとする。半正定値エルミート行列 A の特異値分解は

$$A = U\Sigma U^*, \quad \Sigma = \mathrm{diag}\,\{\sigma_1, \cdots, \sigma_n\} \tag{A.36}$$

と与えられる。この特異値分解を用いて，行列 A の半正定値の平方根 $A^{\frac{1}{2}}$ を

$$A^{\frac{1}{2}} := U\Sigma^{\frac{1}{2}} U^*, \quad \Sigma^{\frac{1}{2}} := \mathrm{diag}\,\{\sqrt{\sigma_1}, \cdots, \sqrt{\sigma_n}\} \tag{A.37}$$

で定義する。

半正定値行列 A に対してその半正定値の平方根 $A^{\frac{1}{2}}$ は一意に定まり，以下の性質を持つ。

$$A^{\frac{1}{2}} A^{\frac{1}{2}} = A, \quad A^{\frac{1}{2}} \succeq O \tag{A.38}$$

【定理 A.6】 (消去補題(elimination lemma)) 行列 $B \in \mathbf{R}^{n \times m}$, $C \in \mathbf{R}^{n \times p}$, および対称行列 $Q \in \mathbf{R}^{n \times n}$ が与えられたとする。このとき，以下の (i), (ii) は等価である。

(i) ある行列 $K \in \mathbf{R}^{m \times p}$ が存在して

$$Q + \mathrm{He}(BKC^{\mathrm{T}}) \prec O \tag{A.39}$$

(ii)
$$(B^{\perp})^{\mathrm{T}} Q B^{\perp} \prec O, \text{ または } BB^{\mathrm{T}} \succ O \tag{A.40}$$

かつ

$$(C^{\perp})^{\mathrm{T}} Q C^{\perp} \prec O, \text{ または } CC^{\mathrm{T}} \succ O \tag{A.41}$$

証明 (i) $\Rightarrow$ (ii) 式 (A.39) が成立するとき，式 (A.39) の両側から $(B^{\perp})^{\mathrm{T}}$ と $B^{\perp}$, $C^{\perp}$ と $(C^{\perp})^{\mathrm{T}}$ を掛けることで，式 (A.40) と式 (A.41) が成立する。

(ii) $\Rightarrow$ (i) 式 (A.40) と式 (A.41) が成立するときに，実際に式 (A.39) を満たす K を求めることで十分性を示そう。簡単のために，B, C はともに列フルランクと仮定しておく。T_1 を

$$T_1^{\mathrm{T}} [B\ C] = O \tag{A.42}$$

を満たす最大列数を持つ行列（つまり，B と C の直交補空間の共通部分空間の基底ベクトルを並べた行列）として選ぶ。

$$[T_1\ T_2] = B^\perp, \quad [T_1\ T_3] = C^\perp \tag{A.43}$$

となるように T_2, T_3 を選び，さらに T_4 を

$$T_4^{\mathrm{T}}[T_1\ T_2\ T_3] = O \tag{A.44}$$

を満たし，かつ，次式で定義される T が正則となるように選ぶ．

$$T = [T_1\ T_2\ T_3\ T_4] \tag{A.45}$$

式 (A.39) の左辺の両側からそれぞれ T^{T}, T を掛けると，$\bar{Q} = T^{\mathrm{T}}QT$ として

$$\begin{bmatrix} \bar{Q}_{11} & \bar{Q}_{12} & \bar{Q}_{13} & \bar{Q}_{14} \\ \bar{Q}_{12}^{\mathrm{T}} & \bar{Q}_{22} & \bar{Q}_{23} & \bar{Q}_{24} \\ \bar{Q}_{13}^{\mathrm{T}} & \bar{Q}_{23}^{\mathrm{T}} & \bar{Q}_{33} & \bar{Q}_{34} \\ \bar{Q}_{14}^{\mathrm{T}} & \bar{Q}_{24}^{\mathrm{T}} & \bar{Q}_{34}^{\mathrm{T}} & \bar{Q}_{44} \end{bmatrix} + \mathrm{He}\left(\begin{bmatrix} O \\ O \\ \bar{B}_3 \\ \bar{B}_4 \end{bmatrix} K \begin{bmatrix} O \\ \bar{C}_2 \\ O \\ \bar{C}_4 \end{bmatrix}^{\mathrm{T}} \right) \tag{A.46}$$

となる．ただし，$\bar{B}_3$ などは T の定義に整合する大きさとする．ここで，式 (A.40), (A.41) より

$$\begin{bmatrix} \bar{Q}_{11} & \bar{Q}_{12} \\ \bar{Q}_{12}^{\mathrm{T}} & \bar{Q}_{22} \end{bmatrix} \prec O, \quad \begin{bmatrix} \bar{Q}_{11} & \bar{Q}_{13} \\ \bar{Q}_{13}^{\mathrm{T}} & \bar{Q}_{33} \end{bmatrix} \prec O \tag{A.47}$$

が成立する．$\bar{Q}_{11} \prec O$ が成立するので，**定理 A.4** を適用して

$$\begin{bmatrix} \tilde{Q}_{22} & \tilde{Q}_{23} & \tilde{Q}_{24} \\ \tilde{Q}_{23}^{\mathrm{T}} & \tilde{Q}_{33} & \tilde{Q}_{34} \\ \tilde{Q}_{24}^{\mathrm{T}} & \tilde{Q}_{34}^{\mathrm{T}} & \tilde{Q}_{44} \end{bmatrix} + \mathrm{He}\left(\begin{bmatrix} O \\ \bar{B}_3 \\ \bar{B}_4 \end{bmatrix} K \begin{bmatrix} \bar{C}_2 \\ O \\ \bar{C}_4 \end{bmatrix}^{\mathrm{T}} \right) \prec O \tag{A.48}$$

を満たす K が求められればよい．ただし

$$\begin{bmatrix} \tilde{Q}_{22} & \tilde{Q}_{23} & \tilde{Q}_{24} \\ \tilde{Q}_{23}^{\mathrm{T}} & \tilde{Q}_{33} & \tilde{Q}_{34} \\ \tilde{Q}_{24}^{\mathrm{T}} & \tilde{Q}_{34}^{\mathrm{T}} & \tilde{Q}_{44} \end{bmatrix} := \begin{bmatrix} \bar{Q}_{22} & \bar{Q}_{23} & \bar{Q}_{24} \\ \bar{Q}_{23}^{\mathrm{T}} & \bar{Q}_{33} & \bar{Q}_{34} \\ \bar{Q}_{24}^{\mathrm{T}} & \bar{Q}_{34}^{\mathrm{T}} & \bar{Q}_{44} \end{bmatrix} - \begin{bmatrix} \bar{Q}_{12}^{\mathrm{T}} \\ \bar{Q}_{13}^{\mathrm{T}} \\ \bar{Q}_{14}^{\mathrm{T}} \end{bmatrix} \bar{Q}_{11}^{-1} \begin{bmatrix} \bar{Q}_{12}^{\mathrm{T}} \\ \bar{Q}_{13}^{\mathrm{T}} \\ \bar{Q}_{14}^{\mathrm{T}} \end{bmatrix}^{\mathrm{T}} \tag{A.49}$$

である．ここで，式 (A.47) より $\tilde{Q}_{22} \prec O$, $\tilde{Q}_{33} \prec O$ であるので，式 (A.48) の左辺の (3,3) ブロックを負定，非対角ブロックを零行列とする K が求まればよい．そのためには，$\mu > \max \lambda(\tilde{Q}_{44})$ を満たす任意の μ を用いて

$$-\begin{bmatrix} \tilde{Q}_{23}^{\mathrm{T}} & \tilde{Q}_{34} \\ \tilde{Q}_{24}^{\mathrm{T}} & \frac{\mu}{2}I \end{bmatrix} = \begin{bmatrix} \bar{B}_3 \\ \bar{B}_4 \end{bmatrix} K \begin{bmatrix} \bar{C}_2 \\ \bar{C}_4 \end{bmatrix}^{\mathrm{T}} \tag{A.50}$$

を満たすように K を選べばよく，B, C が列フルランクであることより，$[\bar{B}_3^{\mathrm{T}}\ \bar{B}_4^{\mathrm{T}}]$, $[\bar{C}_2^{\mathrm{T}}\ \bar{C}_4^{\mathrm{T}}]$ はともに正則であるので

$$K = -\begin{bmatrix} \bar{B}_3 \\ \bar{B}_4 \end{bmatrix}^{-1} \begin{bmatrix} \tilde{Q}_{23}^{\mathrm{T}} & \tilde{Q}_{34} \\ \tilde{Q}_{24}^{\mathrm{T}} & \frac{\mu}{2}I \end{bmatrix} \begin{bmatrix} \bar{C}_2^{\mathrm{T}} & \bar{C}_4^{\mathrm{T}} \end{bmatrix}^{-1} \tag{A.51}$$

と選べばよい．なお，B, C が列フルランクでない場合には，式 (A.51) の右辺の二つの逆行列を擬似逆行列に置き換えればよい． △

A.1.3 行列方程式

【定理 A.7】 行列 $A, B \in \mathbf{R}^{m \times n}$ $(m \geqq n)$ が

$$AB^{\mathrm{T}} + BA^{\mathrm{T}} = O \tag{A.52}$$

を満たす必要十分条件は

$$B = AS \tag{A.53}$$
$$S + S^{\mathrm{T}} = O \tag{A.54}$$

を満たす実歪対称行列 $S(=-S^{\mathrm{T}}) \in \mathbf{R}^{n \times n}$ が存在することである．

証明 式 (A.52) が成立すると仮定する．式 (A.52) の左から $A^{\perp}$，右から $A^{+\mathrm{T}}$ を掛けると

$$A^{\perp}B = O \tag{A.55}$$

となる．これは，ある $S \in \mathbf{R}^{n \times n}$ を用いて $B = AS$ と表せることを意味する．これを式 (A.52) に代入すると

$$A(S + S^{\mathrm{T}})A^{\mathrm{T}} = O \tag{A.56}$$

となる．左から A^+，右からその転置を掛けることにより，式 (A.54) が成立する．
逆に式 (A.53), (A.54) が成立するとき，式 (A.52) に式 (A.53) を代入することにより，式 (A.52) が成立することが示せる． △

【定理 A.8】 歪対称行列 $S \in \mathbf{R}^{n \times n}$ の固有値は純虚数である。

証明 歪対称行列 S の固有値を λ, 固有ベクトルを v とすると

$$Sv = \lambda v \tag{A.57}$$

であり，左から v^* を掛けると

$$v^* S v = \lambda v^* v \tag{A.58}$$

となり，この式の共役転置を求めると

$$v^* S^{\mathrm{T}} v = -v^* S v = -\lambda v^* v = \bar{\lambda} v^* v \tag{A.59}$$

となる。これより $\bar{\lambda} = -\lambda$ が成立するので，λ は純虚数である。 △

【定理 A.9】 与えられた行列 $F \in \mathbf{R}^{n \times n}$, $\Gamma = \Gamma^{\mathrm{T}} \in \mathbf{R}^{n \times n}$ に対する**リアプノフ方程式**（Lyapunov equation）

$$PF + F^{\mathrm{T}} P + \Gamma = O \tag{A.60}$$

を考える。F が安定であるとき，式 (A.60) は一意解を持ち，以下の性質がある。
  (i) 解 P は以下のように与えられる。

$$P = \int_0^\infty e^{F^{\mathrm{T}} t} \Gamma e^{Ft} \, dt \tag{A.61}$$

  (ii) $\Gamma \succ (\succeq) O$ ならば $P \succ (\succeq) O$ が成立する。
  (iii) $\Gamma = \Gamma_1$, $\Gamma = \Gamma_2$ としたときの解を P_1, P_2 とすると，$\Gamma_1 \succ (\succeq) \Gamma_2$ ならば $P_1 \succ (\succeq) P_2$ が成立する。

証明 (i) のみ証明しておく。

$$G(t) := e^{F^{\mathrm{T}} t} \Gamma e^{Ft} \tag{A.62}$$

とおくと

$$\frac{dG(t)}{dt} = F^{\mathrm{T}} G(t) + G(t) F \tag{A.63}$$

となる。この両辺を $[0, \infty)$ で積分したものは，式 (A.61) を用いて

$$G(\infty) - G(0) = F^{\mathrm{T}} P + PF \tag{A.64}$$

と表せる.定義より $G(0) = \Gamma$ であり,F が安定行列であることより $G(\infty) = O$ となるので,式 (A.60) を得る. △

【定義 A.6】 $A \in \mathbf{C}^{m \times n}$,$B \in \mathbf{C}^{p \times q}$ に対して**クロネッカー積**(Kronecker product)を以下のように定義する.

$$A \otimes B := \begin{bmatrix} a_{11}B & a_{12}B & \cdots & a_{1n}B \\ a_{21}B & a_{22}B & \cdots & a_{2n}B \\ \vdots & \vdots & & \vdots \\ a_{m1}B & a_{m2}B & \cdots & a_{mn}B \end{bmatrix} \; (\in \mathbf{C}^{mp \times nq}) \tag{A.65}$$

クロネッカー積には,以下の性質がある.

(i) つぎの関係が成立する.

$$(A \otimes B)^* = A^* \otimes B^* \tag{A.66}$$

(ii) $A \in \mathbf{C}^{l \times m}$,$B \in \mathbf{C}^{m \times n}$,$C \in \mathbf{C}^{p \times q}$,$D \in \mathbf{C}^{q \times r}$ に対して

$$(A \otimes C)(B \otimes D) = (AB) \otimes (CD) \tag{A.67}$$

が成立する.

(iii) $\mathrm{vec}(A)$ を

$$\mathrm{vec}(A) := \begin{bmatrix} a_{11} & a_{21} & \cdots & a_{m1} & a_{12} & a_{22} & \cdots & a_{mn} \end{bmatrix}^{\mathrm{T}} \tag{A.68}$$

と定義する.このとき,三つの行列 $A \in \mathbf{C}^{m \times n}$,$B \in \mathbf{C}^{n \times p}$,$C \in \mathbf{C}^{p \times q}$ に対して,以下の関係が成立する.

$$\mathrm{vec}(ABC) = (C^{\mathrm{T}} \otimes A) \mathrm{vec}(B) \tag{A.69}$$

リアプノフ方程式 (A.60) の Q を右辺に移行して式 (A.69) を適用すると

$$(A^{\mathrm{T}} \otimes I + I \otimes A^{\mathrm{T}}) \mathrm{vec}(P) = -\mathrm{vec}(Q) \tag{A.70}$$

となる.この連立 1 次方程式を解くことによっても,P を求めることができる.

A.1.4 行列のトレースに関する性質

行列のトレースの一般的な性質として,正方行列 $A, B \in \mathbf{R}^{n \times n}$ とスカラー k に対して以下の関係が成立する.

$$\mathrm{tr}(A^\mathrm{T}) = \mathrm{tr}(A), \quad \mathrm{tr}(kA) = k\,\mathrm{tr}(A), \quad \mathrm{tr}(A+B) = \mathrm{tr}(A)+\mathrm{tr}(B) \tag{A.71}$$

つぎに，行列の積のトレースについて考える．二つの行列 $A, B \in \mathbf{R}^{m \times n}$ を

$$A := \begin{bmatrix} a_{11} & \cdots & a_{1n} \\ \vdots & \ddots & \vdots \\ a_{m1} & \cdots & a_{mn} \end{bmatrix}, \quad B := \begin{bmatrix} b_{11} & \cdots & b_{1n} \\ \vdots & \ddots & \vdots \\ b_{m1} & \cdots & b_{mn} \end{bmatrix} \tag{A.72}$$

とする．

【定義 A.7】 二つの実行列 $A, B \in \mathbf{R}^{m \times n}$ に対して，演算 $\bullet$ を

$$A \bullet B := \mathrm{tr}(A^\mathrm{T} B) = \sum_{i=1}^{m} \sum_{j=1}^{n} a_{ij}\, b_{ij} \tag{A.73}$$

と定義する．

$A \bullet B$ は，行列 A と B の要素を要素ごとに乗算したものをすべて足したものとなり，$\mathrm{vec}(A)$ と $\mathrm{vec}(B)$ の内積に相当する．この定義から明らかなように，任意の $A, B \in \mathbf{R}^{m \times n}$ に対して，行列積の順番を入れ換えてもトレースの値は不変であること，つまり

$$\mathrm{tr}(A^\mathrm{T} B) = \mathrm{tr}(B A^\mathrm{T}) \tag{A.74}$$

が成立することがわかる．また，特に $B = A$ のとき

$$A \bullet A = \mathrm{tr}(A^\mathrm{T} A) = \sum_{i=1}^{m} \sum_{j=1}^{n} a_{ij}^2 \tag{A.75}$$

とすべての要素の 2 乗を足し合わせたものとなる．そして

$$\|A\|_F := (A \bullet A)^{\frac{1}{2}} \tag{A.76}$$

はフロベニウスノルム（Frobenius norm）と呼ばれる行列ノルムである．

つぎに，行列の要素に関する微分を整理する．行列 X の要素によって決まる関数 $f(X) : \mathbf{R}^{\ell \times m} \to \mathbf{R}$ を考える．$\dfrac{\partial}{\partial x_{ij}} f(X)$ を (i, j) 要素とする行列を，$\dfrac{\partial}{\partial X} f(X)$ と表す．このとき，以下の関係式が成立する．

$$\frac{\partial}{\partial X} \mathrm{tr}(A X^\mathrm{T}) = A \tag{A.77}$$

$$\frac{\partial}{\partial X} \mathrm{tr}(A X B) = A^\mathrm{T} B^\mathrm{T} \tag{A.78}$$

$$\frac{\partial}{\partial X}\mathrm{tr}(AX^\mathrm{T}B) = BA \tag{A.79}$$

$$\frac{\partial}{\partial X}\mathrm{tr}(AXBX) = A^\mathrm{T}X^\mathrm{T}B^\mathrm{T} + B^\mathrm{T}X^\mathrm{T}A^\mathrm{T} \tag{A.80}$$

$$\frac{\partial}{\partial X}\mathrm{tr}(AXBX^\mathrm{T}) = A^\mathrm{T}XB^\mathrm{T} + AXB \tag{A.81}$$

$$\frac{\partial}{\partial X}\mathrm{tr}(XX^\mathrm{T}) = \frac{\partial}{\partial X}\mathrm{tr}(X^\mathrm{T}X) = 2X \tag{A.82}$$

さらに，X が正方行列の場合は，以下の関係式が成立する．

$$\frac{\partial}{\partial X}\mathrm{tr}(XX) = 2X^\mathrm{T} \tag{A.83}$$

$$\frac{\partial}{\partial X}\mathrm{tr}(X^n) = n(X^{n-1})^\mathrm{T} \tag{A.84}$$

$$\frac{\partial}{\partial X}\mathrm{tr}(AX^n) = \left(\sum_{i=0}^{n-1} X^i A X^{n-1-i}\right)^\mathrm{T} \tag{A.85}$$

$$\frac{\partial}{\partial X}\mathrm{tr}(X^{-1}) = -(X^{-1}X^{-1})^\mathrm{T} = -(X^{-2})^\mathrm{T} \tag{A.86}$$

$$\frac{\partial}{\partial X}\mathrm{tr}(AX^{-1}B) = -(X^{-1}BAX^{-1})^\mathrm{T} \tag{A.87}$$

参考のために，行列式の要素に関する微分の関係式も以下に示しておく．

$$\frac{\partial}{\partial X}\log\det X = (X^{-1})^\mathrm{T} \tag{A.88}$$

$$\frac{\partial}{\partial X}\det(X^n) = n(\det X)^{n-1}\mathrm{adj}(X^\mathrm{T}) \tag{A.89}$$

A.2 ファルカスの補題

　線形計画問題の双対定理の証明に必要なファルカスの補題と，制御における半正定値計画問題の双対に関連する二者択一の定理について述べる．

【定理 A.10】 （ファルカスの補題（Farkas' lemma））　行列 $A \in \mathbf{R}^{m\times n}$，ベクトル $b \in \mathbf{R}^m$ に対して，つぎの二つの命題のうちいずれか一方のみが必ず成立する．
 (i)　$Ax = b$, $x \geqq 0$ を満たす $x \in \mathbf{R}^n$ が存在する．
 (ii)　$A^\mathrm{T}y \geqq 0$, $b^\mathrm{T}y < 0$ を満たす $y \in \mathbf{R}^m$ が存在する．

|証明| 行列 A の各列を a_i $(i=1,\cdots,n)$ とする。ベクトル a_i の非負線形結合からなる凸集合を

$$V := \left\{ z \,\middle|\, z = \sum_{i=1}^{n} x_i a_i,\, x_i \geqq 0\, (i=1,\cdots,n) \right\} \tag{A.90}$$

とする。$b \in V$ ならば，明らかに (i) が成立する。

$b \notin V$ のとき，分離定理（**定理2.1**）より，ある $d \in \mathbf{R}^m$ が存在し

$$d^{\mathrm{T}} b < \inf_{z \in V} d^{\mathrm{T}} z \tag{A.91}$$

が成立する。$0 \in V$ であるので，$\inf_{z \in V} d^{\mathrm{T}} z = 0$ となる。よって，$y = d$ とすれば，$b^{\mathrm{T}} y < 0$ となる。また，$a_i \in V$ であるので

$$a_i^{\mathrm{T}} y = d^{\mathrm{T}} a_i \geqq \inf_{z \in V} d^{\mathrm{T}} z = 0 \tag{A.92}$$

が成立する。よって (ii) が成立する。

さらに，(i) を満たす x と (ii) を満たす y がともに存在すると仮定すると，$A^{\mathrm{T}} y \geqq 0$, $x \geqq 0$ より $x^{\mathrm{T}} A^{\mathrm{T}} y \geqq 0$ となる。一方

$$x^{\mathrm{T}} A^{\mathrm{T}} y = b^{\mathrm{T}} y < 0 \tag{A.93}$$

となり，矛盾する。よって，(i) と (ii) は同時には成立しない。　　△

ファルカスの定理のように，二つの命題のうちどちらか一方だけが必ず成立する定理を，**二者択一の定理**（alternative theorem）という。半正定値計画問題における二者択一の定理を示しておく。

【**定理A.11**】 実対称行列 $A_i \in \mathbf{R}^{n \times n}$ $(i = 0, 1, \cdots, m)$ に対して，つぎの二つの命題のうちいずれか一方のみが必ず成立する。

(i) 次式を満たす x_i $(i=1,\cdots,m)$ が存在する。

$$A_0 + \sum_{i=1}^{m} x_i A_i \succ O \tag{A.94}$$

(ii) 次式を満たす実対称行列 $Z \in \mathbf{R}^{n \times n}$ が存在する。

$$A_0 \bullet Z \leqq 0 \tag{A.95}$$

$$A_i \bullet Z = 0 \quad (i=1,\cdots,m) \tag{A.96}$$

$$Z \succeq O, \quad Z \neq O \tag{A.97}$$

A.3 ディスクリプタシステムとその制御性能解析

ディスクリプタシステムと，線形行列不等式を用いたその制御性能の解析条件についてまとめておく．

A.3.1 ディスクリプタシステム

性能を解析する**ディスクリプタシステム**の表現が

$$E\frac{d}{dt}x(t) = Ax(t) + Bu(t) \tag{A.98a}$$

$$y(t) = Cx(t) + Du(t) \tag{A.98b}$$

と与えられるものとする．ただし，$u(t) \in \mathbf{R}^m$，$y(t) \in \mathbf{R}^p$，$x(t) \in \mathbf{R}^n$ とする．さらに $E \in \mathbf{R}^{n \times n}$ とし，その他の行列は，行列 E の大きさと信号の次元とに整合するものとする．また，$u(t)$ から $y(t)$ までの伝達関数を $G(s)$ とする．

【定義 A.8】 $\det(sE - A)$ が恒等的に 0 ではないとき，ディスクリプタシステム (A.98) は**レギュラー**（regular）であるという．また，システム (A.98) がレギュラーであるとき，(E, A) はレギュラーであるという言い方もする．

システム (A.98) がレギュラーであると仮定し，(E, A) に対する一般化固有値問題

$$Av = \lambda Ev \quad (v \neq 0, v \in \mathbf{C}^n) \tag{A.99}$$

を考える．ディスクリプタシステムは，固有値に対応して以下の三つの動（静）特性を表すモードを持つ．

(i) $\det(\lambda E - A) = 0$ の解を (E, A) の有限固有値という．有限固有値をディスクリプタシステムの動的モード，あるいは指数モードという．

(ii) 次式を満たす v_1 が存在するとき，この v_1 を無限大固有値に対する固有ベクトルという．

$$Ev_1 = 0 \quad (v_1 \neq 0, v_1 \in \mathbf{C}^n) \tag{A.100}$$

また，この v_1 に対応する無限大固有値を，ディスクリプタシステムの静的モードという．

(iii) 式 (A.100) を満たす v_1 に対して

$$Ev_k = Av_{k-1} \quad (v_k \in \mathbf{C}^n) \tag{A.101}$$

を満たす v_k が存在するとき，これらの v_k を無限大固有値に対する一般化固有ベクトルという。また，このような v_k に対応する無限大固有値を，ディスクリプタシステムのインパルスモードという。

一般化固有値問題の固有値構造は

$$AU = UJ, \quad AVN = EV \tag{A.102}$$

で与えられる。ただし，J は有限モードに対応する通常のジョルダン標準形で，U はその固有ベクトルを並べたものである。N は無限大固有値に対応するべき零行列で，V はその一般化固有ベクトルを並べたものである。(E, A) がレギュラーであるとき

$$S := [EU \ AV], \quad T := [U \ V] \tag{A.103}$$

はともに正則行列となり

$$S^{-1}ET = \begin{bmatrix} I & O \\ O & N \end{bmatrix}, \quad S^{-1}AT = \begin{bmatrix} J & O \\ O & I \end{bmatrix} \tag{A.104}$$

が成立する。式 (A.104) を (E, A) の**ワイエルストラスの標準形**（Weierstrass canonical form）という。

【定義 A.9】 ディスクリプタシステム (A.98) が

- レギュラーである
- インパルスモードを持たない
- 有限固有値がすべて安定である

を満たすとき，**許容**（admissible）であるという。

A.3.2 ディスクリプタシステムの制御性能解析

【定理 A.12】 （許容条件）[28]　　式 (A.98) で表されるシステムが許容であるための必要十分条件は

$$XE = (XE)^\mathrm{T} \succeq O \tag{A.105}$$

$$XA + (XA)^\mathrm{T} \prec O \tag{A.106}$$

を満たす $X \in \mathbf{R}^{n \times n}$ が存在することである。

A.3 ディスクリプタシステムとその制御性能解析

【定理 A.13】 （極の存在領域）[60] 式 (4.29) で定義される複素平面上の領域 $\mathcal{D}$ を考える．式 (A.98) で表されるシステムが，レギュラーでインパルスモードを持たず，かつ，有限固有値がすべて領域 $\mathcal{D}$ に含まれる必要十分条件は

$$R_{11} \otimes (E^{\mathrm{T}} P E) + R_{12} \otimes (E^{\mathrm{T}} P A) + R_{12}^{\mathrm{T}} \otimes (A^{\mathrm{T}} P E)$$
$$+ R_{22} \otimes (A^{\mathrm{T}} P A) + I_d \otimes (A^{\mathrm{T}} Q A) \prec O \quad (A.107)$$

$$P \succ O \quad (A.108)$$

$$E^{\mathrm{T}} Q E \succeq O \quad (A.109)$$

を満たす実対称行列 $P, Q \in \mathbf{R}^{n \times n}$ が存在することである．

【定理 A.14】 （H_2 ノルム）[61] 式 (A.98) で表されるシステムが許容であり，$D = O$，かつ，静的モードも存在しないと仮定する．このとき，$\|G(s)\|_2$ は

$$\mathrm{He}(E G_c A^{\mathrm{T}}) + P_l B B^{\mathrm{T}} P_l = O \quad (A.110)$$

$$\mathrm{He}(E^{\mathrm{T}} G_o A) + P_r C^{\mathrm{T}} C P_r = O \quad (A.111)$$

の解を用いて，以下のように計算することができる．

$$\|G(s)\|_2 = \sqrt{\mathrm{tr}(C G_c C^{\mathrm{T}})} = \sqrt{\mathrm{tr}(B^{\mathrm{T}} G_o B)} \quad (A.112)$$

ただし，P_l, P_r は式 (A.104) の S, T を用いて以下のように与えられる．

$$P_l := S \begin{bmatrix} I & O \\ O & O \end{bmatrix} S^{-1}, \quad P_r := T^{-1} \begin{bmatrix} I & O \\ O & O \end{bmatrix} T \quad (A.113)$$

（P_l, P_r の $(1,1)$ ブロックの大きさは J と同じ大きさである）

【定理 A.15】 （H_∞ ノルム）[62] 式 (A.98) で表されるシステムが許容であり，かつ，$\|G(s)\|_\infty < \gamma$ であるための必要十分条件は，以下を満たす $P \in \mathbf{R}^{n \times n}$，$W \in \mathbf{R}^{n \times m}$ が存在することである．

$$\begin{bmatrix} \mathrm{He}(PA) & A^{\mathrm{T}} W + PB & \blacklozenge \\ \blacklozenge & \mathrm{He}(W^{\mathrm{T}} B) - \gamma I & \blacklozenge \\ C & D & -\gamma I \end{bmatrix} \prec O \quad (A.114)$$

$$PE = (PE)^{\mathrm{T}} \succeq O \quad (A.115)$$

$$E^{\mathrm{T}} W = O \quad (A.116)$$

引用・参考文献

1〜3章
1) 伊理正夫, 今野浩, 刀根薫 監訳：最適化ハンドブック, 朝倉書店 (1995)
2) 福島雅夫：非線形最適化の基礎, 朝倉書店 (2001)
3) 山下信雄, 福島雅夫：数理計画法（電子情報通信レクチャー C-4）, コロナ社 (2008)
4) S. P. Boyd and L. Vandenberghe: Convex Optimization, Cambridge University Press (2004)
5) 田中謙輔：凸解析と最適化理論, 牧野書店 (1994)
6) 小島政和, 土谷隆, 水野眞治, 矢部博：内点法, 朝倉書店 (2001)
7) J. M. Maciejowski（足立修一, 管野政明 訳）：モデル予測制御 —— 制約のもとでの最適制御, 東京電機大学出版局 (2000)
8) 大塚敏之：非線形最適制御入門, コロナ社 (2011)
9) A. Bemporad, M. Morari, V. Due and E. N. Pistikopoulos: The explicit linear quadratic regulator for constrained systems, Automatica, **38**, 1, pp.3–20 (2002)

4章

10) V. Balakrishnan and L. Vandenberghe: Semidefinite Programming Duality and Linear Time-Invariant Systems, IEEE Transactions on Automatic Control, **48**, 1, pp.30–41 (2003)
11) J. F. Sturm: Using SeDuMi 1.02, A Matlab toolbox for optimization over symmetric cones, Optimization Methods and Software, **11**, pp.625–653 (1999)
12) K. C. Toh, M. Todd and R. H. Tütüncü: SDPT3 – A Matlab software package for semidefinite programming, Version 1.3, Optimization Methods and Software, **11**, pp.545–581 (1999)
13) M. Yamashita, K. Fujisawa and M. Kojima: Implementation and evaluation of SDPA 6.0 (Semidefinite Programming Algorithm 6.0), Optimization Methods and Software, **18**, pp.491–505 (2003)
14) M. Chilali and P. Gahinet: H_∞ Design with Pole Placement Constraints:

An LMI Approach, IEEE Transactions on Automatic Control, **41**, 3, pp.358–367 (1997)
15) D. Peaucelle, D. Arzelier, O. Bachelier and J. Bernussou: A new robust D-stability condition for real convex polytopic uncertainty, Systems and Control Letters, **40**, pp.21–30 (2000)
16) S. P. Boyd and C. H. Barratt: Linear Controller Design — Limits of Performance —, Prentice Hall (1991)
17) S. P. Boyd, L. E. Ghaoui, E. Feron and V. Balakrishnan: Linear Matrix Inequalities in System and Control Theory, SIAM (1994)
18) B. A. Francis: A Course in H_∞ Control Theory, **88** in Lecture Notes and Information Sciences, Springer-Verlag (1987)
19) T. Iwasaki and R. E. Skelton: All controllers for the general H_∞ control problem — LMI existence conditions and state-space formulas, Automatica, **30**, 8, pp.1307–1317 (1994)
20) 蛯原義雄：LMI によるシステム制御, 森北出版 (2012)
21) O. Toker and H. Özbay: On the NP-hardness of solving bilinear matrix inequalities and simultaneous stabilization with static output feedback, Proceedings of the American Control Conference, pp.2525–2526 (1995)
22) C. Scherer, P. Gahinet and M. Chilali: Multiobjective Output-Feedback Control via LMI Optimization, IEEE Transactions on Automatic Control, **42**, 7, pp.896–911 (1997)
23) I. Masubuchi, A. Ohara and N. Suda: LMI-Based Controller Synthesis: A Unified Formulation and Solution, International Journal Robust and Nonlinear Control, **8**, 8, pp.669–686 (1998)
24) 片山徹：線形システムの最適制御, 近代科学社 (1999)
25) 汐月哲夫：線形システム解析, コロナ社 (2011)
26) 川田昌克：冗長な Descriptor アプローチと Dilation アプローチの関係について, 第 5 回制御部門大会, pp.583–588 (2005)
27) K. Takaba and T. Katayama: H^2 Output Feedback Control for Descriptor Systems, Automatica, **34**, 7, pp.841–850 (1998)
28) I. Masubuchi, Y. Kamitane, A. Ohara and N. Suda: H_∞ Control for Descriptor Systems: A Matrix Inequalities Approach, Automatica, **33**, 4, pp.669–673 (1997)
29) 下村卓, 玉越隆行, 藤井隆雄：LMI 非共通解による多目的制御系設計 —— 反復計

算による方法, 計測自動制御学会論文集, **36**, 11, pp.943–951 (2000)

30) 下村卓：パラメータ依存 Lyapunov 関数を許容する拡張空間での制御系設計, 計測自動制御学会論文集, **41**, 5, pp.411–418 (2005)

31) 陳幹, 柴田浩：ディスクリプタ表現の冗長性を利用したシステム解析, システム/制御/情報, **47**, 5, pp.211–216 (2003)

32) 瀬部昇：反復計算による多目的状態フィードバック設計のための伸長補題, 第7回制御部門大会, 6 pages (2007)

33) T. Shimomura and T. Fujii: Multiobjective control via successive overbounding of quadratic terms, International Journal of Robust and Nonlinear Control, **15**, pp.363–381 (2005)

5 章

34) H. K. Khalil: Nonlinear Systems, Prentice Hall (2002)

35) S. Kim, M. Kojima and H. Waki: Generalized Lagrangian Duals and Sums of Squares Relaxations of Sparse Polynomial Optimization Problems, SIAM Journal on Optimization, **15**, 3, pp.697–719 (2005)

36) 小島政和, 脇隼人：多項式最適化問題に対する半正定値計画緩和, システム/制御/情報, **48**, 12, pp.477–482 (2004)

37) H. K. Lam: Output-Feedback Sampled-Data Polynomial Controller for Nonlinear Systems, Automatica, **47**, 5, pp.2457–2461 (2011)

38) J. B. Lasserre: Global Optimization with Polynomials and the Problem of Moments, SIAM Journal of Optimization, **11**, 3, pp.796–817 (2001)

39) A. Papachristodoulou and S. Prajna: On the Construction of Lyapunov Functions using the Sum of Squares Decomposition, Proceedings of the 41th IEEE Conference on Decision and Control, pp.3482–3487 (2002)

40) A. Papachristodoulou and S. Prajna: A Tutorial on Sum of Squares Techniques for Systems Analysis, Proceedings of the 2005 American Control Conference, pp.2696–2700 (2005)

41) A. Papachristodoulou, J. Anderson, G. Valmorbida, S. Prajna, P. Seiler and P. A. Parrilo: SOSTOOLS: Sum of squares optimization toolbox for MATLAB (2013)

42) P. A. Parrilo: Structured Semidefinite Programs and Semialgebraic Geometry Models in Robustness and Optimization, Ph.D. dissertation, Caltech (2000)

43) P. A. Parrilo: Semidefinite Programming Relaxations for Semialgebraic

Problems, Mathematical Programming, **96**, 2, pp.293–320 (2003)

44) S. Prajna, P. A. Parrilo and A. Rantzer: Nonlinear Control Synthesis by Convex Optimization, IEEE Transactions on Automatic Control, **49**, 2, pp.310–314 (2004)

45) S. Prajna, A. Papachristodoulou, P. Seiler and P. A. Parrilo: SOSTOOLS: Control Applications and New Developments, Proceedings of the 2004 IEEE International Symposium on Computer Aided Control Systems Design, pp.315–320 (2004)

46) C. W. Scherer and C. W. J. Hol: Matrix Sum-of-Squares Relaxations for Robust Semi-Definite Programs, Mathematical Programming, **107**, 1, pp.189–211 (2006)

47) F. Wu and S. Prajna: SOS-based Solution Approach to Polynomial LPV System analysis and synthesis problems, International Journal of Control, **78**, 8, pp.600–611 (2005)

6 章

48) 北川源四郎：モンテカルロ・フィルタおよび平滑化について, 統計数理, **44**, 1, pp.31–48 (1996)

49) 樋口知之：粒子フィルタ, 電子情報通信学会誌, **88**, 12, pp.989–994 (2005)

50) 片山徹：非線形カルマンフィルタ, 朝倉書店 (2011)

51) R. Tempo, G. Calafiore and F. Dabbene: Randomized Algorighms for Analysis and Control of Uncertain Systems, Springer-Verlag (2004)

52) 藤崎泰正, 大石泰章：ランダマイズドアルゴリズムによる制御システムの設計と解析, システム/制御/情報, **53**, 5, pp.189–196 (2009)

53) 和田孝之, 藤崎泰正：ランダマイズドアルゴリズムによるロバスト制御系解析・設計, システム/制御/情報, **55**, 5, pp.181–188 (2011)

54) 和田孝之, 藤崎泰正：非凸制約をもつロバスト可解問題に対するランダマイズドアルゴリズム, 計測自動制御学会論文集, **43**, 12, pp.1165–1166 (2007)

55) 藤崎泰正, 和田孝之：ロバスト凸最適化のためのランダマイズドアルゴリズム, 計測と制御, **50**, 11, pp.950–955 (2011)

56) Y. Fujisaki and Y .Oishi: Guaranteed cost regulator design: A probabilistic solution and a randomized algorithm, Automatica, **43**, 2, pp.317–324 (2007)

57) Y. Oishi: Polynomial-Time Algorighms for Probabilistic Solutions of Parameter-Dependent Linear Matrix Inequalities, Automatica, **43**, 3, pp.538–545 (2007)

58) G. C. Calafiore and F. Dabbene: A probabilistic analytic center cutting plane method for feasibility of uncertain LMIs, Automatica, **43**, 12, pp.2022–2033 (2007)

付録

59) 児玉慎三, 須田信英：システム制御のためのマトリクス理論, コロナ社 (1978)
60) C.-H. Kuo and L. Lee: Robust $\mathcal{D}$-admissibility in Generalized LMI Regions for Descriptor Systems, The 5th Asian Control Conference, pp.1058–1065 (2004)
61) T. Stykel: On Some Norms for Descriptor Systems, IEEE Transactions on Automatic Control, **51**, 5, pp.842–847 (2006)
62) I. Masubuchi: Dissipativity inequalities for continuous-time descriptor systems with applications to synthesis of control gains, Systems and Control Letters, **55**, 2, pp.158–164 (2006)

━━━━━━━━ 演習問題の解答 ━━━━━━━━

1章

【1】 最適性の 1 次の必要条件はつぎのように表される．

$$\nabla_x L(x,\lambda) = 2x + \lambda p = 0 \tag{a.1}$$

$$\nabla_\lambda L(x,\lambda) = h(x) = p^\mathrm{T} x - b = 0 \tag{a.2}$$

このとき，式 (a.1) より

$$x = -\frac{\lambda p}{2} \tag{a.3}$$

であり，これを式 (a.2) に代入すると

$$-\frac{\lambda}{2}\|p\|^2 - b = 0$$

となるので

$$\lambda = -\frac{2b}{\|p\|^2}$$

を得る．これを式 (a.3) に代入すると，最適性の 1 次の必要条件を満たす点として

$$\begin{bmatrix} x^\star \\ \lambda^\star \end{bmatrix} = \begin{bmatrix} \dfrac{bp}{\|p\|^2} \\ -\dfrac{2b}{\|p\|^2} \end{bmatrix}$$

が得られる．さらに

$$\nabla_x^2 L(x^\star, \lambda^\star) = 2I_n$$

であり

$$t^\mathrm{T} \nabla_x^2 L(x^\star, \lambda^\star) t = 2\|t\|^2 > 0 \quad (\forall t \neq 0)$$

となるので，最適性の 2 次の十分条件を満たす．

[2] この問題に対するラグランジュ関数は

$$L(x,\mu) = x_1 + 2x_2 + \mu_1(4 - x_1^2 - x_2^2) + \mu_2\{(x_1 - 2)^2 + x_2^2 - 9\}$$

であり，KKT 条件はつぎのようになる．

$$\nabla_x L(x,\mu) = \begin{bmatrix} 1 - 2\mu_1 x_1 + 2\mu_2(x_1 - 2) \\ 2 - 2\mu_1 x_2 + 2\mu_2 x_2 \end{bmatrix} = 0 \tag{a.4}$$

$$\mu_1 \, g_1(x) = 0, \quad \mu_2 \, g_2(x) = 0 \tag{a.5}$$

$$\mu_1 \geqq 0, \quad \mu_2 \geqq 0 \tag{a.6}$$

$$g_1(x) = 4 - x_1^2 - x_2^2 \leqq 0 \tag{a.7}$$

$$g_2(x) = (x_1 - 2)^2 + x_2^2 - 9 \leqq 0 \tag{a.8}$$

以下では，相補性条件 (a.5) の場合分けで考える．$\mu_1 \, g_1(x) = 0$ より，$\mu_1 = 0$ または $g_1(x) = 0$ である．

(i) $\mu_1 = 0$ の場合．式 (a.4) は

$$1 + 2\mu_2(x_1 - 2) = 0, \quad 2 + 2\mu_2 x_2 = 0$$

となる．$\mu_2 = 0$ ならこれらを満たさないので $\mu_2 \neq 0$ であり

$$x_1 = -1/(2\mu_2) + 2, \quad x_2 = -1/\mu_2 \tag{a.9}$$

である．また，$\mu_2 \neq 0$ は相補性条件より $g_2(x) = 0$ を意味するので，式 (a.9) を代入すると

$$1/(4\mu_2^2) + 1/\mu_2^2 - 9 = 0 \quad \Leftrightarrow \quad \mu_2^2 = 5/36$$

であり，$\mu_2 \geqq 0$ より，$\mu_2 = \sqrt{5}/6$ を得る．これを式 (a.9) に代入すると

$$x_1 = (10 - 3\sqrt{5})/5, \quad x_2 = -6\sqrt{5}/5$$

であり

$$g_1([2 - 3\sqrt{5}/5 \quad -6\sqrt{5}/5]^{\mathrm{T}}) = 12\sqrt{5}/5 - 9 \leqq 0$$

となる．つまり，条件 (a.7) も満たすので

$$\begin{bmatrix} x^\star \\ \mu^\star \end{bmatrix} = \begin{bmatrix} (10 - 3\sqrt{5})/5 \\ -6\sqrt{5}/5 \\ 0 \\ \sqrt{5}/6 \end{bmatrix} \tag{a.10}$$

は KKT 点となる。

(ii) $g_1(x) = 0$ の場合。相補性条件 (a.5) の $\mu_2 g_2(x) = 0$ より，$\mu_2 = 0$ または $g_2(x) = 0$ である。

(ii-1) $\mu_2 = 0$ の場合。式 (a.4) は

$$1 - 2\mu_1 x_1 = 0, \quad 2 - 2\mu_1 x_2 = 0$$

となり，ここでは $\mu_1 \neq 0$ なので

$$x_1 = 1/(2\mu_1), \quad x_2 = 1/\mu_1 \tag{a.11}$$

となる。これを $g_1(x) = 0$ に代入すると

$$4 - 1/(4\mu_1^2) - 1/\mu_1^2 = 0 \quad \Leftrightarrow \quad \mu_1^2 = 5/16$$

となり，$\mu_1 \geqq 0$ なので，$\mu_1 = \sqrt{5}/4$ を得る。これを式 (a.11) に代入すると

$$x_1 = 2\sqrt{5}/5, \quad x_2 = 4\sqrt{5}/5$$

であり

$$g_2([\sqrt{5}/5 \ \ 2\sqrt{5}/5]^\mathrm{T}) = -1 - 8\sqrt{5}/5 \leqq 0$$

となる。つまり，式 (a.8) も満たすので

$$\begin{bmatrix} x^\star \\ \mu^\star \end{bmatrix} = \begin{bmatrix} 2\sqrt{5}/5 \\ 4\sqrt{5}/5 \\ \sqrt{5}/4 \\ 0 \end{bmatrix} \tag{a.12}$$

は KKT 点となる。

(ii-2) $g_2(x) = 0$ の場合。$g_1(x) = 0$ かつ $g_2(x) = 0$ より x_2 を消去すると

$$4 - x_1^2 + (x_1 - 2)^2 - 9 = 0 \quad \Leftrightarrow \quad 4x_1 = -1$$

より $x_1 = -1/4$ を得る。$g_1(x) = 0$ に代入すると

$$4 - (-1/4)^2 - x_2^2 = 0 \iff x_2^2 = 63/16$$

より $x_2 = \pm\sqrt{63}/4$ を得る。これらを式 (a.4) に代入すると

$$1 + \mu_1/2 - 9\mu_2/2 = 0$$
$$2 \mp \sqrt{63}\mu_1/2 \pm \sqrt{63}\mu_2/2 = 0$$

となるので，これを解くと

$$\mu_1 = (7 \pm 2\sqrt{63})/28, \quad \mu_2 = (63 \pm 2\sqrt{63})/252$$

を得るが，式 (a.6) より

$$\begin{bmatrix} x^\star \\ \mu^\star \end{bmatrix} = \begin{bmatrix} -1/4 \\ \sqrt{63}/4 \\ (7 + 2\sqrt{63})/28 \\ (63 + 2\sqrt{63})/252 \end{bmatrix} \tag{a.13}$$

のみが KKT 点となる。

以上により，3 個の KKT 点 (a.10), (a.12), (a.13) があることがわかった。以下では，これらの点を $x_a^\star, x_b^\star, x_c^\star$ とし，最適性の 2 次の条件について調べる。

まず

$$\nabla_x^2 L(x, \mu) = \begin{bmatrix} -2(\mu_1 - \mu_2) & 0 \\ 0 & -2(\mu_1 - \mu_2) \end{bmatrix}$$

$$\nabla g_1(x) = \begin{bmatrix} -2x_1 \\ -2x_2 \end{bmatrix}, \quad \nabla g_2(x) = \begin{bmatrix} 2(x_1 - 2) \\ 2x_2 \end{bmatrix}$$

であり，有効集合は

$$A(x_a^\star) = \{2\}, \quad A(x_b^\star) = \{1\}, \quad A(x_c^\star) = \{1, 2\}$$

である。

(a) 点 $x_a^\star$ の場合。

$$\nabla g_2(x_a^\star) = \begin{bmatrix} -6\sqrt{5}/5 \\ -12\sqrt{5}/5 \end{bmatrix}$$

であるので,$t = [\,t_1\ \ t_2\,]^{\mathrm{T}}$ として
$$\nabla g_2(x_a^\star)^{\mathrm{T}} t = -6\sqrt{5}\,t_1/5 + -12\sqrt{5}\,t_2/5 = 0$$
より $t_1 = -2t_2$ を得る.よって
$$M(x_a^\star) = \{\,t\,|\,t = [\,-2t_2\ \ t_2\,]^{\mathrm{T}},\ t_2 \in \mathbf{R}\,\}$$
である.これより
$$t^{\mathrm{T}} \nabla_x^2 L(x_a^\star, \mu_a^\star)\, t = \begin{bmatrix} -2t_2 & t_2 \end{bmatrix} \begin{bmatrix} \sqrt{5}/3 & 0 \\ 0 & \sqrt{5}/3 \end{bmatrix} \begin{bmatrix} -2t_2 \\ t_2 \end{bmatrix}$$
$$= (5\sqrt{5}/3)\, t_2^2 > 0 \quad (t_2 \neq 0)$$

であるので,最適性の 2 次の十分条件を満たし,$x_a^\star$ は局所的最小点であることがわかる(この場合,$M(x_a^\star)$ によらず $\nabla_x^2 L(x_a^\star, \mu_a^\star) \succ O$ であるので,最適性の 2 次の十分条件を満たす).

(b) 点 $x_b^\star$ の場合.
$$\nabla g_1(x_b^\star) = \begin{bmatrix} -4\sqrt{5}/5 \\ -8\sqrt{5}/5 \end{bmatrix}$$
であるので,$t = [\,t_1\ \ t_2\,]^{\mathrm{T}}$ として
$$\nabla g_1(x_b^\star)^{\mathrm{T}} t = -4\sqrt{5}\,t_1/5 + -8\sqrt{5}\,t_2/5 = 0$$
より $t_1 = -2t_2$ を得る.よって
$$M(x_b^\star) = \{\,t\,|\,t = [\,-2t_2\ \ t_2\,]^{\mathrm{T}},\ t_2 \in \mathbf{R}\,\}$$
である.これより
$$t^{\mathrm{T}} \nabla_x^2 L(x_a^\star, \mu_a^\star)\, t = \begin{bmatrix} -2t_2 & t_2 \end{bmatrix} \begin{bmatrix} -\sqrt{5}/2 & 0 \\ 0 & -\sqrt{5}/2 \end{bmatrix} \begin{bmatrix} -2t_2 \\ t_2 \end{bmatrix}$$
$$= -(5\sqrt{5}/2)\, t_2^2 < 0 \ (t_2 \neq 0)$$

であるので,最適性の 2 次の必要条件を満たさず,$x_b^\star$ は局所的最小点ではないことがわかる(この場合,$\nabla_x^2 L(x_b^\star, \mu_b^\star) \prec O$ であるので,$M(x_b^\star) = \{0\}$(零ベクトルのみの集合)とならない限りは最適性の 2 次の必要条件を満たさない).

(c) 点 $x_c^\star$ の場合。

$$\nabla g_1(x_c^\star) = \begin{bmatrix} 1/2 \\ -\sqrt{63}/2 \end{bmatrix}, \quad \nabla g_2(x_c^\star) = \begin{bmatrix} -9/2 \\ \sqrt{63}/2 \end{bmatrix}$$

であり，$\nabla g_1(x_c^\star)$ と $\nabla g_2(x_c^\star)$ は線形独立なので，$\nabla g_1(x_c^\star)^\mathrm{T} t = 0$ と $\nabla g_2(x_c^\star)^\mathrm{T} t = 0$ を同時に満たす $t\ (\neq 0)$ は存在しない。よって，$t \in M(x_c^\star)$ かつ $t \neq 0$ となる t は存在しないので，点 $x_c^\star$ は最適性の 2 次の十分条件を満たし，局所的最小点であることがわかる（この場合は，$\nabla_x^2 L(x_c^\star, \mu_c^\star) \prec O$ であるにもかかわらず $M(x_b^\star) = \{0\}$（零ベクトルのみの集合）となるため，最適性の 2 次の十分条件を満たす）。

【3】 例 1.7 と同様の計算により，以下を得る。

(i) $x \leqq -\dfrac{3}{2}$ の場合。

(i-a) $\mu \leqq 1$ の場合は，$x = -\dfrac{3}{2}$ で最小値 $-\dfrac{3}{2}\mu + \dfrac{5}{4}$。

(i-b) $\mu \geqq 1$ の場合は，$x = -\dfrac{1}{2}\mu - 1$ で最小値 $-\dfrac{1}{4}\mu^2 - \mu + 1$。

(ii) $-\dfrac{3}{2} \leqq x \leqq \dfrac{1}{2}$ の場合。

(ii-a) $\mu < 1$ の場合は，$x = \dfrac{1}{2}$ で最小値 $\dfrac{1}{2}\mu - \dfrac{3}{4}$。

(ii-b) $\mu = 1$ の場合は，x の値によらず最小値 $-\dfrac{1}{4}$。

(ii-c) $\mu > 1$ の場合は，$x = -\dfrac{3}{2}$ で最小値 $-\dfrac{3}{2}\mu + \dfrac{5}{4}$。

(iii) $x \geqq \dfrac{1}{2}$ の場合。

(iii-a) $\mu \leqq 1$ の場合は，$x = -\dfrac{1}{2}\mu + 1$ で最小値 $-\dfrac{1}{4}\mu^2 + \mu - 1$。

(iii-b) $\mu \geqq 1$ の場合は，$x = \dfrac{1}{2}$ で最小値 $\dfrac{1}{2}\mu - \dfrac{3}{4}$。

以上より

$$\xi_{\mathrm{D}1}^\star(\mu) := \min_x L(x, \mu) = \begin{cases} -\dfrac{1}{4}\mu^2 - \mu + 1 & (\mu \geqq 1) \\ -\dfrac{1}{4}\mu^2 + \mu - 1 & (\mu \leqq 1) \end{cases}$$

となる。これは例 1.7 の場合と同じになっている（解図 1.1）。したがって，双対問題の解は，$\mu = 1$ のとき最大値 $\xi_\mathrm{D}^\star = -\dfrac{1}{4}$ となる。

(a) $f(x)$　　　(b) $\xi_{\mathrm{D}1}^{\star}(\mu)$

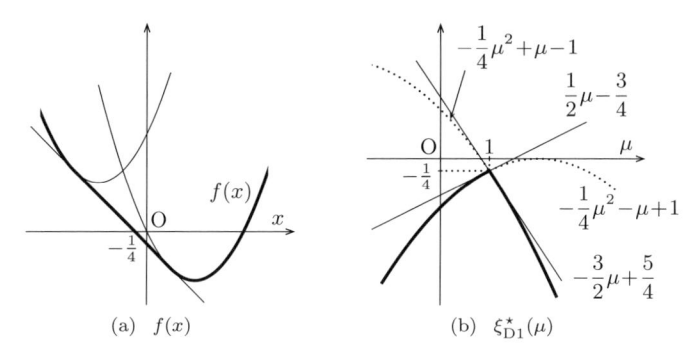

解図 1.1 演習問題【3】の $f(x)$ と $\xi_{\mathrm{D}1}^{\star}(\mu)$

【4】 この問題は $\min_{-\mu \leqq 0} -\xi(\mu)$ と表されるので，ラグランジュ乗数を $-x \geqq 0$ として選ぶと，ラグランジュ関数は

$$L(\mu, x) = -\xi(\mu) + (-x)(-\mu) = \begin{cases} \dfrac{1}{4}\mu^2 + \mu - 1 + x\mu & (\mu \geqq 1) \\ \dfrac{1}{4}\mu^2 - \mu + 1 + x\mu & (\mu \leqq 1) \end{cases}$$

で与えられる。

(i) $\mu \leqq 1$ の場合は $L(\mu, x) = \dfrac{1}{4}(\mu + 2x - 2)^2 - (x-1)^2 + 1$ となるので

　(i-a) $x \leqq \dfrac{1}{2}$ の場合は，$\mu = 1$ で最小値 $x + \dfrac{1}{4}$。

　(i-b) $x \geqq \dfrac{1}{2}$ の場合は，$\mu = -2x + 2$ で最小値 $-(x-1)^2 + 1$。

(ii) $\mu \geqq 1$ の場合は $L(\mu, x) = \dfrac{1}{4}(\mu + 2x + 2)^2 - (x+1)^2 - 1$ となるので

　(ii-a) $x \leqq -\dfrac{3}{2}$ の場合は，$\mu = -2x - 2$ で最小値 $-(x+1)^2 - 1$。

　(ii-b) $x \geqq -\dfrac{3}{2}$ の場合は，$\mu = 1$ で最小値 $x + \dfrac{1}{4}$。

以上より

$$\omega(x) := \min_{\mu} L(\mu, x) = \begin{cases} -(x+1)^2 - 1 & \left(x \leqq -\dfrac{3}{2}\right) \\ x + \dfrac{1}{4} & \left(-\dfrac{3}{2} \leqq x \leqq \dfrac{1}{2}\right) \\ -(x-1)^2 + 1 & \left(\dfrac{1}{2} \leqq x\right) \end{cases}$$

となり，双対問題は $\max_{x \leqq 0} \omega(x)$ となる．この問題は $\min_{x \leqq 0} -\omega(x)$ と等価であ

るが，$\omega(x)$ は**演習問題【3】**の $f(x)$ を用いて $\omega(x) = -f(x)$ と表されることより，双対問題は**演習問題【3】**の最適化問題と等価になる。

【5】 最小化問題 (1.139) は変数 (λ, μ) に対して不等式制約条件 $-\mu \leqq 0$ のもとで目的関数 $-L(x^\star, \lambda, \mu)$ を最小化する問題となるので，ラグランジュ乗数を $\zeta \in \mathbf{R}^m$ として，ラグランジュ関数を

$$\hat{L}(\lambda, \mu, \zeta) = -L(x^\star, \lambda, \mu) + \zeta^\mathrm{T}(-\mu)$$

と定義する。この問題に対する KKT 条件は

$$\nabla_\lambda \hat{L}(\lambda, \mu, \zeta) = -\nabla_\lambda L(x^\star, \lambda, \mu) = -h(x^\star) = 0$$
$$\nabla_\mu \hat{L}(\lambda, \mu, \zeta) = -\nabla_\mu L(x^\star, \lambda, \mu) - \zeta = -g(x^\star) - \zeta = 0$$
$$\zeta^\mathrm{T}(-\mu) = 0$$
$$\zeta \geqq 0, \quad \mu \geqq 0$$

となる。これらから ζ を消去すると

$$h(x^\star) = 0, \quad g(x^\star)^\mathrm{T}\mu = 0, \quad g(x^\star) \leqq 0, \quad \mu \geqq 0$$

となり，式 (1.140) を得る。

2 章

【1】 まず，$f_1(x) = x^2$ より，任意の $x, y \in \mathbf{R}$ に対して，簡単な計算により

$$\begin{aligned}&\alpha f_1(x) + (1-\alpha)f_1(y) - f_1(\alpha x + (1-\alpha)y) \\&= \alpha(1-\alpha)(x-y)^2 \geqq 0 \quad (\forall \alpha \in [0,1])\end{aligned}$$

が成立することがわかる。よって

$$f_1(\alpha x + (1-\alpha)y) \leqq \alpha f_1(x) + (1-\alpha)f_1(y) \quad (\forall \alpha \in [0,1]) \tag{a.14}$$

が成立するので，$f_1(x)$ は凸関数である。

つぎに，式 (a.14) は

$$\{\alpha x + (1-\alpha)y\}^2 \leqq \alpha x^2 + (1-\alpha)y^2 \quad (\forall \alpha \in [0,1]) \tag{a.15}$$

を表すので，この x と y にそれぞれ x^2 と y^2 を代入すると

$$\{\alpha x^2 + (1-\alpha)y^2\}^2 \leqq \alpha x^4 + (1-\alpha)y^4 \quad (\forall \alpha \in [0,1]) \tag{a.16}$$

が成立する。さらに，式 (a.15) の両辺を 2 乗すると

$$\{\alpha x + (1-\alpha)y\}^4 \leqq \{\alpha x^2 + (1-\alpha)y^2\}^2 \quad (\forall \alpha \in [0,1]) \quad \text{(a.17)}$$

を得るので，式 (a.16) と合わせると

$$\{\alpha x + (1-\alpha)y\}^4 \leqq \alpha x^4 + (1-\alpha)y^4 \quad (\forall \alpha \in [0,1]) \quad \text{(a.18)}$$

が成立する。これは

$$f_2(\alpha x + (1-\alpha)y) \leqq \alpha f_2(x) + (1-\alpha)f_2(y) \quad (\forall \alpha \in [0,1])$$

を表しているので，$f_2(x)$ は凸関数であることがいえる。

【2】 (k) f が 1 変数の関数のときの場合を証明し，多変数の場合は 1 変数の場合に帰着して証明する。

(1 変数関数の場合)

必要性を示す。$x_1 < x_2 < x_3$ を満たす x_1, x_2, x_3 を選ぶ。$f(x)$ が凸関数であることから

$$f(x_2) \leqq \alpha f(x_1) + (1-\alpha)f(x_3) \quad \left(\alpha = \frac{x_3 - x_2}{x_3 - x_1}\right)$$

が成立する。これより

$$\frac{f(x_2) - f(x_1)}{x_2 - x_1} \leqq \frac{f(x_3) - f(x_1)}{x_3 - x_1} \leqq \frac{f(x_3) - f(x_2)}{x_3 - x_2} \quad \text{(a.19)}$$

が成立する。さらに平均値の定理より

$$\frac{f(x_2) - f(x_1)}{x_2 - x_1} = \frac{d}{dx}f(y_1), \quad \frac{f(x_3) - f(x_2)}{x_3 - x_2} = \frac{d}{dx}f(y_2)$$

を満たす y_1, y_2 が存在する。ただし，$x_1 < y_1 < x_2 < y_2 < x_3$ である。式 (a.19) より $\frac{d}{dx}f(y_1) \leqq \frac{d}{dx}f(y_2)$ であるので，$\frac{d}{dx}f(x)$ は単調増加関数であり，$\frac{d^2}{dx^2}f(x) \geqq 0$ となる。十分性は，上記を逆にたどればよい。

(多変数の場合)

まず，必要性を示す。$\tilde{x}, \tilde{y} \in C$ に対して

$$g(\alpha) = f(\alpha \tilde{x} + (1-\alpha)\tilde{y}) \quad (\alpha \in (0,1))$$

と定める。$x = \alpha \tilde{x} + (1-\alpha)\tilde{y}$ とすると，合成関数の微分により

$$\frac{d^2}{d\alpha^2}g(\alpha) = (\tilde{x}-\tilde{y})^{\mathrm{T}}\nabla^2 f(\alpha\tilde{x}+(1-\alpha)\tilde{y})(\tilde{x}-\tilde{y}) \quad (\text{a.20})$$

となる。$f(x)$ が凸関数ならば $g(\alpha)$ は凸関数であるので，任意の $\tilde{x}, \tilde{y}$ に対して

$$\nabla^2 f(\alpha\tilde{x}+(1-\alpha)\tilde{y}) \succeq O$$

が成立する。十分性は逆にたどればよい。

(l) $\nabla f(a) \in \partial f(a)$ は明らかである。唯一であることは背理法で示す。相異なる二つの劣勾配 $p_1 \ne p_2$，$p_1, p_2 \in \partial f(a)$ が存在したと仮定すると，微分の定義式から $\nabla f(a) = p_i$ $(i=1,2)$ となり矛盾する。

(m) $p_i \in \partial f_i(a)$ より

$$f_i(x) \geqq f_i(a) + p_i^{\mathrm{T}}(x-a) \quad (i=1,\cdots,r)$$

が成立する。この式の両辺を $i=1,\cdots,r$ について和をとると

$$\sum_{i=1}^{r} f_i(x) \geqq \sum_{i=1}^{r} f_i(a) + \left(\sum_{i=1}^{r} p_i^{\mathrm{T}}\right)(x-a)$$

となる。すなわち，$f(x) \geqq f(a) + p^{\mathrm{T}}(x-a)$ が成立するので，$p \in \partial f(a)$ であることがいえる。

(n) $p \in \partial f_i(a)$ とすると

$$f_i(x) \geqq f_i(a) + p^{\mathrm{T}}(x-a)$$

が成立し，$f(x)$ が最大値関数であることと，$f(a) = f_i(a)$ より

$$f(x) \geqq f_i(x) \geqq f(a) + p^{\mathrm{T}}(x-a)$$

が成立するので，$p \in \partial f(a)$ であることがいえる。

(o) p を点 a での $f_i(x)$ の準勾配とすると

$$p^{\mathrm{T}}(x-a) \geqq 0 \quad \Rightarrow \quad f_i(x) \geqq f_i(a)$$

が成立し，$f(x)$ が最大値関数であることと，$f(a) = f_i(a)$ より

$$p^{\mathrm{T}}(x-a) \geqq 0 \quad \Rightarrow \quad f(x) \geqq f_i(x) \geqq f_i(a) = f(a)$$

が成立するので，p は点 a での $f(x)$ の準勾配となることがいえる。

【3】 式 (2.81) の最後の等式は，最小化問題

$$\min\ p_k^{\mathrm{T}}(x-a_k) \quad \text{s.t.}\ x \in E_k$$

の KKT 点を求めることにより示すことができる．この最小化問題は，凸計画問題であるので，KKT 点が最小点となる．実際，この問題に対するラグランジュ関数を

$$L(x,\mu) := p_k^{\mathrm{T}}(x-a_k) + \mu((x-a_k)^{\mathrm{T}}R_k^{-1}(x-a_k) - 1)$$

と定義すると，KKT 条件は

$$\nabla_x L(x,\mu) = p_k + 2\mu R_k^{-1}(x-a_k) = 0 \tag{a.21}$$
$$(x-a_k)^{\mathrm{T}}R_k^{-1}(x-a_k) - 1 \leqq 0$$
$$\mu((x-a_k)^{\mathrm{T}}R_k^{-1}(x-a_k) - 1) = 0 \tag{a.22}$$
$$\mu \geqq 0$$

となる．$\mu = 0$ の場合，式 (a.21) より $p_k = 0$ となるが，その場合は式 (2.81) が成立する（$p_k = 0$ は a_k が最適点であることを意味する）．$\mu \neq 0$ の場合は式 (a.22) より，$(x-a_k)^{\mathrm{T}}R_k^{-1}(x-a_k) = 1$ である．これに式 (a.21) の関係を代入すると

$$p_k^{\mathrm{T}} R_k R_k^{-1} R_k p_k / \mu^2 = 4$$

となり，$2\mu = \sqrt{p_k^{\mathrm{T}} R_k p_k}$ を得る．これと式 (a.21) の関係を用いると

$$-p_k^{\mathrm{T}}(x-a_k) = 2\mu(x-a_k)^{\mathrm{T}}R_k^{-1}(x-a_k) = 2\mu = \sqrt{p_k^{\mathrm{T}} R_k p_k}$$

を得る．

【4】 正方行列

$$M := \left[\begin{array}{cc} M_1 & M_2 \\ M_3 & M_4 \end{array}\right]$$

（ただし，M_1 と M_4 は正方行列で $\det M_1 \neq 0$, $\det M_4 \neq 0$）に対して

$$\det M = \det M_1 \times \det(M_4 - M_3 M_1^{-1} M_2)$$
$$= \det M_4 \times \det(M_1 - M_2 M_4^{-1} M_3)$$

が成立するので

$$\det \begin{bmatrix} \dfrac{n+1}{2}p^{\mathrm{T}}R_k p & p^{\mathrm{T}}R_k \\ R_k p & R_k \end{bmatrix}$$

$$= \dfrac{n+1}{2}p^{\mathrm{T}}R_k p \times \det\left(R_k - \dfrac{2}{n+1}\dfrac{R_k p p^{\mathrm{T}}R_k}{p^{\mathrm{T}}R_k p}\right)$$

$$= \det R_k \times \det\left(\dfrac{n+1}{2}p^{\mathrm{T}}R_k p - p^{\mathrm{T}}R_k p\right)$$

である。これより

$$\det\left(R_k - \dfrac{2}{n+1}\dfrac{R_k p p^{\mathrm{T}}R_k}{p^{\mathrm{T}}R_k p}\right)$$

$$= \dfrac{2}{n+1}\det R_k \times \left(\dfrac{n+1}{2} - 1\right) = \dfrac{n-1}{n+1}\det R_k$$

を得る。よって

$$\det R_{k+1} = \left(\dfrac{n^2}{n^2-1}\right)^n \dfrac{n-1}{n+1}\det R_k$$

$$= \left(\dfrac{n}{n+1}\right)^{n+1}\left(\dfrac{n}{n-1}\right)^{n-1}\det R_k$$

となり

$$\dfrac{\mathrm{vol}(E_{k+1})}{\mathrm{vol}(E_k)} = \dfrac{\sqrt{\det R_{k+1}}}{\sqrt{\det R_k}} = \sqrt{\left(\dfrac{n}{n+1}\right)^{n+1}\left(\dfrac{n}{n-1}\right)^{n-1}}$$

を得る。

3章

【1】 新たにスラック変数 x_3, x_4, x_5 を用いて，以下のように表せばよい。

$$\min\ 2400x_1 + 1600x_2$$
$$\text{s.t.}\ 5x_1 + 2x_2 + x_3 = 10,\quad 5x_1 + 4x_2 + x_4 = 12$$
$$2x_1 + 8x_2 + x_5 = 14,\quad x \geqq 0$$

【2】 主問題 (3.1) から双対問題 (3.22) を導出する。ラグランジュ関数は，$\lambda \in \mathbf{R}^{m_2}$，$\mu_1\,(\geqq 0) \in \mathbf{R}^{m_1}$，$\mu_2\,(\geqq 0) \in \mathbf{R}^n$ を用いて

$$L(x, \lambda, \mu_1, \mu_2) = c_1^{\mathrm{T}}x_1 + c_2^{\mathrm{T}}x_2 + \lambda^{\mathrm{T}}(b_2 - A_{21}x_1 - A_{22}x_2)$$
$$\quad - \mu_1^{\mathrm{T}}(A_{11}x_1 + A_{12}x_2 - b_1) - \mu_2^{\mathrm{T}}x_1$$
$$= (c_1^{\mathrm{T}} - \lambda^{\mathrm{T}}A_{21} - \mu_1^{\mathrm{T}}A_{11} - \mu_2^{\mathrm{T}})x_1$$

$$+ (c_2^{\mathrm{T}} - \lambda^{\mathrm{T}} A_{22} - \mu_1^{\mathrm{T}} A_{12}) x_2 + \lambda^{\mathrm{T}} b_2 + \mu_1^{\mathrm{T}} b_1$$

で与えられる。双対問題は

$$\max_{\lambda, \mu_1 \geqq 0, \mu_2 \geqq 0} \min_x L(x, \lambda, \mu_1, \mu_2)$$

となる。x についての最小化が任意の x_1, x_2 に対して最小値を持つためには

$$c_1^{\mathrm{T}} - \lambda^{\mathrm{T}} A_{21} - \mu_1^{\mathrm{T}} A_{11} - \mu_2^{\mathrm{T}} = 0, \quad c_2^{\mathrm{T}} - \lambda^{\mathrm{T}} A_{22} - \mu_1^{\mathrm{T}} A_{12} = 0$$

となる必要がある。ここで $\mu_1 \to y_1$, $\lambda \to y_2$ と置き直して，$\mu_2 \geqq 0$ に注意すると，双対問題 (3.22) が得られる。

双対問題 (3.22) から主問題 (3.1) の導出は省略する。

【3】 代入することで簡単に示せるので省略する。

【4】 $x^\star$ が 2 次計画問題 (3.47) の最適解ならば，**定理 3.11** より，ある $y^\star, z^\star \geqq 0$ が存在して式 (3.68), (3.69) を満たす。式 (3.68) より，$(x^\star, y^\star, z^\star)$ は双対問題 (3.51) の実行可能解である。そして，双対問題の目的関数を計算すると

$$\begin{aligned}
-\frac{1}{2}(x^\star)^{\mathrm{T}} Q x^\star + b^{\mathrm{T}} y^\star &= -\frac{1}{2}(x^\star)^{\mathrm{T}} Q x^\star + (A x^\star)^{\mathrm{T}} y^\star \\
&= -\frac{1}{2}(x^\star)^{\mathrm{T}} Q x^\star + (x^\star)^{\mathrm{T}} (Q x^\star + p - z^\star) \\
&= \frac{1}{2}(x^\star)^{\mathrm{T}} Q x^\star + p^{\mathrm{T}} x^\star - (x^\star)^{\mathrm{T}} z^\star
\end{aligned}$$

となる。ここで，式 (3.69) より，この値は主問題の最適値と一致する。よって，**定理 3.8** より $(x^\star, y^\star, z^\star)$ は双対問題の最適解となり，主問題と双対問題の最適値は一致する。

4 章

【1】 連続時間システム：$PA + A^{\mathrm{T}} P \prec O, P \succ O$
離散時間システム：$A^{\mathrm{T}} P A - P \prec O, P \succ O$

【2】 $R_{22} \succeq O$ より $R_{22} = LL^{\mathrm{T}}$ ($L \in \mathbf{R}^{d \times d}$) と分解できる。この L を用いて，領域 $\mathcal{D}$ は以下を満たす z として特徴付けられる。

$$\begin{bmatrix} R_{11} + z R_{12} + z^* R_{12}^{\mathrm{T}} & zL \\ z^* L^{\mathrm{T}} & -I_d \end{bmatrix} \prec O$$

つまり，新たに $\tilde{R}_{ij} \in \mathbf{R}^{2d \times 2d}$ を以下のように定めればよい。

$$\tilde{R}_{11} = \begin{bmatrix} R_{11} & O \\ O & -I_d \end{bmatrix}, \quad \tilde{R}_{12} = \begin{bmatrix} R_{12} & L \\ O & O \end{bmatrix}, \quad \tilde{R}_{22} = \begin{bmatrix} O & O \\ O & O \end{bmatrix}$$

【3】 ジョルダン標準形が大きさ 2 以上のジョルダン細胞を含む場合には，式 (4.233) を満たす P は存在しない．例えば，$A = \begin{bmatrix} 0 & 1 \\ 0 & 0 \end{bmatrix}$ の場合を考える．$P = \begin{bmatrix} p_1 & p_2 \\ p_2 & p_3 \end{bmatrix}$ とおくと，$PA + A^{\mathrm{T}}P = \begin{bmatrix} 0 & p_1 \\ p_1 & 2p_2 \end{bmatrix} \preceq O$ より $p_1 = 0$ となる．しかし，これは $P \succ O$ を満たさない．

【4】 式 (4.102) を $\dfrac{1}{\gamma}$ 倍すると

$$\begin{bmatrix} \dfrac{1}{\gamma}\{PA + A^{\mathrm{T}}P\} & \dfrac{1}{\gamma}PB \\ \dfrac{1}{\gamma}B^{\mathrm{T}}P & -\gamma I \end{bmatrix} + \dfrac{1}{\gamma}\begin{bmatrix} C^{\mathrm{T}} \\ D^{\mathrm{T}} \end{bmatrix} \begin{bmatrix} C & D \end{bmatrix} \prec O$$

となる．ここで，$\dfrac{1}{\gamma}P \to P$ と置き直してからシュールの補題（**定理 A.4**）を適用すると，式 (4.141) が得られる．

【5】（最適化問題 (4.119) の双対問題）
ラグランジュ乗数を $M_1 = \begin{bmatrix} M_{11} & M_{21}^{\mathrm{T}} \\ M_{21} & M_{22} \end{bmatrix} (\succeq O) \in \mathbf{R}^{(n+m)\times(n+m)}$，$M_2 (\succeq O) \in \mathbf{R}^{n\times n}$ として，ラグランジュ関数は

$$\begin{aligned}
& L(P, \gamma_{\mathrm{sq}}, M_1, M_2) \\
&= \gamma_{\mathrm{sq}} + M_1 \bullet \left\{ \begin{bmatrix} \mathrm{He}(PA) & PB \\ B^{\mathrm{T}}P & -\gamma_{\mathrm{sq}}I \end{bmatrix} + \begin{bmatrix} C^{\mathrm{T}} \\ D^{\mathrm{T}} \end{bmatrix} \begin{bmatrix} C & D \end{bmatrix} \right\} \\
& \quad - M_2 \bullet P \\
&= \gamma_{\mathrm{sq}}\left(1 - M_1 \bullet \begin{bmatrix} O & O \\ O & -I \end{bmatrix}\right) + M_1 \bullet \left(\begin{bmatrix} C^{\mathrm{T}} \\ D^{\mathrm{T}} \end{bmatrix} \begin{bmatrix} C & D \end{bmatrix}\right) \\
& \quad + \mathrm{tr}\left(\mathrm{He}\left(\begin{bmatrix} P \\ O \end{bmatrix} \begin{bmatrix} A & B \end{bmatrix} M_1 \right)\right) - P \bullet M_2 \\
&= \gamma_{\mathrm{sq}}(1 - \mathrm{tr}(M_{122})) + M_1 \bullet \left(\begin{bmatrix} C^{\mathrm{T}} \\ D^{\mathrm{T}} \end{bmatrix} \begin{bmatrix} C & D \end{bmatrix}\right) \\
& \quad + P \bullet \{\mathrm{He}(AM_{111} + BM_{121}) - M_2\}
\end{aligned}$$

で与えられる．これが P, γ_{sq} に関して有界となるためには

$$\mathrm{He}(AM_{111} + BM_{121}) = M_2 \succeq O$$

$$\mathrm{tr}(M_{122}) = 1$$

が成立する必要がある．ここで M_2 を消去し，$M_{111} \to Z_{11}$, $M_{121} \to Z_{21}$, $M_{122} \to Z_{22}$ とすれば，式 (4.120) の最適化問題と一致する．

(最適化問題 (4.120) の双対問題)
ラグランジュ乗数を λ, $M_1 \succ O$, $M_2 \succ O$ とすると[†]，ラグランジュ関数は

$$L(Z, \lambda, M_1, M_2)$$
$$= -\left(\begin{bmatrix} C^{\mathrm{T}} \\ D^{\mathrm{T}} \end{bmatrix} \begin{bmatrix} C & D \end{bmatrix}\right) \bullet \begin{bmatrix} Z_{11} & Z_{21}^{\mathrm{T}} \\ Z_{21} & Z_{22} \end{bmatrix} + \lambda(\mathrm{tr}(Z_{22}) - 1)$$
$$\quad - M_1 \bullet (\mathrm{He}(AZ_{11} + BZ_{21})) - M_2 \bullet \begin{bmatrix} Z_{11} & Z_{21}^{\mathrm{T}} \\ Z_{21} & Z_{22} \end{bmatrix}$$
$$= -\left(\begin{bmatrix} \mathrm{He}(M_1 A) & M_1 B \\ B^{\mathrm{T}} M_1 & -\lambda I \end{bmatrix} + \begin{bmatrix} C^{\mathrm{T}} \\ D^{\mathrm{T}} \end{bmatrix} \begin{bmatrix} C & D \end{bmatrix} + M_2 \right)$$
$$\quad \bullet \begin{bmatrix} Z_{11} & Z_{21}^{\mathrm{T}} \\ Z_{21} & Z_{22} \end{bmatrix} - \lambda$$

となる．これが Z_{ij} に関して有界であるためには

$$\begin{bmatrix} \mathrm{He}(M_1 A) & M_1 B \\ B^{\mathrm{T}} M_1 & -\lambda I \end{bmatrix} + \begin{bmatrix} C^{\mathrm{T}} \\ D^{\mathrm{T}} \end{bmatrix} \begin{bmatrix} C & D \end{bmatrix} = -M_2 \prec O$$

が成立する必要がある．ここで M_2 を消去し，$M_1 \to P$, $\lambda \to \gamma_{\mathrm{sq}}$ とすれば，式 (4.119) の最適化問題と一致する．

【6】 定理 **A.3** より，式 (4.174) を満たすためには

$$X \succeq O \quad \text{かつ} \quad I(I - XX^+) = O$$

を満たす必要がある．この第 2 式が満たされるためには，X が正則となる必要がある．式 (4.176) より

$$\mathrm{rank} \begin{bmatrix} X & I \\ I & Y \end{bmatrix} = \mathrm{rank} \begin{bmatrix} X & O \\ O & Y - X^{-1} \end{bmatrix} = \mathrm{rank}\, X + \mathrm{rank}(Y - X^{-1})$$

が成立する．ここで，X が正則ならば $\mathrm{rank}\, X = n$ より $\mathrm{rank}(Y - X^{-1}) \leqq n_k$ となる．

[†] $M_1 \succ O$, $M_2 \succ O$ としたのは，主問題側は等号を含まない条件であり，二者択一の定理 (定理 **A.11**) が成立するためである．

【7】 行列不等式の左辺を計算すると

$$Q + \text{He}(LR^\text{T}) + \frac{1}{2}\text{Sq}((L-\hat{L}) - (R-\hat{R}))$$
$$= Q + \text{He}(LR^\text{T}) + \frac{1}{2}\text{Sq}((L-\hat{L}) + (R-\hat{R}))$$
$$\quad + \text{He}((L-\hat{L})(R-\hat{R})^\text{T})$$
$$= Q + \text{He}(L\hat{R}^\text{T} + \hat{L}R^\text{T} - \hat{L}\hat{R}^\text{T}) + \frac{1}{2}\text{Sq}((L-\hat{L}) + (R-\hat{R}))$$

となる．これにシュールの補題（**定理A.4**）を適用すると

$$\begin{bmatrix} Q + \text{He}(L\hat{R}^\text{T} + \hat{L}R^\text{T} - \hat{L}\hat{R}^\text{T}) & (L-\hat{L}) + (R-\hat{R}) \\ \{(L-\hat{L}) + (R-\hat{R})\}^\text{T} & -2I \end{bmatrix} \prec O$$

となり，L, R に関する線形行列不等式となる．

5章

【1】（必要性）$F(x)$ が平方和行列であるとする．すなわち

$$F(x) = L^\text{T}(x) L(x)$$

を満たす $L(x) \in \mathbf{R}[x]^{p \times r}$ が存在したとする．このとき $F(x)$ の次数は高々 d なので，単項式表現 (5.6) を用いて

$$L(x) = \sum_{|a| \leqq d} L_a x^a$$

を満たす行列 $L_a \in \mathbf{R}^{p \times r}$ が存在する．これを各列で d 次単項式ベクトル z についてまとめ，行列として並べると

$$L(x) = R(z \otimes I_r), \quad R \in \mathbf{R}^{p \times (n_z r)}$$

と表せる．よって，$Q := R^\text{T} R$ とすると，$Q \succeq O$ であり

$$F(x) = (z \otimes I_r)^\text{T} R^\text{T} R (z \otimes I_r) = (z \otimes I_r)^\text{T} Q (z \otimes I_r)$$

となるので，必要性がいえる．

（十分性）行列 Q が半正定値行列ならば

$$Q = R^\text{T} R, \quad \text{rank}\, R = \text{rank}\, Q$$

を満たす行列 $R \in \mathbf{R}^{l \times (n_z r)}$（ただし，$l := \text{rank}\, Q$）が存在するので，$L(x) = R(z \otimes I_r)$ とすると，$F(x)$ は $F(x) = L^\text{T}(x) L(x)$ と平方和行列として表すことができる．

【2】（必要性）多項式行列 $F(x)$ が平方和行列とすると，式 (5.54) における Q は正定値行列なので，$Q = R^{\mathrm{T}} R$ を満たす実行列 $R \in \mathbf{R}^{m \times n_z r}$ が存在する（ただし，$m := \mathrm{rank}\, Q$）．このとき

$$f_e(x_e) = z_w^{\mathrm{T}}(z \otimes I_r)^{\mathrm{T}} R^{\mathrm{T}} R(z \otimes I_r) z_w = \sum_{i=1}^{m} \{(R(z \otimes I_r))_i z_w\}^2$$

となり，$f_e(x_e)$ は平方和多項式となる．ただし，$(R(z \otimes I_r))_i$ は行列 $R(z \otimes I_r)$ の第 i 行を表す．

（十分性）多項式 $f_e(x_e)$ は平方和多項式であるとする．このとき

$$f_e(x_e) = z_e^{\mathrm{T}} Q_e z_e, \quad Q_e \succeq O$$

となる適当な大きさの実対称半正定値行列 Q_e が存在する．ただし，z_e は $n+1$ 変数 x_e に関する単項式ベクトルである．このとき，$Q_e = R_e^{\mathrm{T}} R_e$ となる適当な大きさの実行列 R_e が存在するので

$$f_e(x_e) = z_e^{\mathrm{T}} R_e^{\mathrm{T}} R_e z_e$$

となり，さらに $R_e z_e$ を変数 x_{n+1} についてまとめると，簡単な考察により

$$R_e z_e = \tilde{R}_e(x) w$$

と表せる．ただし，$\tilde{R}_e(x)$ は変数 x に関する多項式行列である．よって

$$f_e(x_e) = w^{\mathrm{T}} \tilde{R}_e(x)^{\mathrm{T}} \tilde{R}_e(x) w$$

と表すことができ，これが任意の $w \in \mathbf{R}$ に対して成立するから，式 (5.56) より

$$F(x) = \tilde{R}_e(x)^{\mathrm{T}} \tilde{R}_e(x)$$

が成立することがいえ，$F(x)$ は平方和行列であることがいえる．

【3】SOS 緩和問題 (5.78) は

$$\min_{Q}\ \mathrm{tr}(QA_0) \quad \mathrm{s.t.}\ \mathrm{tr}(QA_a) = b_a,\ Q \succeq O$$

と表すことができ，SDP 緩和問題 (5.84) は，$\tilde{y}_a = -y_a$ とすると

$$\max_{\tilde{y}_a}\ \sum_{0 < |a| \leq 2d} b_a \tilde{y}_a \quad \mathrm{s.t.}\ \sum_{|a| \leq 2d} A_a \tilde{y}_a \preceq A_0$$

と表せるので，前者を主問題としたとき，後者はその双対問題となっている．

6章

【1】 システムの状態方程式 (6.10) から

$$x_{t+1} = A_t x_t + B_t v_t$$

である。この式の期待値は以下のように計算される。

$$\mathrm{E}[x_{t+1}] = A_t \mathrm{E}[x_t] + B_t \mathrm{E}[v_t]$$

右辺の第 2 項は v_t は白色雑音であるので，0 となる。$\bar{x}_t = \mathrm{E}[x_t]$ とおけば

$$\bar{x}_{t+1} = A_t \bar{x}_t$$

が成立する。改めてこの式の Y_t についての条件付き期待値を求めると

$$\hat{x}_{t+1|t} = \mathrm{E}[x_{t+1}|Y_t] = A_t \mathrm{E}[x_t|Y_t] + B_t \mathrm{E}[v_t|Y_t] = A_t \hat{x}_{t|t}$$

となり，式 (6.11) が得られる。

続いて状態 x_{t+1} の共分散行列を計算すると，以下のように与えられる。

$$\begin{aligned}
&\mathrm{E}[(x_{t+1} - \bar{x}_{t+1})(x_{t+1} - \bar{x}_{t+1})^{\mathrm{T}}] \\
&= \mathrm{E}[(A_t x_t + B_t v_t - A_t \bar{x}_t)(A_t x_t + B_t v_t - A_t \bar{x}_t)^{\mathrm{T}}] \\
&= \mathrm{E}[A_t(x_t - \bar{x}_t)(x_t - \bar{x}_t)^{\mathrm{T}} A_t^{\mathrm{T}}] + \mathrm{E}[B_t v_t v_t^{\mathrm{T}} B_t^{\mathrm{T}}] \\
&= A_t \mathrm{E}[(x_t - \bar{x}_t)(x_t - \bar{x}_t)^{\mathrm{T}}] A_t^{\mathrm{T}} + B_t \mathrm{E}[v_t v_t^{\mathrm{T}}] B_t^{\mathrm{T}} \\
&= A_t \mathrm{E}[(x_t - \bar{x}_t)(x_t - \bar{x}_t)^{\mathrm{T}}] A_t^{\mathrm{T}} + B_t Q_t B_t^{\mathrm{T}}
\end{aligned}$$

ここで，上記の期待値を Y_t に対する条件付き期待値に置き換えると

$$\begin{aligned}
P_{t+1|t} &= \mathrm{E}[(x_{t+1} - \bar{x}_{t+1})(x_{t+1} - \bar{x}_{t+1})^{\mathrm{T}}|Y_t] \\
&= A_t \mathrm{E}[(x_t - \bar{x}_t)(x_t - \bar{x}_t)^{\mathrm{T}}|Y_t] A_t^{\mathrm{T}} + B_t Q_t B_t^{\mathrm{T}} \\
&= A_t P_{t|t} A_t^{\mathrm{T}} + B_t Q_t B_t^{\mathrm{T}}
\end{aligned}$$

となり，式 (6.12) が得られる。

【2】 Y_t が得られているという条件付きの x_{t+1}, y_{t+1} の平均値，共分散行列は，w_{t+1} の平均が 0 であることに注意すると，それぞれ以下のように計算される。

$$\mathrm{E}\left[\left.\begin{bmatrix} x_{t+1} \\ y_{t+1} \end{bmatrix}\right| Y_t\right] = \mathrm{E}\left[\left.\begin{bmatrix} x_{t+1} \\ C_{t+1} x_{t+1} + w_{t+1} \end{bmatrix}\right| Y_t\right]$$

$$
= \begin{bmatrix} \hat{x}_{t+1|t} \\ C_{t+1}\hat{x}_{t+1|t} \end{bmatrix}
$$

$$
\mathrm{E}\left[\begin{bmatrix} x_{t+1} \\ y_{t+1} \end{bmatrix} \begin{bmatrix} x_{t+1} \\ y_{t+1} \end{bmatrix}^{\mathrm{T}} \middle| Y_t \right]
$$

$$
= \mathrm{E}\left[\begin{bmatrix} x_{t+1} \\ C_{t+1}x_{t+1}+w_{t+1} \end{bmatrix} \begin{bmatrix} x_{t+1} \\ C_{t+1}x_{t+1}+w_{t+1} \end{bmatrix}^{\mathrm{T}} \middle| Y_t \right]
$$

$$
= \mathrm{E}\left[\begin{bmatrix} x_{t+1}x_{t+1}^{\mathrm{T}} & x_{t+1}x_{t+1}^{\mathrm{T}}C_{t+1}^{\mathrm{T}} \\ C_{t+1}x_{t+1}x_{t+1}^{\mathrm{T}} & C_{t+1}x_{t+1}x_{t+1}^{\mathrm{T}}C_{t+1}^{\mathrm{T}}+w_{t+1}w_{t+1}^{\mathrm{T}} \end{bmatrix} \middle| Y_t \right]
$$

$$
= \begin{bmatrix} P_{t+1|t} & P_{t+1|t}C_{t+1}^{\mathrm{T}} \\ C_{t+1}P_{t+1|t} & C_{t+1}P_{t+1|t}C_{t+1}^{\mathrm{T}}+R_{t+1} \end{bmatrix}
$$

これらを**定理6.3**に当てはめると，それぞれ

$$
\hat{x}_{t+1|t+1} = \mathrm{E}[x_{t+1}|Y_{t+1}]
$$
$$
= \mathrm{E}[x_{t+1}|Y_t] + \mathrm{E}[x_{t+1}y_{t+1}^{\mathrm{T}}|Y_t]\left(\mathrm{E}[y_{t+1}y_{t+1}^{\mathrm{T}}|Y_t]\right)^{-1}
$$
$$
\times (y_{t+1} - \mathrm{E}[y_{t+1}|Y_t])
$$
$$
= \hat{x}_{t+1|t} + P_{t+1|t}C_{t+1}^{\mathrm{T}}(C_{t+1}P_{t+1|t}C_{t+1}^{\mathrm{T}}+R_{t+1})^{-1}
$$
$$
\times (y_{t+1} - C_{t+1}\hat{x}_{t+1|t})
$$

$$
P_{t+1|t+1} = \mathrm{E}[x_{t+1}x_{t+1}^{\mathrm{T}}|Y_{t+1}]
$$
$$
= \mathrm{E}[x_{t+1}x_{t+1}^{\mathrm{T}}|Y_t] - \mathrm{E}[x_{t+1}y_{t+1}^{\mathrm{T}}|Y_t]\left(\mathrm{E}[y_{t+1}y_{t+1}^{\mathrm{T}}|Y_t]\right)^{-1}
$$
$$
\times \mathrm{E}[y_{t+1}x_{t+1}^{\mathrm{T}}|Y_t]
$$
$$
= P_{t+1|t} - P_{t+1|t}C_{t+1}^{\mathrm{T}}(C_{t+1}P_{t+1|t}C_{t+1}^{\mathrm{T}}+R_{t+1})^{-1}C_{t+1}P_{t+1|t}
$$

となり，式 (6.13), (6.14), (6.15) が得られる。

【3】 式 (6.34) の両辺の対数をとることで，$N\log(1-\varepsilon) \leqq \log\delta$ を満たすように N を選べばよい。対数の中の逆数をとることで $N\log\dfrac{1}{1-\varepsilon} \geqq \log\dfrac{1}{\delta}$ となり，これより式 (6.35) が導出される。

索引

【あ行】

安定 96
鞍点 28
一般化ラグランジュ関数 18, 174
一般化ラグランジュ乗数 18
一般化ラグランジュ双対問題 175
エピグラフ 43

【か】

可観測性グラミアン 108
可制御性グラミアン 106
カップリング条件 131
可到達集合 105
可能領域 2
カルマンフィルタ 196
感度分析 81

【き】

擬似逆行列 216
擬凸関数 45
狭義の局所的最小解 4
狭義の準凸関数 40
狭義の相補性条件 20
狭義の大域的最小解 4
狭義の凸関数 39
強双対定理 32
強相補性条件 20, 79
極 99
　──の存在領域 99, 233
局所的最小解 4
局所的最小値 4
局所的最小点 4
許容 232

許容領域 2

【く】

クロネッカー積 227

【け】

決定変数 1
厳密な準凸関数 40
厳密な凸関数 39

【こ】

合同変換 132, 218
勾配 6
勾配ベクトル 6

【さ】

最小化問題 2
最大化問題 2
最大特異値 112, 215
最適化問題 1
最適制御問題 34, 88
最適性の1次の必要条件 7, 13, 19, 24
最適性の2次の十分条件 8, 13, 20, 24
最適性の2次の必要条件 8, 13, 19, 24
座標降下法 137

【し】

自己双対 90
実行可能 2
実行可能解 2
実行可能集合 2
実行可能領域 2
実行不可能 2

実行不可能解 2
実行不能 2
実行不能解 2
弱双対定理 25, 75, 84, 94
シュールの補題 220
　──（半正定値版） 219
主問題 25, 71, 81, 91
準勾配 48
準凸関数 40
準凸計画問題 55
消去補題 127, 223
シルベスターの判別法 221

【す】

数理計画問題 1
スカラー化 164
スラック変数 72

【せ】

正定値 217
切除平面法 65, 68, 211
漸近安定 96
線形行列不等式 96
線形計画問題 69
潜在価格 80

【そ】

双線形行列不等式 123
双対ギャップ 28
双対システム 120
双対定理 31, 76, 84, 94
双対問題 25, 72, 81, 92
相補スラック条件 79
相補性条件 20, 79, 95

索引

【た】

大域的最小解	4
大域的最小値	4
大域的最小点	4
大数の弱法則	193
楕円体法	59, 61, 63, 211
多項式計画問題	166, 170, 176
単項式	151
単項式ベクトル	155

【ち】

逐次 LMI 化法	139
中心極限定理	194

【つ】

強い準凸関数	40

【て】

ディスクリプタシステム	138, 231
停留点	6

【と】

等式制約	3
等式標準形	71
特異値	215
特異値分解	134, 153, 215
凸関数	39
凸計画問題	55

【欧文】

H_2 ノルム	108, 233
H_∞ ノルム	112, 233
SOS 可解問題	176, 178, 179
SOS 緩和	167, 171, 175
SOS 緩和問題	167, 171
SOS 行列	163
SOS 行列最適化問題	185

凸集合	38
凸 2 次計画問題	81

【な行】

内点実行可能解	94, 169
二者択一の定理	230

【は行】

パーティクルフィルタ	198
半正定値	217
半正定値計画問題	91
半負定値	218
非負多項式	153
ファルカスの補題	229
負定値	218
不等式制約	3
フロベニウスノルム	228
分離定理	44
平方和可解問題	176
平方和行列	163
平方和行列最適化問題	185
平方和最適化問題	176
平方和多項式	153
平方和多項式行列	163
ヘッセ行列	7
変数消去法	127
変数変換法	132

【も】

目的関数	1
モツキン多項式	157

SOS 最適化問題	176, 181
SOS 多項式	153
SDP 緩和	169, 174
SDP 緩和問題	169, 174
LMI 領域	100
L_2 ノルム	116
KKT 条件	19, 25
KKT 点	19, 25

モデル予測制御	87
モンテカルロ法	192

【や行】

ヤコビ行列	7
有効集合	18
有効制約	18

【ら行】

ラグランジュ関数	12, 18, 23
ラグランジュ緩和問題	27
ラグランジュ乗数	12, 18
ラグランジュ双対	25, 109
ラグランジュの双対問題	25
リアプノフ関数	97
リアプノフ行列	97
リアプノフ方程式	106, 108, 226
リッカチ方程式	36
臨界点	6
レギュラー	231
劣勾配	47
劣微分	47
レベル集合	40
ロバスト性能解析問題	206
ロバスト性能検証問題	204
ロバスト性能設計問題	207

【わ】

ワイエルストラスの標準形	232

【数字】

1 次独立制約想定	12, 19, 23
2 次計画問題	81
2 乗和可解問題	176
2 乗和最適化問題	176
2 乗和多項式	153

―― 著者略歴 ――

延山 英沢（のぶやま えいたく）
- 1983年 東京大学工学部計数工学科卒業
- 1985年 東京大学大学院工学系研究科修士課程修了（計数工学専攻）
- 1988年 東京大学大学院工学系研究科博士課程修了（計数工学専攻）工学博士
- 1988年 東京大学助手
- 1990年 東京大学講師
- 1991年 九州工業大学助教授
- 2001年 九州工業大学教授
- 現在に至る

瀬部 昇（せべ のぼる）
- 1987年 東京大学工学部計数工学科卒業
- 1989年 東京大学大学院工学系研究科修士課程修了（計数工学専攻）
- 1989年 東京大学助手
- 1994年 博士（工学）（東京大学）
- 1995年 東京大学講師
- 1995年 九州工業大学助教授
- 2007年 九州工業大学准教授
- 2009年 九州工業大学教授
- 現在に至る

システム制御のための最適化理論
Optimization Theory for Systems and Control

© Eitaku Nobuyama, Noboru Sebe 2015

2015年7月16日 初版第1刷発行
2023年5月15日 初版第2刷発行

検印省略

著　者	延　山　英　沢
	瀬　部　　　昇
発行者	株式会社　コロナ社
	代表者　牛来真也
印刷所	三美印刷株式会社
製本所	有限会社　愛千製本所

112−0011　東京都文京区千石4−46−10
発行所　株式会社　コ ロ ナ 社
CORONA PUBLISHING CO., LTD.
Tokyo Japan
振替 00140-8-14844・電話(03)3941-3131(代)
ホームページ https://www.coronasha.co.jp

ISBN 978-4-339-03321-2　C3353　Printed in Japan　　（柏原）

〈出版者著作権管理機構 委託出版物〉
本書の無断複製は著作権法上での例外を除き禁じられています。複製される場合は，そのつど事前に，出版者著作権管理機構（電話 03-5244-5088，FAX 03-5244-5089，e-mail: info@jcopy.or.jp）の許諾を得てください。

本書のコピー，スキャン，デジタル化等の無断複製・転載は著作権法上での例外を除き禁じられています。購入者以外の第三者による本書の電子データ化及び電子書籍化は，いかなる場合も認めていません。
落丁・乱丁はお取替えいたします。